统计决策
方法与应用

洪金珠　诸葛斌　袁非牛■编著

U0247713

清华大学出版社

北　京

内 容 简 介

本书以经济应用为逻辑起点，以经济管理中的应用决策模型为说明对象，以掌握统计决策的基本方法、熟练应用软件进行量化决策分析为目标，系统介绍了统计决策方法的概念、原理和相关模型，并通过多种统计决策方法在经济、金融和管理等领域的综合应用案例，帮助读者进一步提高量化分析能力和解决实际问题的能力。全书共分 10 章，主要包括统计决策理论概述、确定型决策、风险型决策、贝叶斯决策法、不确定型决策、灰色理论决策、博弈论决策法、多目标决策和大数据时代的决策等内容。

本书内容丰富，实用性强，适合用作高等院校统计、大数据分析、人工智能等相关专业本科生教材和研究生教材。

本书封面贴有清华大学出版社防伪标签，无标签者不得销售。

版权所有，侵权必究。举报：010-62782989，beiqinquan@tup.tsinghua.edu.cn。

图书在版编目(CIP)数据

统计决策方法与应用 / 洪金珠，诸葛斌，袁非牛编著. —北京：清华大学出版社，2021.11

ISBN 978-7-302-57277-0

Ⅰ.①统…　Ⅱ.①洪…②诸…③袁…　Ⅲ.①统计决策理论－高等学校－教材　Ⅳ.①O212.5

中国版本图书馆 CIP 数据核字(2021)第 005019 号

责任编辑：崔　伟
封面设计：马筱琨
版式设计：思创景点
责任校对：马遥遥
责任印制：沈　露

出版发行：清华大学出版社
网　　　址：http://www.tup.com.cn，http://www.wqbook.com
地　　　址：北京清华大学学研大厦 A 座　　　　　　　邮　　编：100084
社 总 机：010-62770175　　　　　　　　　　　　　　邮　　购：010-62786544
投稿与读者服务：010-62776969，c-service@tup.tsinghua.edu.cn
质 量 反 馈：010-62772015，zhiliang@tup.tsinghua.edu.cn
印 装 者：三河市龙大印装有限公司
经　　销：全国新华书店
开　　本：185mm×260mm　　　印　　张：16.5　　　字　　数：392 千字
版　　次：2021 年 11 月第 1 版　　印　　次：2021 年 11 月第 1 次印刷
定　　价：59.00 元

产品编号：083788-01

前　言

"今天晚上吃什么？""明天去哪玩？"这类选择性行为，几乎发生在人类生活的每一个角落。其实，对未来行动做出的某种安排，即所谓的"决策"。

新一轮的科技革命和产业革命正在进行，互联网、人工智能、区块链、云计算、大数据等新型技术与模式正深刻改变人们的生产、学习与思维方式。在此背景下，新商科、新工科、新金融、新管理模式频现。这些"新"体现在何处？我们认为"新"即大数据思维。

大数据时代，信息储存手段及数据信息成倍增长，企业与机构组织进行决策需要考虑的因素愈来愈复杂，传统的定性决策已经适应不了现实的需求，商业、经济及其他领域中的决策越来越基于数据分析技术，而非基于经验和直觉。人工智能和大数据的加持，使得"数据—预测—决策—监测决策实施效果—调整决策"这个模式变得更加精准、更加迅速、更加智能。

决策是一个系统问题，不仅仅是做出适当的决策，还应该监测决策的实施效果。决策一旦偏离目标轨道，就要及时调整，否则就会影响目标的实现，造成决策失误。在这个处处充满不确定性的新经济时代，决策失误正在成为企业未来最大的风险。有研究表明，在倒闭的全球著名大型企业中，有85%是由经营者决策不慎造成的。形势的快速多变及复杂性，使得机会稍纵即逝，能否快速做出正确的决策显得尤为重要。

统计决策就是研究决策问题的量化解决方案，这是一项将定量研究领域的成果运用于实际决策的方法和技术。统计决策方法致力于把现实生活中的投资、生产过程管理、市场调查、政府管理、科研教育管理等社会科学领域的决策问题抽象成一个可以用数学来描述的模型，运用专门的算法来进行求解，帮助人们找到最佳决策方案。

本教材以学生理解并掌握统计决策的基本方法、熟练应用软件进行量化决策分析为目标，以经济应用为逻辑起点，以经济管理中的应用决策模型为说明对象，系统介绍统计决策方法的概念、原理、模型及具体的案例，使学生充分了解统计决策的历史、现状及发展趋势，并在此基础上系统掌握主流统计决策的基本概念、基本方法及其应用。通过阐述国内外统计决策方法在经济、金融和管理等领域的综合应用案例，加深学生对运用量化分析方法进行决策的理解和认识，掌握多种统计决策方法与技术，提高学生的量化分析能力和运用所学方法解决实际问题的能力，从而胜任与统计决策相关的工作。

本教材共分 10 章，介绍了统计决策理论概述、确定型决策、风险型决策、贝叶斯决策法、不确定型决策、灰色理论决策、博弈论决策法、多目标决策等内容。本教材的特色主要体现在以下方面。

(1) **注重统计决策思维的培养**。每章开头都引用了著名决策学家或者成功人士的名言，然后由一个简单有趣的故事开始，深入浅出地引出统计决策思维的基本理论，帮助学生掌握统计决策的基本思想，并逐渐形成统计决策思维。

(2) **强化研究型学习**。统计决策方法与技术的授课对象主要是统计专业、大数据专业、人工智能专业的高年级本科生或研究生。该阶段的学生已经具备了统计学的基本知识框架，本教材在介绍完各种方法的基本原理之后，引导学生运用所学方法解决实际问题，强化学生的研究能力。

(3) **突出实际案例应用**。本着深入浅出的宗旨，在系统介绍统计决策方法与技术的基本理论和方法的同时，结合社会、经济、商务运营等领域的研究实例，将统计决策的方法与实际应用结合起来，努力把我们在实践中应用统计决策方法与技术的经验和体会融入其中。

(4) **结合 python 软件实现**。统计决策方法的应用离不开计算机。为方便教学，本教材提供了拓展案例资源，方便教师进行实验教学，读者可通过扫描下方二维码获取。拓展案例主要运用 python 软件实现，并在每种方法后结合实例介绍 python 软件的实现过程与结果解释。所有案例数据都是能获取的最新数据，这有利于将 python 软件更好地融入各章的内容，使读者能深切地体会统计决策方法的意义。

(5) **基于 AI 实训平台进行实验操作**。本教材与阿里云天池实训平台①相结合，启发学生把学到的理论知识融入对应的实际案例，以理论带动实践，真正把所学知识融会贯通，解决实际问题。该 AI 实训平台为学生提供了良好的实验环境，通过已部署的实验案例，学生可在了解每章理论知识的基础上来验证自己的学习效果，进而启发学生进行课程实验内容的创新。除了实验案例，AI 实训平台还配备了实验说明，帮助学生更好地理解每章的实验。同时，本书还为一些案例配备了实验讲解视频，帮助学生深入理解晦涩难懂的实验内容。

(6) **合理设置案例与习题**。为了使学生更好地掌握本教材内容，且考虑到这门课程的应用性和实践性，本教材提供了大量思考与练习题。每章的例题和习题安排侧重于对基本概念的理解和对知识点的实际应用，并不注重解题的数学技巧和难度。

(7) **配备丰富的教学资源**。本书提供大量教学资源，读者可通过扫描下方二维码获取；同时，本书还配有同步教学视频，读者可通过扫描书中二维码在线观看。

本教材联合浙江工商大学信息与电子工程学院和上海师范大学信息与机电工程学院的师资协同建设，融入人工智能与大数据的最新应用元素，可作为统计专业、人工智能专业、大数据专业人才培养的核心课程教材，也可作为其他专业学生学习统计决策方法的参考书。

教学课件

为了使本教材顺利出版，我们组建了一支团队，自主录制教学视频，制作多媒体课件，研发教学专用的项目源代码，并整理各类教学参考资料。其中，参与教学案例开发的有斯文学(第一、二章案例)、徐密(第三章案例)、胡延丰(第四章案例)、颜蕾(第五、六章案例)、尹正虎(第七、八章案例)、张磊(第九、十章案例)。

本教材的编撰得到了浙江省教育厅、清华大学出版社、浙江工商大学教务处、浙江工商大学统计与数学学院和浙江工商大学信息与电子工程学院的大力支持。在教材的编写过程中，我们参考和吸收了一些同类教材的成果，在此，对相关作者一并表示感谢。书中不当之处，敬请读者不吝赐教。

拓展案例与 AI
实训平台操作指南

2021 年 9 月

---

① 阿里云天池实训平台是基于当前人工智能与数据科学学科建设与发展需求，结合天池大数据竞赛近 5 年沉淀的各领域经典场景实践项目，为新开设人工智能、数据科学专业的高等院校量身打造的 AI 实训平台。

配套资源二维码下载说明

本书提供丰富的配套资源，如本书各章节中均配备相关的视频，拓展案例资源，思考与练习题，以及 PPT 课件等，具体操作如下。

(1) 刮开封底刮刮卡，会出现一个迷你版二维码。通过手机微信扫描迷你版二维码，即可成功获得读取权限(见图Ⅰ-1、图Ⅰ-2)。

此防盗码已与您微信号绑定成功，并成功获取了读取权限，可以扫描书中二维码开始学习了

该防盗码仅能与一个微信号绑定，一旦绑定成功，其他微信号将无法再次绑定

图Ⅰ-1　　　　　　　　　　　　　图Ⅰ-2

(2) 打开手机微信"扫一扫"功能，扫描书中的二维码。

(3) 进入"文泉云盘—图书二维码资源管理系统"页面，如图Ⅰ-3 所示。这里需要注意的是，该页面仅提供用户下载，在该页面中是不能直接打开资源文档的，此时用户可以选择两种方式进行下载。

第一种，将资源下载至手机。 点击"下载资源"选项，弹出信息提示框，提示用户点击右上角，在浏览器中下载，如图Ⅰ-4 所示；然后点击右上角按钮，弹出相应的面板，在其中点击"在浏览器打开"图标按钮，如图Ⅰ-5 所示；稍等片刻，即可在相应浏览器中打开"文泉云盘—图书二维码资源管理"页面，再次点击"下载资源"选项，弹出相应对话框，点击"立即下载"选项，如图Ⅰ-6 所示。

图Ⅰ-3　　　　　　图Ⅰ-4　　　　　　图Ⅰ-5　　　　　　图Ⅰ-6

这里建议用户将资源下载至手机后，通过数据线连接计算机，将下载的资源复制到计算机中解压应用。

第二种，在 PC 端(计算机)下载。 点击"推送到我的邮箱"选项(见图Ⅰ-7)，会弹出"发送资源到邮箱"对话框，在文本框中输入邮箱名称后，点击"发送"按钮，如图Ⅰ-8 所示，即可将资源链接发送到邮箱中；用户在浏览器登录注册的邮箱，在收件箱中点击资源链接，如图Ⅰ-9 所示；弹出"新建下载任务"对话框，设置文件名和保存位置后，点击"下载"按钮，如图Ⅰ-10 所示；下载保存至计算机中，解压后即可使用。

图Ⅰ-7

图Ⅰ-8

图Ⅰ-9

图Ⅰ-10

目 录

第1章 统计决策理论概述 …………………1
1.1 统计决策的基本问题…………………2
 1.1.1 统计决策的概念及其基本
     要素……………………2
 1.1.2 统计决策的分类 …………4
 1.1.3 统计决策的公理 …………9
 1.1.4 统计决策的原则 …………10
 1.1.5 决策失误 …………………11
1.2 大数据时代的统计决策…………13
 1.2.1 大数据概念的提出 ………13
 1.2.2 大数据时代统计决策的
     作用……………………15
 1.2.3 统计决策过程 ……………16
1.3 统计决策理论的发展…………20
 1.3.1 决策理论的科学体系 ……20
 1.3.2 统计决策理论的发展阶段……21
 1.3.3 现代决策理论的发展趋势……23
思考与练习题 …………………24

第2章 确定型决策 …………………26
2.1 确定型决策的基本问题…………26
 2.1.1 确定型决策的概念 ………26
 2.1.2 确定型决策的特点 ………27
 2.1.3 确定型决策的分类 ………27
 2.1.4 确定型决策分析的步骤 ……28
2.2 盈亏平衡分析决策法…………28
 2.2.1 盈亏平衡分析决策法的基本
     原理……………………28
 2.2.2 线性盈亏平衡分析决策法……29
 2.2.3 非线性盈亏平衡分析决策法…32
2.3 库存管理分析决策法…………35
 2.3.1 库存管理分析决策法的概念…35

2.3.2 经济订货批量决策法 ………35
2.3.3 边际分析法 …………………38
2.4 线性规划决策法…………………40
 2.4.1 线性规划模型概述 …………40
 2.4.2 线性规划模型的应用 ………41
2.5 价值效益评价决策法…………43
思考与练习题 …………………………45

第3章 风险型决策的原理 …………47
3.1 风险型决策的基本问题 …………48
 3.1.1 风险型决策的概念 …………48
 3.1.2 风险型决策的特点 …………48
 3.1.3 损益矩阵 ……………………48
3.2 风险型决策的不同准则 …………49
 3.2.1 期望值准则 …………………49
 3.2.2 等概率准则 …………………52
 3.2.3 最大可能性准则 ……………52
3.3 决策树…………………………53
 3.3.1 决策树的概念、绘制及应用…54
 3.3.2 二阶段决策树 ………………56
 3.3.3 决策树算法、创建及过拟合的
     处理……………………59
3.4 风险型决策的敏感性分析 ………62
 3.4.1 敏感性分析的概念与步骤……63
 3.4.2 两状态两行动方案的敏感性
     分析……………………64
 3.4.3 三状态三行动方案的敏感性
     分析……………………67
 3.4.4 两行动方案期望损益值相同的
     敏感性分析 ……………68
3.5 完全信息价值…………………68
 3.5.1 完全信息的概念 ……………68

3.5.2 完全信息价值的应用·········· 69

思考与练习题 ························ 73

第 4 章 风险型决策的常用方法 ·······76

4.1 效用概率决策法····················76

4.1.1 效用的概念···················· 77

4.1.2 效用函数及其确定·········· 80

4.1.3 效用曲线的类型·········· 86

4.1.4 效用决策法的应用·········· 87

4.2 连续型变量的风险型决策法·····88

4.2.1 边际分析法·················· 89

4.2.2 应用标准正态概率分布进行

决策 ························ 91

4.3 马尔科夫决策法··················93

4.3.1 马尔科夫决策法的概念········ 93

4.3.2 马尔科夫转移概率矩阵

模型 ·················· 94

4.3.3 稳态概率矩阵·············· 97

4.3.4 马尔科夫决策法的应用········ 97

思考与练习题 ···················· 100

第 5 章 贝叶斯决策法 ·················102

5.1 贝叶斯决策法概述············ 103

5.1.1 贝叶斯决策法原理········103

5.1.2 信息的类型及其价值········103

5.1.3 贝叶斯决策法的基本步骤····105

5.1.4 贝叶斯决策法的优缺点····106

5.2 贝叶斯定理及其分布············107

5.2.1 贝叶斯定理···············107

5.2.2 贝叶斯分布···············109

5.3 贝叶斯决策法的分析类型及

应用 ·························110

5.3.1 先验分析················110

5.3.2 预后验分析··············111

5.3.3 后验分析················114

5.3.4 序贯分析················117

5.4 贝叶斯风险函数··············118

5.4.1 决策法则················118

5.4.2 风险函数················118

5.4.3 贝叶斯风险函数的应用········119

思考与练习题 ···················· 124

第 6 章 不确定型决策 ·················126

6.1 乐观准则决策法············ 126

6.1.1 乐观准则决策法的概念及

决策步骤··············126

6.1.2 乐观准则决策法的应用········128

6.2 悲观准则决策法············129

6.2.1 悲观准则决策法的概念及

决策步骤··············129

6.2.2 悲观准则决策法的应用········131

6.3 乐观系数准则决策法············131

6.3.1 乐观系数准则决策法的概念

及决策步骤·········132

6.3.2 乐观系数准则决策法的

应用 ················133

6.4 后悔值准则决策法············ 134

6.4.1 后悔值准则决策法的概念及

决策步骤··············134

6.4.2 后悔值准则决策法的应用····136

6.5 等概率准则决策法············ 137

6.5.1 等概率准则决策法的概念及

决策步骤··············137

6.5.2 等概率准则决策法的应用····138

6.6 不确定型决策案例分析 ········· 139

思考与练习题 ···················· 142

第 7 章 灰色理论决策 ·················143

7.1 灰色理论决策概述············ 144

7.1.1 灰色系统的概念··········144

7.1.2 灰数概念及其分类········145

7.1.3 灰数的运算及其白化······146

7.2 灰关联决策法··················148

7.2.1 灰关联决策法的几个概念······148

7.2.2 灰色关联度分析法········151

7.2.3 灰关联决策法的应用·········154

7.3 灰局势决策法··················155

7.3.1 灰局势决策法的几个概念·····155

7.3.2 灰局势决策法的决策准则和
步骤 ················157
7.3.3 灰局势决策法的应用 ········158
7.4 灰发展决策法 ················160
7.4.1 灰色系统模型 ················160
7.4.2 灰发展决策法的概念及决策
思路 ················167
思考与练习题 ················169

第8章 博弈论决策法 ················172
8.1 博弈论决策法概述 ············173
8.1.1 博弈论的定义及基本
假设 ················173
8.1.2 博弈的要素 ············174
8.1.3 博弈的分类 ············176
8.1.4 博弈论的发展历史 ········178
8.1.5 博弈论与诺贝尔经济学奖
获得者 ················179
8.2 完全信息博弈 ················179
8.2.1 完全信息静态博弈 ········180
8.2.2 完全信息动态博弈决策 ·······186
8.3 双人博弈决策 ················191
8.3.1 双人零和博弈 ············191
8.3.2 双人非零和博弈 ············192
8.3.3 博弈论的应用 ············192
思考与练习题 ················194

第9章 多目标决策 ················196
9.1 多目标决策的基本问题 ········197
9.1.1 多目标决策的概念与要素 ···197
9.1.2 多目标决策的基本思路和
方法 ················198
9.1.3 多目标决策原则 ············199
9.2 简单线性加权法 ············199
9.2.1 多目标问题的描述 ···········200

9.2.2 简单线性加权法的基本
步骤 ················200
9.2.3 决策指标的标准化 ········201
9.2.4 权重的确定 ················201
9.3 层次分析法(AHP) ············205
9.3.1 层次分析法的基本原理 ·······205
9.3.2 层次分析法的思路 ········206
9.3.3 AHP方法应用实例 ·········212
9.3.4 AHP法的优点与局限 ·····216
9.4 多目标规划法 ················216
9.4.1 多目标规划及其非劣解 ·····216
9.4.2 多目标规划求解技术简介 ·····218
9.4.3 多目标规划模型法决策 ·····220
9.5 TOPSIS决策法 ················223
9.5.1 TOPSIS决策法的步骤 ······223
9.5.2 TOPSIS法的应用 ·········224
思考与练习题 ················225

第10章 大数据时代的决策 ············227
10.1 大数据与决策概述 ········228
10.1.1 大数据的概念和特点 ······228
10.1.2 大数据的构成 ············230
10.1.3 大数据的处理方法 ·········230
10.1.4 大数据决策 ················231
10.2 大数据时代的决策支持 ······232
10.2.1 大数据对决策的影响 ······232
10.2.2 决策支持系统与大数据 ·····233
10.2.3 大数据时代的决策支持
系统设想 ············236
10.2.4 大数据与贝叶斯决策 ·······236
思考与练习题 ················237

附录表 ················238

参考文献 ················248

第1章

统计决策理论概述

错误的决策不会永远持续下去，它总能够得到纠正。但延误决策所导致的损失将再也无法弥补。

——加尔布雷斯

学习目标与要求

1. 掌握统计决策的概念、特征及其基本要素；
2. 掌握统计决策的分类及每种分类的含义；
3. 熟练掌握统计决策的过程与原则；
4. 熟悉统计决策常见的错误类型及避免办法；
5. 了解统计决策理论的发展简史；
6. 理解统计决策理论的科学体系及发展趋势。

有三个人要被关进监狱三年，监狱长给他们三个人每人一个选择。美国人爱抽雪茄，要了三箱雪茄；法国人最浪漫，要了一个美丽的女子相伴；而犹太人说，他要一部与外界沟通的电话。三年过后，第一个冲出来的是美国人，嘴里、鼻孔里塞满了雪茄，大喊道："给我火，给我火！"原来他忘记要火柴了。接着出来的是法国人，只见他手里抱着一个小孩，美丽的女子手里牵着一个小孩，肚子里还怀着第三个。最后出来的是犹太人，他紧紧握住监狱长的手说："这三年来我每天都与外界联系，我的生意不但没有停顿，反而增长了200%，为了表示感谢，我将送你一辆劳斯莱斯！"

资料来源：搜狐网.https://www.sohu.com/a/119004602_467096

这个故事告诉我们，什么样的选择决定什么样的未来。我们今天的状态是由以往所有的选择共同决定的。所以无论是个人还是组织，都应该收集最新的信息，了解最新的趋势，做出最佳的决策，从而创造更好的未来。

互联网、电子计算机技术、大数据、机器学习及人工智能技术的发展，带来了世界日新月异的变化，生产与生活的社会化程度不断提高，社会生产力得到了空前解放，在激烈的市场竞争中成者为王败者为寇。正确的决策可以造就一个传奇，比如华为、腾讯、苹果等企业；错误的决策则会让一个巨大的商业帝国迅速败落，比如曾经赫赫有名的诺基亚、摩托罗拉、索尼等企业。在这个处处充满不确定性的新经济时代，形势快速多变、日益复杂,机会往往稍纵即逝,能否快速做出正确的决策就显得尤为重要。

决策活动是管理活动的重要组成部分。无论是宏观还是微观的社会、经济问题,都需要进行科学的决策。为了避免决策失误,保证决策的科学性和有效性,人们开始研究决策实践的规律,并进行归纳与总结,同时引入了其他学科的方法论,逐步形成了系统严谨的决策学理论体系与专门的决策方法和技术,并在实践中不断地加以检验和发展。如今,决策的科学理论和方法正在逐步形成一门独立的学科,虽然其发展历史尚短,但决策的科学方法在各项社会与经济管理实践中得到了广泛的应用。

基于互联网经济和大数据时代的特点,数据的地位越来越重要,数据逐渐成为企业生产、经营几乎所有环节都要依赖的、不可或缺的信息,做决策离开数据就如同舵手离开了导航。统计决策就是研究决策问题的量化决策方法,运用量化决策方法进行决策也是决策方法科学化的重要标志。

1.1　统计决策的基本问题

什么是统计决策?统计决策与统计有何关系?其与决策的关系又是怎样的呢?一个科学的决策应该包含哪些基本要素?认识决策有哪些角度?人们应该遵守什么样的原则,按照什么样的流程,方可做出科学有效的决策?在正式学习统计决策的方法与技术之前,我们先来了解这些基本问题。

1.1.1　统计决策的概念及其基本要素

与统计决策相比,决策是更广阔的范畴;为了充分理解统计决策的概念,先来认识一下决策。

1. 决策

"决策"这个词最先是由美国管理学者巴纳德(Baruard)和斯蒂恩(Stene)等人在其管理著作中采用的,用来说明组织管理中的分权问题。因为在权力分配中,做出决定的权力是最重要的。后来,美国管理学家赫伯特·A.西蒙进一步发展了组织理论,强调决策在组织管理中的重要地位,并提出了"管理就是决策"这个流传甚广的著名观点;中国学者于光远则提出了"决策就是做决定"的观点。

这两种关于"决策"的观点表面上看来截然不同,实际上只是从不同角度深刻地揭示了决策的基本内涵。于光远的角度是对"决策"的狭义解释,认为决策就是做出决定,在已经拟定好的备选方案中做出最佳选择,即拍板子;而赫伯特·A.西蒙的角度则是对"决策"的广义解释,认为决策包括了整个管理过程。两个角度相互补充,并不矛盾。

本书认为,应该将决策看作一个系统工程,而不仅仅认为其是一个瞬间的简单行为。因为决策的目的是最终实现目标,而现实在不断地发生变化,仅仅做出决定是不够的,还应该监测决定的实施效果，一旦偏离了目标轨道就要及时调整，否则就有可能影响目标的实现，造成决策失误，这样决策也就失去了意义。

综上所述，决策指的是人们为了实现特定的目标，根据客观的可能性，在占有一定信息和经验的基础上，借助一定工具、技巧和方法，对影响目标实现的诸因素进行准确的计算和判断选优后，对未来行动做出决定，并对方案的实施效果进行修正，直至目标实现的整个系统过程。

2. 统计决策

如果将"决策"分为定性的决策和定量的决策两种，"统计决策"则意指使用了数量分析方法的决策。具体来说，关于"统计决策"的理解也包含了两层含义。

广义的"统计决策"，是指依据统计学的原理、方法和技术所进行的量化决策；它需要经过提出问题、设定目标、收集信息、拟订方案、分析方案、确定方案等一系列活动环节。在方案选定并执行后，还要监测它的实施效果，若发现偏差则马上加以修正。

狭义的"统计决策"，是指将未来发生的情况视为随机事件，依据概率统计提供的理论和方法进行的决策。

统计决策提供了在未来情况具有不确定性时，处理问题的原理和方法，在企业经营决策中有着广泛的应用。

3. 统计决策的基本要素

决策要素是为了深刻理解和认识决策者的决策过程而提出的概念，是指在进行统计决策时应该重点考虑的要素。一般而言，完整的统计决策问题通常包含五个基本要素，即决策主体、决策目标、决策对象、自然状态和备选方案。

1) 决策主体

决策主体即决策者。决策者是决策的关键，可以是单独的个人，也可以是由多人组成的群体或机构(比如企业里的董事会、机构里的委员会)。

决策者的智慧和见识至关重要。一个具有足够智慧与见识的决策者，不仅能使人尽其才，物尽其用，而且可以通过有效的资源整合，激发出巨大的集体效能。决策者的思维方法是决策的重要条件。人类思维方法可以分为抽象思维、形象思维、灵感思维及创造性思维 4 种。抽象思维是指透过事物千变万化的具体形象抓住事物的本质；形象思维是指运用直观或艺术的形式，将虚无缥缈的形式，确定为具体的可操作的目标；灵感思维可以让决策者在山穷水尽的情况下豁然开朗；创造性思维可以帮助决策者认识新的领域，开辟事物新的局面。决策者的品德修养是进行科学决策的重要基础，决策者需要以身作则，以自身良好的操守和素质，营造积极向上和开拓进取的组织文化氛围，调动下属的积极性、主动性和创造性。

决策者是进行科学决策的基本要素，也是诸要素中的核心要素和最有主观能动性的要素，是决策成败的关键，是决策的灵魂。

2) 决策目标

决策目标是指实施决策行动所期望达到的成果和价值，是统计决策的出发点和归宿，即问题的"边界条件"。决策的目标是什么？最低限度应该达成什么目的？应该满足什么条件？这就是所谓的"边界条件"。一项有效的决策，必须符合边界条件，边界条件描述得越清楚、越仔细，据以做出的决策则越有效。

有些情况下，决策具有多目标，且目标间具有负相关性。如何解决这种多目标决策问题，是决策技术中的难点问题。本书将设专门章节讨论多目标决策问题。

3) 决策对象

决策对象是指处于决策者意志指导下的、可以控制的、能够对其施加影响的、有明确边界的事物。

所谓"处于决策者意志指导下的事物"，就是指决策者管辖范围内的事物，超出范围就谈不上控制和影响，也不可能成为决策对象。所谓"有明确边界的事物"，是指具有明确的内涵和外延，无边无际、性质不清的事物不能成为决策对象。

比如，董事长(总经理)的决策对象就是他所经营的企业；财务总监的决策对象则是该企业的财务部门人、财、物的安排；校长的决策对象是他所在学校的人、财、物；夫妇及孩子构成的家庭，其决策对象是以社会为条件的家庭。这里的企业、部门、家庭，都是人的行为能够影响的系统，均可作为决策对象。

又比如，人的行为无法影响 100 年前已经发生的事，因此过去不能作为决策对象；中国平安保险公司的 CEO(首席执行官)只能决定中国平安保险公司的事务，不能决定中国人寿保险公司的事务，所以中国人寿保险公司不能作为中国平安保险公司的 CEO 的决策对象。可见，无论是宏观还是微观问题，只要人的行为不能够影响的系统，都不能作为决策的对象。

4) 自然状态

自然状态是指不依赖决策者主观意志存在的客观条件或外部环境，是对环境及环境的作用方式的某种描述(信息)。这种描述是否准确，可以凭经验进行观察、判断，也可以通过统计调查或者试验来加以验证。决策一定会涉及某种自然状态，其不可能脱离自然状态独立存在，所以科学有效的统计决策一定要收集自然状态的信息。

5) 备选方案

在明确了决策目标和自然状态后，拟定多个备选方案是决策的关键。如果只有一个备选方案，就无法比较，也难以分辨方案的优劣，所以在决策过程中，可供选择的行动方案至少要有两种。

为了避免决策失误，决策者必须对每个备选方案进行全面的评价。评价内容有：方案目标是否合理；决策所依据的价值准则是否正确；备选方案在技术上是否可行；制订备选方案所采用的理论和方法是否科学；备选方案在经济上是否合理；方案在社会上是否可行；方案是否与资源及能力相适应。评价的方法主要有经验判断法、数学分析法和试验法等。

1.1.2　统计决策的分类

了解统计决策分类，是为了从不同角度深刻领会统计决策的特征。随着决策实践的发展及决策学研究的深入，人们对决策的理解也越来越深刻，越来越全面。

1. 按决策问题所处的条件划分

按决策问题所处的条件，可以将统计决策分为确定型决策和非确定型决策两类。

1) 确定型决策

确定型决策指决策者对未来可能发生的情况有十分确定的比较，可以直接根据完全确定的情况选择最满意的行动方案。确定型决策是指其自然状态完全明确，包括：存在决策者希望达到的明确的决策目标(收益大或者损失小等)；存在确定的自然状态；存在可供决策者选择的两个以上的行动方案；不同行动方案在确定状态下的损益值可以计算出来。

2) 非确定型决策

非确定型决策是指存在两个或两个以上可能的自然状态，而何种状态终将发生却是不确定的决策问题。非确定型决策又可分为竞争型决策、风险型决策、不确定型决策三种类型。

(1) 竞争型决策。当决策问题的自然状态之一是决策者不能控制的竞争对手时，这种决策称为竞争型决策，比如博弈决策。

(2) 风险型决策。当决策问题各种可能的自然状态出现的概率能预测时，这种决策称为风险型决策；风险型决策难以获得充分可靠的信息，其未来状态和相应后果不能准确预测，但可以通过各种手段获得各状态发生的概率。

风险型决策通常具有以下特征：决策者拥有希望达到的明确目标(收益大或损失小)；存在两个以上不以决策者主观意志为转移的自然状态，但决策者或分析人员根据过去的经验和科学理论等可预先估算出自然状态的概率值；存在两个以上可供决策者选择的行动方案；不同行动方案在确定状态下的损益值可以计算出来。

(3) 不确定型决策。当决策问题各种可能的自然状态出现的概率都不能确定时，则称为完全不确定型决策，或简称不确定型决策。由于不确定型决策的自然状态发生的概率无法确定，所以这种决策主要取决于决策者个人的喜好及其价值取向，如新技术的研发、分析新产品的市场需求等。不确定型决策通常具有以下特征：有决策者希望达到的明确目标(收益大或损失小)；自然状态不确定，且其出现的概率不可知；存在两个以上可供决策者选择的行动方案；不同行动方案在确定状态下的损益值可以计算出来。

2. 按决策主体的类型划分

按决策主体的类型可以将决策分为个人决策和群体决策两类。

1) 个人决策(personal decision)

个人决策是指决策机构的主要领导者通过个人决定的方式，按照个人的判断力、知识、经验和意志所做出的决策。个人决策一般适用于日常工作中程序化的决策和管理者职责范围内事务的决策。

个人决策的合理性，在于它具有简便、快捷、责任明确的特点。科学意义上的个人决策是决策者在集中多数人的正确意见与建议，经过反复思考后做出的，它并不意味着不负责任或独断专行。

个人决策的局限性一方面表现在个人决策所需的社会条件难以充分具备，其具体表现是社会难以找到杰出的个人决策者，那些具备条件的个人又不一定能成为掌握权力的个人决策者；另一方面表现在决策者容易受到个人的经验、知识和能力的限制。

【例 1-1】林肯的"独断专行"

美国总统林肯，在他上任后不久，有一次将 6 个幕僚召集在一起开会。林肯提出了一个重要法案,而幕僚们的看法并不统一,于是7个人便热烈地争论起来。林肯在仔细听取其他6个人的意见后,依然觉得自己是正确的。在最后决策的时候,6个幕僚一致反对林肯的意见,但林肯仍固执己见,他说:"虽然只有我一个人赞成,但我仍要宣布,这个法案通过了。"

表面上看,林肯这种忽视多数人意见的做法似乎过于独断专行。其实,林肯已经仔细地了解了其他6个人的看法并经过深思熟虑,认定自己的方案最为合理。而其他6个人持反对意见,只是一个条件反射,甚至是人云亦云,根本就没有认真考虑过这个方案。既然如此,自然应该力排众议,坚持己见。因为所谓"讨论",也就是从各种不同意见中选择出一个最合理的。如果能确定自己是对的,自然应该坚持自己的意见。

资料来源:http://www.eywedu.cn/story/05/mingrenwenzhang0068.htm

2) 群体决策(group decision)

环境信息、个人偏好、方案评价方法是一个决策好坏的关键。而这些又与个人的经验和对问题的理解有关,特别是对于复杂的决策问题,不仅涉及多目标、不确定性、时间动态性和竞争性,而且个人的能力也有可能远远达不到要求,为此需要发挥集体的智慧,由多人参与决策分析。这些参与决策的人,我们称之为决策群体,群体成员制定决策的整个过程就称为群体决策。

群体决策和个人决策在决策的时间、速度、质量、责任性、认可程序、心理压力等方面各有利弊。在实际处理问题时,采取哪种决策类型更好,取决于问题的类型、信息掌握的程度、决策成员的个人经验和技能及知识差别等因素。

【例1-2】通用电气公司的"群体决策"

1981年,杰克·韦尔奇接任美国通用电气公司的总裁后,认为公司"管理"得太多,而"领导"得太少,"工人们对自己的工作比管理者清楚得多,经理们最好不要横加干涉"。为此,他施行了"群体决策"制度,使那些平时没有机会互相交流的员工、中层管理人员都能出席决策讨论会。群体决策的开展,打击了公司中官僚主义的不良作风,减少了烦琐程序,使得决策扁平化。即便在经济不景气的情况下,通用电气公司也取得了巨大发展。杰克·韦尔奇也因此被誉为全美最优秀的企业家之一。

资料来源:胡颖. 个体决策与群体决策的对比分析[J]. 智富时代.2017(5):244-246

3. 按决策问题的性质划分

按决策问题的性质可以将其分为程序化决策和非程序化决策两类。

1) 程序化决策

程序化决策又称常规性决策,是指对重复出现的、日常管理问题所做的决策。这类决策有先例可循,能按原有规定的程序、处理方法和标准进行决策。程序化决策多属于日常的业务决策和可以规范化的技术决策,一般有正确的客观答案,可以用简单的规则、策略或数字计算来建立数学模型,把决策目标和约束条件统一起来,从而对决策方案进行优化,比如公司选址、企业物流、淘宝退货等。

在这种程序化决策中,决策所需要的信息都可以通过计量和统计调查得到,它的约束条件也是明确、具体的,并且能够量化。对于这种决策,运用计算机信息技术可以取得非常好的效果。通过建立数学模型，让计算机代为运算，并找出最优的方案，都是在价值观念之外的，至少价值观念对这种决策的约束作用不是主导因素。

2) 非程序化决策

非程序化决策也称非常规决策，指那些突发性事件，或者未曾出现过的、一次性的、没有固定程序可循的决策问题。针对这种管理中新颖的问题所做的决策，叫作非程序化决策。这种决策也许可以参照过去类似情况的做法，但更多需要对新的情况重新进行研究，进而做出决策。它大多属于战略决策和一些新的战术决策，在很大程度上依赖于决策者的经验、知识和创造性，以及专家智囊团和有效能的决策机制。这种决策，是无法通过建立数学模型为决策人制定决策提供优化方案的，在这种决策中，变量更多的是人的主观意志因素。

非程序化决策一般多由高层管理者做出，是针对那些不常发生的或例外的非结构化问题而进行的决策。随着管理者地位的提高，面临的不确定性增大，决策的难度加大，所面临的非程序化决策的数量和重要性也都在逐步提高，进行非程序化决策的能力变得越来越重要。

如面对 2019 年突发的中美贸易摩擦，中国与美国有贸易往来的企业如何采取有效应对措施，就是非程序化决策问题。

4. 按决策层次划分

根据决策的层次来划分，可将决策分为战略决策、管理决策和业务决策。

1) 战略决策

所谓战略决策，是指组织机构为了谋求与经常变化的市场环境相适应、取得动态平衡的一种决策。这种决策是为了解决全局性、长远性和根本性的问题。企业经营方向与目标的确定、产品结构的调整、新产品的开发、新市场的开拓等问题，就属于战略决策。企业只有在这些重大战略上决策正确，才能达到与外界环境(如国家的政策法令、社会政治经济情况、科学技术的发展及竞争对手的状况等)之间的动态平衡，以求不断发展壮大。

2) 管理决策

所谓管理决策，是指为了实现既定战略而进行的计划、组织、指挥与控制的决策。例如，企业的管理决策是企业为了施行其战略决策，对企业内具体的生产经营目标、机构设置、人员配备、资源调配、故障排除等问题进行的决策。

3) 业务决策

业务决策亦称战术决策，是指具体业务部门在一定的经营管理水平上，为了提高日常生产效率所进行的一种决策。企业的业务决策包括日常生产安排、存货控制、财务收支管理等一般日常性决策。

【例 1-3】阿里"为了活命，先搞条路出来。"

2017 年年初，阿里巴巴集团 CEO 张勇在湖畔大学上分享了自己战略决策的核心秘籍。张勇认为，战略是打出来的，已经总结出来的战略基本跟你没关系。

"世界上聪明人很多，勤奋人也很多，既聪明又勤奋的人更多。那跟你有什么关系呢？肯定是世上本没有路，为了活命，先搞条路出来。"

阿里的"双 11"怎么来的？张勇称，"双 11"是为了活命想出来的，第一次"双 11"是在 2009 年。那个时候是在艰苦的条件下找出路，于是东试试看、西试试看。美国有一个"黑色星期五"的节日,那么他们也试试看。后面根本没有想到,就是为了活命,让大家记住这是他们搞的,人家愿意到淘宝来,而且分得清楚天猫商城和淘宝,就那么一点小事情,没想到后来能获得巨大成功。

张勇认为,战略很难被清晰地规划,在战略问题上,两点之间的距离永远最长,你会发现这个战略一进展,就要调整了,本来朝着这个方向走,本来以为要到终点了,但是做着做着,就发觉不对,就要调整。这里面要靠信仰和坚持,同时,大的势也要对。

此外,战略还应有灵动性。张勇用 UC 和钉钉的例子打趣说,"买回来一只鸡,结果孵出来一只鸭,这样的事在阿里常常发生。"他说,收购 UCweb 的时候,阿里并没有想到会搞出搜索和信息流;更没有想到,因为对 UCweb 的收购,对高德的收购,使得阿里在无线互联网时代形成了一个基础服务矩阵。

张勇表示,自己更多会思考五年、十年,甚至更长时间的事情。所谓"花无百日红",产品总有周期,只有整个布局是轮动的,才能避免整个公司的业务陷入集体性的低谷。

资料来源:周小白. 张勇湖畔大学授课,揭秘阿里三大重要决策背后的思考. http://people.techweb.com.cn/2017-02-23/2491119.shtml

5. 按决策过程是否运用数学模型来辅助划分

按决策过程是否运用数学模型来辅助可以将决策分为定性决策和定量决策两类。

1) 定性决策

定性决策是指决策问题的诸因素不能用确切的数量表示,只能进行定性分析。如组织机构的设置与调整、产品质量的测定、环境污染对人体健康的影响等都属于定性决策问题。由于这类问题不能转化为数学模型,通常只能进行定性分析,所以解决这类问题主要依靠决策者自身的素质,如逻辑思维能力和判断推理能力等。决策者靠定性分析、推理、判断进而做出决策,重在对决策问题质的把握。

2) 定量决策

定量决策是指决策者能够利用统计学模型等数学方法进行定量分析的决策,重在对决策问题量的刻画。

一般的决策问题常常介于定性分析和定量分析之间,定性中有定量,定量中有定性。定量分析常常是建立在定性分析的基础之上,而定性类问题也常常会被转化成定量问题进行分析。

6. 按决策目标划分

按决策目标可以将决策分为单目标决策和多目标决策两类。

1) 单目标决策

单目标决策是指要达到的目标只有一个的决策。这种决策目标单一,制定和实施都较为容易,传统的统计决策理论的决策目标一般只有一个。

个人的一些决策常常是单目标决策,比如个人的投资或者储蓄行为,都是追求资金的保值增值这一单目标。

2) 多目标决策

多目标决策是指要达到的目标不止一个的决策。在实践中,一个组织或者团体的目标常常不是单一的，比如企业不能单纯地追求利润目标，还要追求企业文化、企业社会形象、员工利益等目标。

这样在制定决策时通常就要考虑多个目标，且它们在很多情况下又是相互消长或者矛盾的，这就使得多目标决策分析在统计决策分析中具有了日益重要的地位。比如，投资的回报率与风险之间的关系，通常情况下回报率越高，风险也会越大，而决策者一般都期望高回报、低风险。再比如，消费者总希望购买的产品和服务是物美价廉的，但现实常常是物美价不廉。

7. 按是否有竞争对手划分

按是否有竞争对手可以将决策分为独立决策和互动决策两类。

1）独立决策

独立决策是指你的决策对别人没有影响，别人的决策对你也没有影响。

2）互动决策

互动决策也称作对策(博弈论)或对抗决策。对方的决策，就是本方的未来客观条件；反之，本方的决策也是对方的未来客观条件。这类决策分析问题是当前管理、经济界比较关注的问题，可采用对策论及其冲突分析等方法来分析解决。

8. 按决策过程的连续性划分

按决策过程的连续性可以将决策分为单项决策和序贯决策两类。

1）单项决策

单项决策亦称静态决策，它所解决的是某个时点或某段时期的决策问题，要求的行动方案只有一个。例如要计划某种产品的年产量，则决策只有一个。

2）序贯决策

序贯决策亦称动态决策、序列决策，它是指一系列在时间上有先后顺序的决策，这些决策相互关联，前一项决策直接影响后一项决策。决策者关注的不是其中某一项决策的效益，而是这一系列决策的整体合理性。如企业计划要在 5 年内实现市场份额达到的目标，则它一般会将总目标细化成每一年应达到的具体目标并制定相应的行动措施，后一年根据前一年目标的实现情况对计划做出调整，直至总目标实现。

1.1.3　统计决策的公理

管理决策一般被认为是在具体的约束条件下理性地做出一致的、价值最大化的选择。理性的决策者在决策过程中是完全客观且合乎逻辑的，他会认真确定问题并有一个明确的、具体的目标，决策过程的步骤也会始终如一地瞄准"选择使目标最大化的备选方案"。

决策的公理是所有理智决策者都能接受或承认的基本原理，它们是许多决策者长期实践经验的总结。主要有两个基本点：一是决策者通常可以大致估计自然状态出现的可能性，即存在主观概率；二是决策者对每一个行动方案的结果是根据自己的兴趣、爱好等价值标准进行评价的，即行动方案的"效用"，效用较大的方案更优。

统计决策理论有以下 4 条公理：

(1) 方案的优劣是可以比较和判别的。对于待选方案 A、B、C，决策者可以根据优劣进行排序。方案 A 优于方案 B 或者劣于方案 B；如果方案 A 优于方案 B，方案 B 优于方案 C，则方案 A 优于方案 C。

(2) 方案必须具有独立存在的价值。如果在每种可能的状态下，方案 A 都比方案 B 劣，则称方案 B 为劣势方案，劣势方案没有独立存在的价值，应该直接被淘汰。

(3) 主观概率和方案结果之间不存在联系。主观概率指的是决策者对于自然状态概率的主观估计值，方案结果指的是执行某一方案的结果；这条公理说明二者之间是相互独立的。

(4) 效用的等同性和可替代性，即不同的方案可以具有相同的效用且相同效用的方案可以相互替代。假设方案 A 可以以 0.8 的概率获利 10 万元，以 0.2 的概率获利 20 万元；而方案 B 可以直接获利 12 万元，则这两种方案具有相同的效用且可以相互替代。

人们在进行决策时难免会受到主观因素的影响，比如同一种形势，乐观型决策者和悲观型决策者可能会有不同的选择；若想做出科学合理的决策，必须严格遵守以上四条公理。

1.1.4　统计决策的原则

决策原则是指决策必须遵循的指导原理和行为准则，它是科学决策的指导思想的反映，也是决策实践经验的概括。决策过程中所需要遵循的具体原则是多种多样的，如悲观原则、乐观原则和最小后悔值原则等，而以下五条原则是做出正确决策的保证。

1. 目标性原则

决策一定是在特定的环境条件下，寻求优化目标和达到目标的手段。在经济决策中，决策的目标就是追求利益最大化或者损失最小化，即以最小的物质消耗取得最大的经济效益，或者以最低的成本取得最高的产量，获取最大的利润，或者占据最大的市场份额等。所以如果没有目标，也就无从决策。

2. 未来性原则

决策必然产生并存在于行动之前，其所关心的是用什么样的方式去实现未来的目标。对已经发生的和正在发生的行动是不需要做出决策的，即便做决策也不会产生效果，所以，有效的决策必须面对未来，又由于未来是不确定的，这就导致了决策必然具有风险。学习决策方法和技术的目的就是让我们在做决策时，眼光更长远，更有洞见性，尽量降低决策的风险以实现决策目标。简而言之，决策就是立足现在，把握未来。

2019 年以来，美国针对华为公司进行了一系列打压，但华为并没有惊慌失措，任正非在接受记者采访时说道："十多年前华为就预见到可能会遇到如今的困难，并且已为此准备了十年，华为并不是临时应对这个局面，所以外面的变化对华为的影响其实没有那么大。"华为在十年前就预见了现在并做出了正确的决策，十年前的正确决策成就了华为强大和辉煌的现在，也使其具备很好的信心与实力去面对未来。

3. 选择性原则

如果可供选择的方案只有一个，那么只能执行该方案，也就不需要进行所谓的决策。之所以要进行决策，是因为为了达到决策目的，会有若干个可供选择的方案，从这个角度来讲，我们可以认为决策的过程就是选择最佳方案的过程。

所以，决策离不开选择，没有选择也就没有决策，既然存在选择，那么可供决策选择的可行方案则至少要有两个。决策或选择的过程既体现了决策科学的理论和方法的客观标准，又体现了决策者的社会经验、学识水平和判断能力的主观标准。

4. 可行性原则

比较选择后得到的最优方案尚处于思维阶段，只有将其付诸实践，才能使其产生效果，而实践结果也会使决策者在认识上产生提升，进而修正决策，使得决策目标更有机会实现。所以，决策必须进行可行性研究，且付诸实践，否则就是纸上谈兵。

可行性研究需要从技术、经济及社会效益等各方面进行全面考虑，综合考虑决策方案实施的可行性。

在经济决策中，要强调科学可行的决策，这样才能减少决策失误。决策失误所造成的浪费是我国当前最大的浪费，这种浪费又叫决策性浪费。有些团体或者个人，对实施的项目不做调查、不进行评估，也不管项目投产后的产品销路及生产的原材料来源和产品质量，而是鲁莽决策，这就会产生决策性浪费。

5. 系统性原则

决策问题不能凭空存在，其会涉及很多要素，并处于某一决策系统内，该系统包含了决策目标、内部条件及外部环境等要素，而决策则是在该系统内谋求各要素之间的一种动态平衡。不同时点上的决策会通过系统相互影响，具有一定的后效性，形成了动态联系。经济决策则是处于宏观经济环境的一个子系统，而国民经济系统包含着许多相互联系、相互制约的子系统，如工业系统、农业系统、商业系统等。因此，决策不能独立进行，应该运用系统的眼光，以决策目标为核心，以满足系统优化为标准，强调系统配套、系统完整和系统平衡，由整个系统出发来权衡利弊，从整体上谋求最优或令人满意的行为措施。

1.1.5　决策失误

现代西方管理理论认为，如果一个企业的资产超过 1 000 万美元，但它没有智囊团的话，它的生命周期就不会超过 5 年，一个重大的决策失误，就会给这个企业带来重创。做出正确的决策就应避免失误，解析决策失误产生的原因也是为了了解可能产生决策失误的源头，从源头上解决决策失误。

1. 决策失误产生的原因

1) 决策权过分集中，不够民主

决策权集中于个人或少数人手里，多数办事的人无权决定，少数有权的人负担过重，他们的权力不受限制，别人都要对他们唯命是从，甚至形成对他们的人身依附关系。决策人滥用权力，脱离实际，脱离群众，在权力运行中必然导致下情难以准确及时地上达，上情也难以及时准确地下达，其结果会导致决策信息系统的失灵，决策失误就难以避免。

2）对决策权缺乏有效的监督和制约

决策过程，也是权力的运用过程，对这一过程缺乏有效的监督和制约，就难免使权力脱离正确的运行轨道，导致决策者因私利而决策，为了个人或小团体得到一点好处，不顾大局，不顾及企业未来，不考虑社会影响，擅自决策。

3）企业管理机制存在不科学、不合理的因素

管理机制对决策失误的影响主要体现在：一是企业单纯追求眼前利益，忽视了以人为本、全面协调和可持续发展原则；二是一些决策者的能力与职位不相适应，又急功近利；三是企业在选人用人上存在"潜规则"和腐败现象，导致庸人当政，压抑了人才，使人才无所用其力。

4）决策者素质不高，凭经验、凭感情决策

决策者的素质对决策科学与否具有直接的影响，主要表现在以下几个方面。

(1) 决策者缺乏责任意识。有些担任重要职务的决策者心目中，保位升官是第一位的，其他事情都不重要。为此，他们的主要心思是搞好各方面的关系，特别是与上级的关系，对工作则是推着干、应付着干或者做表面文章，不讲原则，不顾大局，不思进取，不负责任。

(2) 决策者缺乏忧患意识。他们对决策优柔寡断，易错失良机；或虽然做了方案选择，但没有落实或实施中未进行监督、反馈，执行中大打折扣。

(3) 决策者缺乏现代管理科学的基本知识和基本理论，科学决策能力不强，凭经验、凭感情办事，出现所谓"好心办坏事"和"交学费"等现象。

5）决策科学化程度不高

决策者需要学习决策科学与技术，制定规范的决策程序。应防止一人或者两三人仅仅通过查阅资料、档案等方式简单进行决策；防止决策者不进行实地调查，不询问各方意见，靠想象推论，靠猜测论证，武断地进行决策；防止决策者对获取的信息缺乏冷静的思考，不找出实质性的重要信息，即做出决策。

2. 避免决策失误的措施

1）不轻率拍板

美国的管理学家赫伯特·A. 西蒙 1978 年获得经济学诺贝尔奖，瑞典皇家科学院授奖时宣布：他对经济组织内的决策程序进行了开创性的研究，他认为决策必须有严谨缜密的流程，所以不可以轻视决策的程序问题，脑子一热，轻率拍板。

2）重视反馈

决策付诸实施后，要监测其实施效果，随时调整，确保决策目标的实现。正确的决策过程是不断调整、修正的过程。

3）坚持实践验证

重大决策，应先在小范围内试行，以避免普遍推广时造成全局性重大损失。决策试验

也可通过模拟试验(又称计算机仿真)进行。

【例 1-4】激动时不做任何决策

某公司老板巡视仓库时,看见一个工人坐在地上看漫画。这个老板最讨厌工人偷懒了,没好气地问:"你一月的工资是多少?"工人轻松地说:"两千块。"老板掏出两千块给工人,说:"拿了钱给我滚。"

事后,老板批评仓库主任没有管好自己的下属,仓库主任说:"他不是公司的人,是来送货的。"

资料来源:基于互联网信息编写

1.2　大数据时代的统计决策

大数据的核心是预测,目标是指向决策。大数据势必对各个领域,尤其是企业领域的决策思维产生广博而深远的影响。大数据思维是指一种意识,认为公开的数据一旦处理得当就能为千百万人急需解决的问题提供答案。

超级大数据分析技术的崛起,并不意味着直觉判断和传统统计分析方法及统计决策技术的消亡,也不是说工作中累积的经验不重要,大数据时代的决策必然还是建立在传统的决策技术基础之上,大数据时代的决策依然需要统计决策方法。

1.2.1　大数据概念的提出

最早提出"大数据时代"到来的是麦肯锡:"数据,已经渗透到当今每一个行业和业务职能领域,成为重要的生产因素。"《纽约时报》2012 年 2 月刊发的一篇专栏文章中称"大数据时代"已经降临,在社会商业、经济文化及其他领域中,决策将日益基于数据和分析做出,而并非基于经验和直觉。2012 年 3 月奥巴马政府发布了大数据研究和发展倡议,拟投资 2 亿美元启动"大数据发展计划",以期在科学研究、环境、生物医学等领域利用大数据技术进行突破。2012 年 5 月,联合国发表《大数据促发展:挑战与机遇》政务白皮书,指出大数据对于世界各国是一个历史机遇,探讨如何利用包括社交网络在内的大数据资源造福人类。

2014 年 10 月 29 日,我国国务院常务会议特别强调了要扩大移动互联网、物联网等信息消费,提升宽带速度,支持网购发展和农村电商配送。加快健康医疗、企业监管等大数据应用。

2015 年 3 月 5 日,我国的《政府工作报告》也强调,要制订"互联网+"行动计划,推动移动互联网、云计算、大数据、物联网等与现代制造业结合,促进电子商务、工业互联网和互联网金融健康发展。

2015 年 7 月 1 日,国务院发布《关于运用大数据加强对市场主体服务和监管的若干意见》(国办发〔2015〕51 号)，运用大数据加强对市场主体服务和监管，明确时间表。

2015 年 8 月 31 日，国务院发布《促进大数据发展行动纲要》(国发〔2015〕50 号)(以下简称《纲要》)，系统部署了我国大数据发展工作，至此，大数据成为国家级的发展战略。《纲要》提出，要加强顶层设计和统筹协调，大力推动政府信息系统和公共数据互联开放共享，加快政府信息平台整合，消除信息孤岛，推进数据资源向社会开放，增强政府公信力，引导社会发展，服务公众企业；以企业为主体，营造宽松公平环境，加大大数据关键技术研发、产业发展和人才培养力度，着力推进数据汇集和发掘，等等。

2016 年 12 月 18 日，工信部编制印发《大数据产业发展规划(2016—2020 年)》(工信部规〔2016〕412 号)(以下简称《规划》)。《规划》提出，我国大数据产业发展目标为：到 2020 年，技术先进、应用繁荣、保障有力的大数据产业体系基本形成。大数据相关产品和服务业务收入突破 1 万亿元，年均复合增长率保持 30%左右，加快建设数据强国，为实现制造强国和网络强国提供强大的产业支撑。其中特别强调，培育 10 家国际领先的大数据核心龙头企业和 500 家大数据应用及服务企业。形成比较完善的大数据产业链，大数据产业体系初步形成。建设 10~15 个大数据综合试验区，创建一批大数据产业集聚区，形成若干大数据新型工业化产业示范基地。

2017 年 9 月，公安部印发《关于深入开展"大数据+网上督察"工作的意见》，要求到 2018 年底，全国各级公安机关要完成网上督察系统优化升级，实现全警种数据对网上督察系统的开放共享，满足"大数据+网上督察"需要。到 2020 年底，建成基于公安云计算平台的全国公安机关警务督察一体化应用平台，相关运行机制进一步健全完善，警务督察部门的动态监督和预警预测能力进一步提升。

2018 年 5 月 21 日，中国银行保险监督管理委员会发布《银行业金融机构数据治理指引》(银保监发〔2018〕22 号)。以引导银行业金融机构加强数据治理，提高数据质量，充分发挥数据价值，提升经营管理水平。

2018 年 7 月 23 日，工信部印发《推动企业上云实施指南(2018—2020 年)》(工信部信软〔2018〕135 号)明确，到 2020 年，力争实现企业上云环境进一步优化，行业企业上云意识和积极性明显提高，上云比例和应用深度显著提升，云计算在企业生产、经营、管理中的应用广泛普及，全国新增上云企业 100 万家，形成典型标杆应用案例 100 个以上，形成一批有影响力、带动力的云平台和企业上云体验中心。

2018 年 7 月 12 日，国家卫生健康委员会正式印发了《关于印发国家健康医疗大数据标准、安全和服务管理办法(试行)的通知》(国卫规划发〔2018〕23 号)，旨在加强健康医疗大数据管理，促进"互联网+医疗健康"发展，充分发挥健康医疗大数据作为国家重要基础性战略资源的作用。

2019 年 1 月 21 日，工信部、国家机关事务管理局、国家能源局印发《关于加强绿色数据中心建设的指导意见》(工信部联节〔2019〕24 号)，2019 年 1 月 24 日，自然资源部印发《智慧城市时空大数据平台建设技术大纲(2019 版)》(自然资办函〔2019〕125 号)，旨在建立健全绿色数据中心标准评价体系和能源资源监管体系，打造一批绿色数据中心模型，形成一批具有创新性的绿色产品、解决方案。

2019 年 7 月 1 日，工信部发布《电信和互联网行业提升网络数据安全保护能力专项行动方案》(工信厅网安〔2019〕42 号)，通过集中开展数据安全合理性评估、专项治理和监督检查、督促基础电信企业和重点互联网企业强化网络数据安全流程管理，及时整改消除大数据重大数据泄露等安全隐患。

2020 年 2 月 4 日，中央网信办发布《关于做好个人信息保护利用大数据支撑联防联控工作的通知》，要求各地方、各部门依法、按需收集个人信息，并做好个人信息保护。

2020 年 4 月 28 日，工信部印发《关于工业大数据发展的指导意见》(工信部信发〔2020〕67 号)，旨在推动工业数据全面采集，加快工业设备互联互通，推动工业数据高质量汇聚，统筹建设国家大数据平台，激发工业数据市场活力，深化数据应用，完善数据治理。

1.2.2　大数据时代统计决策的作用

大数据是一种需要新的处理模式才能具有更强的决策力、洞察力和流程优化能力来适应海量、高增长率和多样化的信息资产，它在获取、存储、管理、分析等方面的规模大大超出了传统数据库软件工具能力范围的数据集合；大数据不仅仅是矿藏，关键还要进行冶炼和精加工，即不在于掌握庞大的数据信息，而在于对这些含有意义的数据进行专业化处理。如果把大数据比作一种产业，那么这种产业实现盈利的关键，在于提高对数据的“加工能力”，通过“加工”实现数据的“增值”；也就是说，如何将大数据处理成对决策有效的信息就是大数据技术。

1. 决策的作用

决策的成败往往会带来巨大的机会与成本，必须认真对待。决策的作用主要有以下 4 点。

(1) 科学决策是现代管理的核心。决策是从各个可选方案中选择一个方案作为未来行为的指南，没有决策就没有合乎理性的行动。“管理就是决策”，因而决策是管理的核心。

(2) 决策是决定管理工作成败的关键。决策是任何有目的的活动发生之前必不可少的步骤。不同层次的决策有不同大小的影响，科学的决策提供了有事实根据的最优行动方案，起着避免盲目性、减少风险性的导向效应。

(3) 决策是执行的前提。正确的行为来源于正确的决策。在日常管理工作中，执行力是体现一个组织效益的重要因素，也是衡量一个组织是不是良性发展及有效管理的重要指标。科学的决策可以确保组织在有限的条件下做正确的事、创造最大价值以实现决策目标。

(4) 决策可以明确目标，统一行动，让组织成员明白工作的方向和要求。民主科学的决策有助于提高组织的凝聚力，创造良好的企业文化，改进管理水平。民主的决策由于是大家的共识，更加易于执行，更为有效。

2. 统计决策的作用

1) 统计方法贯穿了整个决策过程

科学的决策需要的是大量的社会经济信息，而统计是社会经济信息的主体。随着现代企业制度的建立和现代化管理的发展，统计工作不仅承担着传统的信息咨询、监督、服务等职能，而且承担着预测、监测和参与企业决策的职能。

(1) 统计信息处理技术为科学决策提供了数据支持。统计工作不仅能及时、准确、全面、系统地反映生产经营活动的实际情况，还能收集、整理与生产经营决策有关的外部环境的信息，为科学有效的决策提供了数据支持。信息是决策的基础，没有正确的信息，就无法做出正确的决策。

决策信息包括与决策有关的各方面信息，如决策主体的需求、实现目标的可能性、决策对象信息和决策环境信息等。决策信息的收集必须花费一定的费用，如人力成本、财力成本和原材料成本等，因此，在信息收集到一定程度后，就必须立刻做出决策，即使仍有很多信息没有收集齐全，也应如此。

(2) 统计预测技术是科学决策的基础。市场经济时代，仅掌握当前的市场行情只是一种短期行为，还必须了解、预测市场的发展变化，才能确保生产经营活动持续进行。为此，决策者需要不断地进行预测，为下一期生产提供分析资料。所以科学决策离不开统计预测。

(3) 统计分析技术为科学决策提供了方法论。无论是制订计划还是检查计划执行情况都需要统计分析技术，生产经营决策必须建立在对决策内部环境的正确统计分析的基础之上。只有这样，决策者才能准确预测生产经营前景，判断生产经营环境，并进行差异分析，找出存在的薄弱环节和有利因素，以此确定最优的生产经营方案，努力挖掘潜力，控制消耗，以较少的物资和资金投入获得较大的利益，在参与市场、赢得市场、占有市场的竞争中始终处于有利地位。

2) 统计决策方法在大数据时代尤为重要

随着大数据时代的来临，商业、经济及其他领域中的决策将日益基于数据和分析，而非基于经验和直觉。统计决策就是把现实生活中的决策问题抽象成可以用数学来描述的模型，运用优化算法来进行求解，帮助我们找到一个最佳决策最优战略。大数据时代，我们将可以轻易拥有庞大的数据量，但数据量并不是制胜的关键，关键的是如何利用大数据进行决策，所以谈大数据一定不能离开决策。这样的时代背景下数据获得的便捷性也为统计决策方法的广泛实施提供了数据基础和可能。

3) 统计方法是大数据技术的重要组成部分

大数据时代的决策离不开对大数据的处理，大数据由于其体量大等原因必须依赖于具有计算技术、网络技术、硬件技术、统计方法等能力的专业人士的有机组合团队，大数据技术带来的社会经济价值往往出人预料。所谓数据资产，乃是大数据技术的一种表现，而统计方法则是大数据技术的一个重要基础。

1.2.3 统计决策过程

一个完整的统计决策过程，包括以下 6 个步骤，如图 1-1 所示。

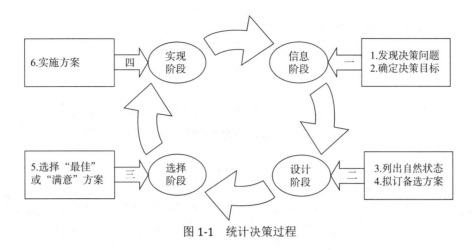

图 1-1　统计决策过程

1. 发现决策问题

这是实施统计决策的前提。没有问题也就不需要决策。所谓问题，即决策者认为的现状与预期之间的差距，是客观存在的矛盾在主观世界的反映。

1) 界定问题

发现问题首先要界定问题。界定问题包括两个方面。

(1) 弄清问题的关键因素，包括问题的性质、范围、程度、价值及影响。了解问题是全局性还是局部性的，是战略性还是战术性的，是长远性还是暂时性的。

(2) 找出问题产生的原因，是客观原因还是主观原因，同时对问题进行剖析。

2) 分析问题

将问题分类，并寻找事实。问题分类是为了明确必须做决策的人及负责实施决策的人。

2. 确定决策目标

决策目标是指在一定外部环境和内部环境条件下，决策者希望达到的结果，反映决策目标的变量叫目标变量，应根据所研究问题的具体特点确定。确定决策目标是决策过程中拟定决策方案、评估方案和选择方案的基准。

决策目标的确定在决策过程中非常重要。决策的成功与否是以决策目标是否实现作为衡量标准的，而决策的目标在决策分析过程中起到导向作用，有了明确的决策目标后，可以随时诊断决策过程中有没有出现失误。

确定目标并不是一件简单的事情，要通过调查研究大量资料，然后根据决策问题，经过严格分析、归纳和总结，才能最终确定决策目标。确定决策目标要注意以下 4 点。

1) 目标必须准确

决策目标是拟定和选择方案的依据，是衡量问题是否得以解决的标准。所以，要把握决策系统的本质属性和内在规律，针对所要解决的问题，提出决策目标。

2) 目标必须具体明确

一是要表述准确，二是要尽可能将目标数量化。有些目标本身就是数量指标，如生产成本、利润等；而有些目标并非数量指标，比如企业形象、员工的职业发展等，这些目标可采用相应的方法进行量化。

3) 目标的约束条件必须明确

大多数的决策目标都是有约束条件的。因此在确定决策目标时，必须弄清楚该目标的约束条件，并且进一步弄清楚这些条件是客观存在还是主观附加的。

4) 恰当处理目标之间的相关性

复杂的社会经济系统中各目标之间往往存在某种程度的相关性，导致了综合评价的失真。对于此类目标应当采取适当的技术处理措施，确保目标之间相互独立。

3. 列出自然状态

所谓自然状态(简称状态)，是指实施行动方案时，可能面临的客观条件和外部环境。某种状态是否出现，事先一般是无法确定的。各种状态不会同时出现，也就是说，它们之间是互相排斥的。所有可能出现的自然状态的集合称为状态空间，而相应的各种状态可能出现的概率集合称为状态空间的概率分布。

4. 拟订备选方案

目标确定之后，需要分析实现目标的各种可能途径，这就是所谓的"拟订备选方案"。备选方案是决策者可以调控的因素，一般用行动变量和行动空间来反映。

拟订方案是一个富于启发性的创造过程，需要勇于创新和精心设计。这就要求决策者在过去经验教训的基础上，大胆探索，勇于创新，集思广益，敢于提出新思路、新方法，拟定尽可能多的备选方案。

拟订方案的过程大致可以分为以下 4 个步骤。

(1) 分析和研究目标实现的外部因素和内部条件、积极因素和消极因素及决策事物未来的发展趋势和发展状况。

(2) 将外部环境的各限制因素和有利因素、内部业务活动的有利条件和不利条件等同决策事物未来趋势和发展状况的各种估计进行排列组合，通过大胆创新、创造性思维及丰富的想象力去寻求解决问题的各种可能途径，即备选方案。

(3) 对备选方案同目标要求进行分析对比，权衡利弊，补充实施细节，形成可以实施的具体方案。

(4) 对方案在各种自然状态下所产生的结果进行预测。

5. 选择"最佳"或"满意"方案

选择"最佳"或"满意"方案是指对方案的分析和评价过程。具体指根据决策目标，应用科学有效的方法和手段对拟定的可行性方案进行分析、比较和评价，得出备选方案的优劣顺序，从中挑选出一两个比较满意的方案，供决策者做抉择。

选择的方式依决策事物的重要程度不同而有所不同。对于重大决策，有条件的组织应邀请高级顾问、咨询人员参加，以避免某些方面考虑不周给组织带来不良后果。对于一般性、程序性的决策可由决策者个人进行选择，以降低成本，提高工作效率。

6. 实施方案

所选择的方案是否真正合适，还需要通过实践的检验。同时，还应将实施过程中的信息及时反馈给决策者。如果实施结果出乎意料，或者自然状态发生重大变化，应暂停实施，并及时修正方案，重新决策。

实践是检验真理的唯一标准。要保证方案切实可行，必须将方案付诸实施，用实践来检验，并对其进行修正。在实施过程中，如果发现客观情况发生变化，影响到了决策方案的实施和决策目标的实现，应该果断进行追踪决策，以避免出现重大损失。

【例 1-5】三星电子的成长历程案例

1996 年之前，三星电子在韩国本土之外并没有什么知名度。从设计上看，其产品无非是强势品牌的拙劣模仿，除了价格优势几乎无可圈可点之处。但是 2005 年，在由世界权威品牌咨询公司每年评选的世界品牌价值排名 100 强名单中，三星电子超过了竞争对手索尼(26)、摩托罗拉(69)、LG 电子(94)，排名第 20 位。其获利超过东芝、松下、索尼等日本十大电子企业的总和。1996 年元旦，李健熙在"新年致辞"中宣布把当年定为三星的"设计革命年"，启动多项设计项目来推动三星的增长，最终带来了三星的快速成长。

分析：这里包含了一个完整的决策过程。

(1) 发现决策问题。三星品牌少有顾客问津，货架上的产品已经落了一层灰，三星在西方市场被视为廉价的二流产品。

(2) 明确决策目标。三星雄心勃勃，立志要全球领先。

(3) 列出自然状态。一方面，市场对电子产品的需求愈来愈旺盛；另一方面，市场上存在大量的竞争对手。

(4) 拟定备选方案。李健熙将三星的战略核心定义为设计，他认为出色的设计将是促使三星跻身世界一流品牌的一剂猛药。

(5) 选择"最佳"或"最优"备选方案。确立了新战略之后，三星特别邀请日本手机大师福田郎对其品牌定位、生产过程及产品进行考察，其结论证实了李健熙的想法——设计才是三星成功的关键。

(6) 实施方案。三星在确立了目标和筛选好方案之后，管理者即董事长李健熙设法将执行方案所需的足够数量和种类的资源调动起来，并注意不同种类资源的互相搭配，以保证方案的顺利执行。管理者鼓励员工一齐努力，认真向员工贯彻进行"设计创新"的重要性；给员工支持的同时，还充分调动他们的工作积极性；保证责权利三者的有效结合，确保方案朝着管理者所期望的路线进行。

三星创办了自己的手机学院"创新设计试验室"(IDS)，由美国设计师 Gordon Bruce 和 James Miho 主管，为公司培养适应全球化需要的设计人才。

三星还通过在东京、旧金山和伦敦成立设计中心来打造全球设计网络。

三星的韩国设计师也被派往全球各地的分支机构，与当地员工共同完成为时数周至半年的交流项目。

资料来源：全在弘. 三星电子成长案例[J]. 科技与企业，2013(7):14-15.

1.3　统计决策理论的发展

1.3.1　决策理论的科学体系

决策理论是把第二次世界大战以后发展起来的系统理论、运筹学、计算机科学等综合运用于管理决策问题，形成的一门有关决策过程、准则、类型及方法的较完整的理论体系。决策科学是研究决策活动共同规律性的学问，决策科学体系由规范决策学、决策组织学、决策行为学三个层次组成。

1. 规范决策学

规范决策学又称古典决策学，该理论认为，决策的目的在于为组织获取最大的经济利益。假设作为决策者的管理者是完全理性的，决策环境条件的稳定与否可以被改变的，在决策者充分了解有关信息情报的情况下，完全可以实现组织目标的最佳决策。该理论对决策行为的描述是一种理想化状态。管理既是科学，又是艺术，规范的固定程序只是对纷繁复杂现实的一种简化，但在实际中仅用它做决策，往往行不通。

古典模型描述了决策者应该怎样做出决策，但不能告诉我们管理者实际上是如何制定决策的。古典模型的价值在于它促使管理者在制定决策时是理性的。例如，过去许多高级管理人员仅仅依靠个人的直觉和偏好来制定决策。近年来，由于定量决策技术的发展，古典模型得到了广泛应用。

规范决策学被认为是一种规范或标准的决策理论，其价值在于它使得决策者在决策中更加理性。尤其是当决策类型为程序性决策，或者决策具有确定性或风险性时，该理论是最有价值的，因为与决策相关的信息可以收集到，而且事件发生的概率可以清楚地计算出来。在信息经济时代，计算机辅助信息系统和数据库技术在管理决策中的广泛利用，使古典决策理论指导下的定量决策技术(包括决策树、盈亏平衡分析、线性规划、预测和运筹学构型等)的有效性得到了显著提高。古典模型代表了一种理想的决策模型。在程序化决策、确定型决策与风险型决策中，古典模型具有很强的应用价值。

2. 决策组织学

决策组织学又称客观理性决策论。代表人物有英国经济学家 J. 边沁、美国科学管理学家 F. W. 泰勒等。他们承认个人理性的存在，并认为由于人的理性受个人智慧与能力所限，必须借助组织的作用。将一个组织的全部决策作为一个系统，探究各项决策之间的关系，充分利用彼此的有利因素，最大限度地消除或防范冲突，提高决策系统的整体效果。

通过组织分工，组织为个人提供一定的引导，使决策有明确的方向。组织运用权力和沟通的方法，使决策者便于选择有利的行动方案，进而增加决策的理性。而衡量决策者理性的根据，是组织目标而不是个人目标。

3. 决策行为学

决策行为学以决策者的决策行为为对象来研究决策的总体科学化。在现实生活中，决策者的时间、精力、知识和信息总是有限的，一个决策者往往同时要处理多项决策，要做到每项决策的科学合理是很困难的，而决策者决策行为的总体科学化是十分重要的。虽然决策者的决策行为是由每项实际决策构成的，单项决策方法的科学化与决策者行为的总体科学化密切相关，然而，单项决策方法的科学化仅仅是决策行为科学化的要求之一。为了实现决策行为的总体科学化，就要研究影响决策者决策行为的各种因素，包括心理的、知识的、信息的、手段的、方式的等等及这些因素的相互关系。对这些多种因素的综合研究构成了决策行为学的核心。

行为决策理论的种类较多，不同学者阐述问题的角度也各不相同。其中，具有代表性的理论包括以下几种。

1) 连续有限比较决策论

连续有限比较决策论的代表人物是美国管理学家赫伯特·A. 西蒙。他认为人的实际行动不可能做到完全理性，决策者是具有有限理性的行政人，不可能预见一切结果，只能从可供选择的方案中选出一个"满意"的方案。事实上，理性程度对决策者有很大影响，但不应忽视组织因素对决策的作用。

2) 现实渐进决策论

现实渐进决策论的代表人物是美国的政治经济学者 C. E. 林德布洛姆。该理论基点不是人的理性，而是人所面临的现实，并对现实所做渐进的改变。他认为决策者不可能拥有人类的全部智慧和有关决策的全部信息，决策的时间、费用又有限，故决策者只能采用应付局面的办法。该理论要求决策程序简化，决策实用、可行并符合利益集团的要求，力求解决现实问题。这种理论强调现实和渐进改变，受到了行政决策者的重视。

3) 非理性决策论

非理性决策论的代表人物有奥地利心理学家 S. 弗洛伊德和意大利社会学家 V. 帕累托等。该理论的基点既不是人的理性，也不是人所面临的现实，而是人的情欲。他们认为人的行为在很大程度上受潜意识的支配，许多决策行为往往表现出不自觉、不理性的情欲，表现为决策者在处理问题时常常感情用事，从而做出不明智的安排。

1.3.2 统计决策理论的发展阶段

统计决策理论偏重的是决策学理论体系中决策方法的研究，按照时间轴梳理，统计决策理论基本上经历了以下几个发展阶段。

1. 精神期望价值理论

统计决策中的风险型决策模型，其核心概念之一就是"效用"。

1738 年，著名的数学家伯努利就提出了所谓"精神期望价值"(即现在的期望效用值理论)概念。精神期望价值理论的任务是研究尚未发生的行为抉择。伯努利提出了效用值的概念和运用概率反映不确定性的思想，主张建立效用函数，并以期望效用值为指标来度量方案的优先次序。这一概念当时并没有引起重视，但后来却成为规范性决策理论的奠基石。

1881 年，新古典经济学家埃奇沃思接受了伯努利的效用思想，引用了商品效用的概念，提出用等值曲线(曲面)来反映方案的优先次序，19 世纪经济学效用理论引用了该原理。

2. 冯诺曼—摩根斯坦的期望效用理论

1944 年，冯诺曼—摩根斯坦(Von Neumann & Morgenstern)和拉姆赛(Ramsey)等先后提出了效用值运算的定理，使期望效用理论再度兴起。期望效用理论是在公理化假设的基础上，运用逻辑和数学工具，建立了不确定条件下对理性人选择进行分析的框架。后来，阿罗和德布鲁(Arrow & Debreu)将其吸收进瓦尔拉斯均衡的框架中，成为处理不确定性决策问题的分析范式，进而构筑起现代微观经济学并由此展开的包括宏观、金融、计量等在内的宏伟而又优美的理论大厦。

一般认为，现代决策理论是以冯诺曼—摩根斯坦的效用理论为开端而逐步发展起来的。

3. 贝叶斯决策理论

20 世纪 50 年代，在冯诺曼—摩根斯坦理论的基础上，萨维奇(Sag)对决策理论的发展做出了重要的贡献：其一，提出了主观概率的概念和从优先事件判断推论主观概率的关系式；其二，他首先从决策角度研究统计分析方法，建立了贝叶斯决策理论。

贝叶斯决策理论，是主观贝叶斯派归纳理论的重要组成部分。贝叶斯决策就是在不完全情报下，对部分未知的状态用主观概率估计，然后用贝叶斯公式对发生概率进行修正，最后再利用期望值和修正概率做出最优决策。

4. 决策分析理论

1961 年，H. Raiffa 和 R.O. Schlaifer 出版了《应用统计决策理论》一书。随后在 1966 年，霍华德(Howard)在第四届国际运筹学会议上发表《决策分析：应用决策理论》一文，首次提出了"决策分析"这一名词，用它来反映决策理论的应用。20 世纪 60 年代以后，许多学者在决策分析这一学科分支领域，如序贯决策、多目标决策、群决策、多层多人多目标决策等方向进行了大量研究工作。这些研究成果扩展了原来将贝叶斯决策理论应用于决策问题的研究范围。决策分析逐渐形成为一门学科，它与运筹学一起，构成了定量决策方法体系，成为一门规范性学科。运筹学和决策分析两门学科在决策科学中处于"技术和方法"的地位。莫尔斯(Morse)和金博尔(Kimbal)曾对运筹学下的定义是"为决策机构在对其控制下的业务活动进行决策时，提供以数量化为基础的科学方法"。它首先强调的是科学方法，强调以数量化为基础，并指出运筹学所解决的决策问题是"业务活动"。但是，任何决策问题都包含了定性和定量两个方面，而定性方面又不能简单地用数学表示。这样，运筹学和决策分析就可以为决策问题提供量化分析的手段。

5. 决策行为理论

当许多学者集中注意力研究这些经典的决策理论，另外一些学者则从管理行为、心理学等角度出发，对已有决策理论的假设、前提进行了反思，考察这些理论在人类决策行为中的真实性。

赫伯特·A. 西蒙在 1947 年出版的《管理行为》一书中就对决策中的理性进行了精

辟的分析，指出现实的人在决策时受知识的不完备性、预见的困难性、可能行为的范围等限制，不可能达到完全理性，从而提出了"有限理性"的基本假设，并首次提出了"管理决策心理学"。赫伯特·A. 西蒙的工作具有划时代的意义，引发了行为决策理论的研究。他还认为，组织决策的一个根本特征是组织中决策前提的传递。在组织中，每一个人在做决策时还必须考虑到其他人的决策，即每个人要想唯一地确定其行动的后果，必须知道别人将如何行动。群体决策是近年来决策理论研究的一个主要方向。在群体决策研究中，阿罗(Arow)的"不可能性定理"在社会选择和群体决策领域中有着十分重要的地位。

6. 决策支持系统理论

随着社会的发展，特别是随着计算机技术的飞速发展，决策理论的应用也已受到普遍的重视，出现了决策支持系统(DSS)。决策支持系统是以管理科学、运筹学、控制论和行为科学为基础，以计算机技术、仿真技术和信息技术为手段，面对半结构化的决策问题，辅助支持中、高层决策者进行决策活动，具有智能作用的人机网络系统。DSS 服务于组织管理、运营和规划管理层(通常是中级和高级管理层)，并帮助人们对可能快速变化并且不容易预测结果的问题做出决策。决策支持系统可以全计算机化、人力驱动或二者结合。

它是管理信息系统(MIS)向更高一级发展而产生的先进信息管理系统。它为决策者提供分析问题、建立模型、模拟决策过程和方案的环境，调用各种信息资源和分析工具，帮助决策者提高决策水平和质量。DSS 按性质分为结构化、非结构化、半结构化三类，按协助模式分为通信驱动、数据驱动、文档驱动、知识驱动、模型驱动五类，按适用范围分为企业范围的决策和桌面式决策两类。理论上，DSS 可以建立在任何知识领域。

总体来说，科学决策理论从规范化的理性决策研究开始，随着决策概念的发展，又从全面理性决策的研究走向有限理性决策的研究，更进一步出现行为决策的研究，显然，这些研究是彼此促进、相辅相成的。它们各自的逐步完善，尤其是它们的相互结合，必将丰富决策科学的范畴和结构，构成决策科学完整的格局，将决策科学推向更高的发展阶段。

1.3.3　现代决策理论的发展趋势

决策的未来发展趋势包含了两个方面：一是决策实践，二是决策理论的发展，二者相辅相成、互相促进。随着生产力的飞速发展，决策面临的外部环境将越来越复杂，决策技术的精进、决策理论的发展及决策实践中决策技术的应用将越来越重要，更要求未来的管理者用心掌握决策技术和方法。目前看来，决策主要有以下几种发展趋势。

1. 个人决策向团体决策发展

传统的个人手工业生产模式已被现代集体协同配合的自动化模式取代，社会生产的快速、瞬变、宏大、精微配合随之而来的社会物质财富的增加，社会平均智能水平的极大提高，使得个人决策越来越不能适应客观现实，取而代之的必然是现代化的团体决策。集体智慧将超越"超人"式个人决策，这是历史发展的选择。

2. 单目标向多目标发展

这种变化既是现代决策活动由个人向团体发展的结果，也是决策对象和决策外部环境日益复杂导致的结果。事实上，有研究表明，一些大公司在制定决策目标时，利润已不再是唯一的决策目标。甚至单纯的以经济利益为核心的多目标也已不能适应当前的需求，而是要扩展到更广阔的社会、文化和环境等非经济领域，这意味着决策目标本身将是一个庞大的目标系统。由单目标向多目标的转化是人类社会发展的必然趋势，也代表着生产力的进步。

3. 定性决策向定量决策发展

当代互联网技术、计算机技术的发展，使得数学在各行各业中扮演着越来越重要的角色。其一，人们可以将大量的不确定型的决策问题，通过运用统计决策技术进行量化运算，转化成一定程序的确定型决策，将抽象笼统的问题变得较为准确具体；其二，决策的对象及所面临的环境与传统相比越来越庞大且复杂，最有效快捷的方式就是运用计算机技术对复杂的动态系统进行量化处理和分析。

应该注意的是，尽管定量分析可以将决策过程中的许多复杂问题进行比人脑更为精密快速的运算，但是方法决不能代替人的创造性思维。

4. 结合计算机技术的定量分析方法将被大量应用在决策技术中

目前已经有了很多成熟的量化决策技术与方法。未来将会有更多量化方法应用于决策的实践中，决策的技术和方法将会有更大的发展和提升，这是历史发展的必然。

5. 决策的时间跨度将面向更远的未来

有些决策短期而言是正确的选择，在放大时间的背景下，则有可能存在不足甚至是错误的。好的决策应该是可以经得起时间考验的、可持续发展的。所以，既关注当前，又面向更长远的未来，是决策学发展的又一个特点。

思考与练习题

1. 什么叫决策？什么叫统计决策？统计决策的基本要素有哪些？
2. 按决策问题所处的条件，统计决策可划分为哪几种类型？
3. 什么叫程序化决策？什么叫非程序化决策？
4. 按决策的层次，可将决策划分为哪几种类型？每种类型的含义分别是什么？
5. 简述统计决策的公理。
6. 统计决策应遵循的原则有哪些？
7. 一个完整的统计决策过程包含的步骤有哪些？
8. 确定决策目标应该注意哪些问题？
9. 按照时间轴梳理，统计决策理论基本上经历了哪几个发展阶段？

10. 简述现代决策理论的发展趋势。

11. 案例分析题：

华为：理想体系与现实体系之间的强辩

一定程度上，我们会很容易将华为的成功表象地归结为是华为创始人兼总裁任正非这位人性大师的成功。但对于偌大的一个企业，人管是不灵的。需要有一套完善的决策机制，那么，在华为，它是怎样的？

冀勇庆曾在《华为的决策机制》一文中写道：2004 年开始，在任正非的建议下，华为成立了 EMT(经营管理团队)，由任正非和孙亚芳、费敏、洪天峰、徐直军、纪平、徐文伟、胡厚崑、郭平"八大金刚"组成，实行集体领导、集体决策。

除了 CFO 纪平的工作过于专业而相对稳定之外，华为的其他七员大将都没有固定的分管领域，而是在市场、研发、人力资源等部门轮流坐庄，一方面有利于熟悉各业务领域，另一方面又能防止形成小圈子。

2011 年之后，华为开始实行轮值 CEO 制度，集团层面由三位轮值 CEO 各自主持半年，实际上仍然是集体领导、集体决策。不同的是，华为又成立了运营商、企业、消费者三大业务集团，将日常的管理决策权下放给了各大业务集团的 EMT。这种新的管理架构有利于各大业务集团聚焦自己的领域，并做出更加灵活的决策。

此外，2016 年 5 月，任正非在召开华为管理层座谈会时，也简要透露了华为的决策方法。任正非表示，华为有两个决策体系，一个决策体系是以技术为中心的理想主义体系，一个决策体系是以客户需求为中心的战略市场营销的现实主义体系。两个体系在中间强辩论，然后达成开发目标妥协。

资料来源：搜狐网.http://www.sohu.com/a/238936542_283333

请自行收集材料，尤其是任正非的公开谈话资料，结合本章知识，研究华为的管理决策模式。如果你是任正非，在 2019—2020 年中美贸易争端背景下，你将如何引领华为去应对挑战？

第**2**章

确定型决策

我开始思考，什么是应该放弃的次要的东西，放弃了它，我才能集中精力追求最重要的。而归根结底，只有一件事对我来说是最重要的：那就是和你在一起。

——安德烈·高兹

学习目标与要求

1. 掌握确定型决策的概念、分类及步骤；
2. 掌握盈亏决策分析的原理、步骤及应用；
3. 熟练掌握库存管理分析法的概念及应用；
4. 掌握线性规划决策法的概念、原理及应用；
5. 熟悉价值效益评价决策法。

某企业需要筹集资金，有三个渠道，贷款利息率分别为 6%、7.5% 和 8.5%。企业需决定向哪家银行借款。很明显，向利率最低的银行借款为最佳方案。这就是确定型决策。再比如，企业经过市场调查发现其生产的产品供不应求，并且预计在今后 5 年内需求量持续上升。在这种确定的自然状态下，该企业只需拟订多个可行的生产方案，然后通过分析、评价，选择生产量最大的那个决策方案并投产即可。本章将讲述解决此类问题的决策方法。

2.1 确定型决策的基本问题

2.1.1 确定型决策的概念

确定型决策又称结构化决策或者标准决策，是指决策者根据已有的科学知识、经验和技术手段，对决策对象未来可能发生的情况做出十分确定的比较，对不可控因素能够完全做出科学、准确的判断，可以直接根据完全

确定的情况选择最满意的行动方案,且每一个行动方案只能产生一个确定的结果。

由于确定性决策面对的自然状态(客观条件)只有一种,所以决策结果将完全取决于决策者的选择。例如,某同学得到一笔奖学金 2 000 元,他可以用这些钱买礼物送给父母,可以用这些钱考驾照,还可以用这些钱去旅游,等等。他做出一个决策,采用了以上的其中一个。比如去旅游,那么结果就是增长见识,开阔眼界;如果给父母买礼物,就是表达自己的孝心;如果报名驾照考试,则会收获一本驾照。本例的结果完全取决于决策者的选择,是一个确定性决策问题。

确定型决策是最基本的决策问题,在决策中具有重要的地位,看起来比较简单,其实不然。比如某人要去 5 个城市巡游,可能路线有 $5 \times 4 \times 3 \times 2 = 120$ 条,从中挑选出最短线路并不容易,需要用到线性规划法。

2.1.2 确定型决策的特点

由于这类决策问题所涉及的各变量及变量之间的关系容易量化,所以一般通过数学模型方法进行表达。确定型决策问题具有以下特点。

(1) 存在决策者希望达到的明确决策目标:决策目标一般都可以用目标函数的形式给出定量表达。

(2) 约束条件明确:决策变量都是可以控制的变量。

(3) 明确的自然状态和可供决策者选择的多个行动方案。

(4) 可以计算出各种方案在确定性自然状态下的报酬值。

决策方案只产生一种确定的结果,只要把决策变量代入目标函数式,即可求得各种方案在确定自然状态下的报酬值,然后对得到的各种值进行比较分析,从而选择最优方案。

符合上述特征的决策问题,就可以采用确定型决策方法,如企业生产规模的确定、投资规模的确定、投资资金结构的安排、进货批量的安排等。

2.1.3 确定型决策的分类

比较简单的确定型决策分析,只要列出决策表加以比较,就可以很容易地找到最优方案;但当可供选择的方案很多时,由于运算量很大,往往需要借助计算机进行处理。确定型决策可以分为单纯选优决策法和模型选优决策法两大类。

1. 单纯选优决策法

如果决策者遇到的是这样一类决策问题,其行动方案的数量为有限个,且掌握的数据资料无须加工计算,则可以通过逐个比较选出最佳方案和最优行动,这种在确定情况下的决策就是单纯优选决策。例如,我们可以通过利率不同的多种渠道筹措资金,在单一决策目标(即筹资成本最低)下,可以选定利率最低的渠道去筹集资金。再比如,某公司想在浙江杭州建立分公司,分公司的选址就属于单纯选优决策。单纯优选法是一种简单的决策方法,只要列出相应数据进行比较即可,易于操作,本书不再赘述。

2. 模型选优决策法

模型选优决策法是指在决策对象的自然状态完全确定的条件下，建立一个经济数学模型，在进行运算后，选择最优方案。模型选优决策法适用于很多领域的决策问题，其能够借助的分析方法和模型也有很多种，因而也就构成了众多具体的模型决策方法，最常见的4 种模型决策方法是盈亏平衡分析决策法、库存管理分析决策法、线性规划决策法和价值效益评价决策法，本章第 2.2 节到 2.5 节将详细介绍。

2.1.4　确定型决策分析的步骤

确定型决策分析具体包括以下 5 个步骤。

第一步，明确决策目标，包括单一目标的决策和多目标的决策。在多目标决策问题中，还应区分各目标之间的优先级顺序及重要程度。

第二步，收集与决策问题有关的信息，明确存在的自然状态。

第三步，明确决策的约束条件，对于有些确定型决策问题，要实现指标的最大化或最小化是有一定限制条件的，如资源的限制等，这时要得到最优方案，就必须在满足约束条件的基础上进行。

第四步，列出可供选择的不同方案，确定报酬函数。

第五步，建立决策数学模型，求解模型的最优解，即最优方案。

2.2　盈亏平衡分析决策法

2.2.1　盈亏平衡分析决策法的基本原理

1. 盈亏平衡分析决策法的概念

盈亏平衡分析决策法又称量本利分析法，就是利用投资项目生产中的产量、成本、利润三者之间的关系，通过测算项目达到正常生产能力后的盈亏平衡点，从而得到盈利区间和亏损区间，来考察分析项目承担风险能力的一种确定型分析方法。这里的盈亏平衡点又称为保本点、盈亏临界点，是指项目在正常生产条件下，利润为零的那个点，此时项目的收入等于项目的支出，项目处于不盈不亏的临界状态。

这种分析方法是对企业总成本和总收益的变化进行分析，找出企业的盈亏平衡产量，从而做出合理的决策，使企业获得最大的经济效益。盈亏平衡分析法可分为线性盈亏平衡分析法和非线性盈亏平衡分析法两种，具体介绍可见 2.2.2 节和 2.2.3 节。

2. 盈亏平衡分析决策法的功能

盈亏平衡分析决策法具有以下功能。

(1) 研究产量变化、成本变化和利润变化之间的关系。

(2) 确定盈亏分界点的产量。

(3) 确定企业的安全边际。企业的安全边际是指企业预期销售量与盈亏平衡点之间的差额。这个差额越大，企业越能经得起市场需求的波动，企业经营风险也越小。

2.2.2 线性盈亏平衡分析决策法

1. 线性盈亏平衡分析决策法的概念

线性盈亏平衡分析决策法(linear breakeven analysis)来自管理会计中企业的市场决策问题。短期来看，企业决策者要经常面临决策生产多少的问题，这离不开对总收益与总成本的对比分析；长期来看，企业决策者要设法确定企业生产的临界产量，从而发挥企业的资源优势，提高生产要素的生产效率。

简而言之，线性盈亏平衡分析决策法就是指在假设产品的生产量等于销售量，单位产品的可变成本不变，单位产品的销售单价不变，生产的产品可以换算为单一产品计算前提下，对企业总成本和总收益的变化做线性分析的一种方法；目的是掌握企业经营的盈亏界限，确定企业的最优生产规模和企业的最佳生产经营方案，以使企业获得最大的经济效益，辅助企业做出合理的决策。其中"线性"二字指的是企业的总收益与总成本均是产量的线性函数。

2. 线性盈亏平衡分析决策法的假设条件

线性盈亏平衡分析决策法的假设条件有以下几个。

(1) 假定企业或者项目的总收益和总成本都是产量的线性函数。将生产总成本按其性质不同区分为固定成本和变动成本。固定成本是指在一定产销量范围内，生产总成本中不随产品产销量增减变动而变化的那部分成本，如直线法计提的折旧、辅助人员工资等。变动成本是指在一定产销量范围内，生产总成本中随着产品产销量变化而呈正比例变动的那部分成本，如直接材料费用、计件工资等。

这里需要注意的是，在一定产量范围内，单位产品固定成本是可变的，且与产品产量呈反方向变化；单位产品变动成本不随产品产销量的变化而变化，是一个常数。生产总成本、变动成本均表现为产销量的线性函数，即

$$总成本 = 固定成本 + 变动成本 = 固定成本 + 单位变动成本 \times 产销量$$

(2) 假定决策时间段上的产品(服务)销售量与生产(提供)量相等(即生产的产品或提供的服务全部售出)。

(3) 假定产品(服务)的固定成本和单位售价在企业决策时间段内保持不变，即

$$销售收入 = 产品销售单价 \times 产销量$$

(4) 假定企业生产(提供)的是单一产品(服务)，若同时生产(提供)几种类似产品(服务)，则应把几种产品(服务)组合折算为一种产品(服务)。

(5) 各种数据应取正常生产年度(即达到设计生产能力的年份)的数据。

3. 线性盈亏平衡分析决策法的实施

采用线性盈亏平衡分析决策法时，需要建立公式，通过在各个分析指标之间建立某种线性关系来分析在不确定条件下项目的经济价值。

假设TR为企业的总收益，TC为企业的总成本，p表示产品的销售价格，Q表示产品的总产量，F表示固定成本，b表示单位变动成本，则企业总收益的线性函数可表示为

$$TR(Q) = pQ$$

企业总成本的线性函数可表示为

$$TC(Q) = F + bQ$$

设Q^*为企业盈亏平衡产量，此时，$TR(Q) = TC(Q)$，即$(p-b)Q^* - F = 0$，得

$$Q^* = \frac{F}{p-b}$$

如图 2-1 所示，C_v表示企业的变动成本。当产量$Q > Q^*$时，TR $>$ TR$_E$，利润大于零，企业盈利；当产量$Q < Q^*$时，TR $<$ TR$_E$，利润小于零，企业亏损。

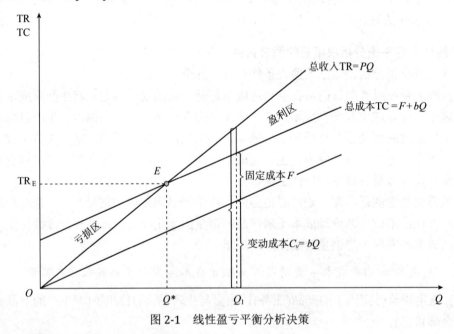

图 2-1　线性盈亏平衡分析决策

4. 线性盈亏平衡分析决策法的应用

线性盈亏平衡分析决策法在企业的生产经营中有着广泛的应用，以下举例说明三种常见的应用场合。

1）生产规模的盈亏平衡分析决策

【例 2-1】某公司欲生产一种新产品。固定成本为 500 万元，单位可变成本为 80 元，每件产品的销售价格为 120 元。试确定该产品的最小生产规模。

解：根据盈亏平衡法计算盈亏平衡点产量，即

$$Q^* = \frac{F}{p-b} = \frac{5\,000\,000}{120-80} = 125\,000(件)$$

如图 2-2 所示，该产品的最小生产规模为 125 000 件，低于该生产规模时，公司将亏损，高于该生产规模时，公司将盈利。

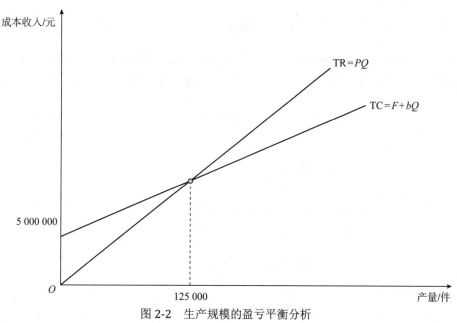

图 2-2　生产规模的盈亏平衡分析

2) 自制或外购的盈亏平衡分析决策

【例 2-2】某制造企业生产某种产品，每年需要某种橡皮圈 20 000 个。若由其他企业引进，每个购置费为 2 元。若自己生产，则需要固定成本为 4 000 元，单位可变成本为 1元。该企业应如何决策？

解：根据盈亏平衡分析法计算盈亏平衡点产量，即

$$Q^* = \frac{F}{p-b} = \frac{4\,000}{2-1} = 4\,000(个)$$

现该企业每年需要 20 000 个，远远大于盈亏平衡点产量 4 000 个，所以可以自行购置进行生产。

3) 技术方案选择的盈亏平衡分析决策

【例 2-3】假定有一种产品，市场价格为 4 元，可以用三种不同的技术方案来生产。A方案的技术装备程度最低，所以固定成本较低，为 20 000 元，但单位变动成本较高，为2.0 元。B 方案的技术装备程度是中等的，其固定成本为 45 000 元，单位变动成本为 1.0元。C 方案的技术水平最高，固定成本为 70 000 元，单位变动成本为 0.5 元。

① 假如将来预计的销售量在 12 000 件左右，应选择哪个方案？

② 假如预计的销售量在 25 000 件以内，应选择哪个方案?在 25 000～50 000 件，应

选哪个方案？超过 50 000 件，应选哪个方案？

解：① 三个方案的盈亏分界点为

方案 A：$Q_A^* = \dfrac{F}{p-b} = \dfrac{20\,000}{4-2} = 10\,000$(件)

方案 B：$Q_B^* = \dfrac{F}{p-b} = \dfrac{45\,000}{4-1} = 15\,000$(件)

方案 C：$Q_C^* = \dfrac{F}{p-b} = \dfrac{70\,000}{4-0.5} = 20\,000$(件)

由于预计销售量在 12 000 件左右，小于方案 B 和方案 C 的保本销售量，所以不宜选用方案 B 和方案 C。由于预计销售量大于方案 A 的保本销售量，方案 A 有利可图，可以采用。

② 用 Q 表示销售量，则这三种技术方案的利润分别为

方案 A：$\pi_A = (4-2)Q - 20\,000$

方案 B：$\pi_B = (4-1)Q - 45\,000$

方案 C：$\pi_C = (4-0.5)Q - 70\,000$

假设预期销售量为 10 000，15 000，…，50 000，60 000，则可以分别计算出这三种技术方案在不同销售量上的利润，结果如表 2-1 所示。

表 2-1　三种技术方案盈亏计算表

预期销售量/件	利润/元		
	方案 A	方案 B	方案 C
10 000	盈亏分界点	-15 000	-35 000
15 000	10 000	盈亏分界点	-17 500
20 000	20 000	15 000	盈亏分界点
25 000	30 000	30 000	17 500
30 000	40 000	45 000	35 000
40 000	60 000	75 000	70 000
50 000	80 000	105 000	105 000
60 000	100 000	135 000	140 000

从表 2-1 中可以看出：当销售量在 25 000 件以内时，方案 A 最优；当销售量在 25 000～50 000 件时，方案 B 最优；当销售量超过 50 000 件时，方案 C 最优。

2.2.3　非线性盈亏平衡分析决策法

在现实中，有些决策问题所研究的变量之间不是线性关系。比如总收益和总成本不一定是产量的线性函数，销售价格是有可能随着产量的变化而改变的。成本也并不是产量的线性函数，当产量很大时，销售价格会下降，等等。这就是非线性盈亏平衡分析决策问题，

这种类型的情况更为常见。

非线性盈亏平衡分析决策法是指通过非线性模型、盈亏平衡图、盈亏平衡表来分析总成本和总收益的变化情况，目的是确定企业经营的盈亏界限，以便做出合理的决策，使企业获取最大的经济效益。

1. 非线性盈亏分析平衡决策法模型涉及的变量

自变量(决策变量)：产量Q。

总收益：$TR(Q)$，假设$TR(Q) = p_1 Q + p_2 Q^2$(总收益与产量之间是非线性关系)。

总成本：$TC(Q)$，假设$TC(Q) = F + b_1 Q + b_2 Q^2$(总成本与产量之间是非线性关系，$F$是固定成本)。

目标变量：利润$\pi(Q) = TR(Q) - TC(Q)$。

根据上述关系，我们可以做出非线性盈亏平衡分析图，如图 2-3 所示。

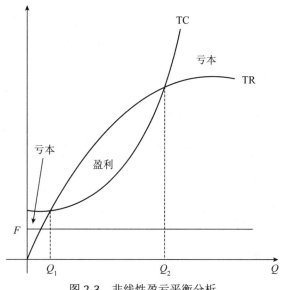

图 2-3　非线性盈亏平衡分析

2. 盈亏平衡时产量的决定

所谓盈亏平衡，就是利润等于零时的产量，即

$$\pi(Q) = TR(Q) - TC(Q) = (P_2 - b_2)Q^2 + (p_1 - b_1)Q = 0$$

求解该方程，可得出Q有两个解：Q_1和Q_2，Q_1和Q_2表示总收入TR与总成本TC的两个交点，如图 2-3 所示。假设$Q_1 < Q_2$，可知当$Q_1 < Q < Q_2$时，$TR(Q) > TC(Q)$，企业盈利；当$Q < Q_1$或$Q > Q_2$时，$TR(Q) < TC(Q)$，企业亏本。

3. 利润最大化时产量的决定

以上求解的是盈亏平衡时的产量，盈亏平衡指的是利润为零的情况；实际决策中，我们希望的是利润最大化，而利润是产量的函数。

设Q^*为企业盈亏平衡产量，我们根据求极值原理，对上面的方程求导，并令其为 0，得

$$\frac{d(TR - TC)}{dQ} = (p_1 - b_1) + 2(p_2 - b_2)Q^* = 0$$

$$Q^* = \frac{p_1 - b_1}{-2(p_2 - b_2)}$$

【例 2-4】某企业决定投产一种新产品，经过大量调查研究发现总收益和总成本与产量的关系可用二次函数描述为

$$TR(Q) = 6Q - 0.6Q^2$$
$$TC(Q) = 60 - 10Q + 0.4Q^2$$

试求：(1)盈亏平衡点产量；(2)企业欲获得最大利润时的产量。

解：

(1) 当 $TR(Q) = TC(Q)$ 时，可以求出盈亏平衡点。

$$6Q - 0.6Q^2 = 60 - 10Q + 0.4Q^2$$

求解方程可得 $Q_1 = 6$，$Q_2 = 10$。

所以盈亏平衡点产量有两个，分别为 6 和 10。

(2) 根据题意，该企业的利润函数为

$$\pi(Q) = TR(Q) - TC(Q) = 16Q - Q^2 - 60$$

根据求极值原理，令

$$\frac{d\pi(Q)}{dQ} = \frac{d(16Q - Q^2 - 60)}{dQ} = 16 - 2Q = 0$$

得 $Q = 8$，即产量为 8 时利润最大。

可见，问题不同答案也不一样。

问题(1)，为保证盈利(或者最小亏损)，生产产量需要满足 $6 < Q < 10$。

问题(2)，为保证盈利最大，生产产量只能是 $Q = 8$。

该类问题中只有一个确定的自然状态，决策变量是生产规模。在上述例子中，生产产量 Q 是一个连续变量，报酬函数是生产利润，决策准则为利润最大。

盈亏平衡分析是以盈利为目标，即若按照超过平衡产量的产量水平进行生产，则一定能够盈利。利润最大化分析是以利润最多为目标，即在满足边际收益等于边际产量条件所决定的产量水平下进行生产，则一定能够使利润最大。换言之，若按利润最大的产量生产，不一定是盈利的，但一定是亏损最少的。反之，若按保证盈利条件下的产量生产，也不一定是利润最大。

2.3　库存管理分析决策法

2.3.1　库存管理分析决策法的概念

对于商品库存，企业常常会面临以下两种情况：一是，保持较多的商品库存，但库存多将增加管理费用与资金占用，使生产经营成本提高；二是，保持较少的商品库存，但库存少则有可能导致生产经营中断。因此，决策者关心的是如何恰当地控制存货水平，在保证生产经营活动连续进行的前提下，尽可能地降低存货水平，以最有效地运用有限的资金。

库存管理分析决策法是决策者运用数学方法，在有关的采购、运输、仓储等因素已知的条件下，在确保进货商品库存水平适当和生产经营活动连续进行的前提下，使库存总费用达到最小的决策活动方法。

在库存管理中，影响决策的约束条件因素有计划期的商品需求量、商品购进单价、每次采购费用、单位商品全年保管费用或商品保管费用率、单位商品单位时间缺货费用等变量，通常这些决策约束条件是可以在调查研究后预先确定的。库存管理分析决策法就是确定经济采购批量、合适的订货库存量、安全库存量等指标来保证企业经营活动的正常进行，并且使库存费用最小的管理控制方法。

下面介绍库存管理分析的主要方法——经济订货批量决策法和边际分析法。

2.3.2　经济订货批量决策法

1. 经济订货批量决策法的概念

通常企业都会设立并维持一定的库存来满足生产或销售过程的需求。随着库存物品的耗用，库存将会下降到某一点，这时必须对库存进行补充，这个点称为订货点。每次补充的数量称为订货批量。因此，库存管理就是控制订货点和订货批量，即库存管理的基本决策就是什么时候补充库存(订货点)和补充多少(订货批量)。

经济订货批量是指既能满足生产经营需要，又能使存货费用达到最低的一次采购批量。经济订货批量决策法即指通过对采购订货成本和仓储保管成本进行核算，以实现采购订货成本和存储成本的总和为最低的最佳订货批量的方法。

2. 经济订货批量决策的相关成本

在整个库存经营过程中，发生的成本主要包含以下 4 个部分。

1) 订货成本

订货成本由固定订货成本和变动订货成本两部分组成。固定订货成本是指为了维持一定的采购能力而发生的、各期金额比较稳定的成本；变动订货成本是指随订货次数的变动而发生正比例变动的成本。

2) 储存成本

储存成本由固定储存成本和变动储存成本两部分组成。固定储存成本是指总额稳定，与存货数量和储存时间无关的成本；变动储存成本是指总额大小取决于存货数量和储存时间的成本。

3) 采购成本

一般情况下，存货的采购成本，在采购批量决策中一般属于无关成本；但当供应商采用"数量折扣"等优惠办法，采购成本即为决策的相关成本。采购成本的计算公式为

$$采购成本＝采购数量×单位采购成本$$

4) 缺货成本

缺货成本指的是由于存货数量不能及时满足生产和销售的需要而给公司带来的损失。缺货成本大多情况下是机会成本。

3. 经济订货批量模型的假设条件

经济订货批量模型的假设条件是：单位时间内的系统需求恒定；每次订货量不变；订货成本、单位存储成本和单价固定不变；每批货物均一次全额到达，入库时间极短；不考虑数量折扣并且没有缺货情况。

4. 经济订货批量模型的推导及公式

1) 订货量与总成本之间关系分析

假定物品到货后的入库时间很短，则可以将全部物品看成是同一时间入库。图 2-4 中，Q 为订货批量，则可以认为平均库存量为 $\frac{1}{2}Q$，R 为订货点，设 $ac = ce$，为订货间隔期。

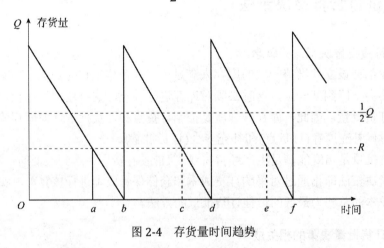

图 2-4　存货量时间趋势

若增大每次的订货批量，则可以减少订货次数，降低订货成本，但增大订货批量又会增加平均库存量，导致存储成本的上升，如图 2-5 所示。

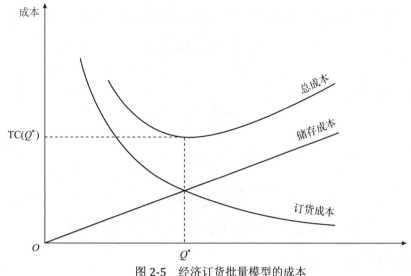

图 2-5　经济订货批量模型的成本

在年总需要量一定的情况下，订货批量越小，平均库存量及存储成本越低，发生的订货次数越多，订货成本越高，如图 2-6 所示。

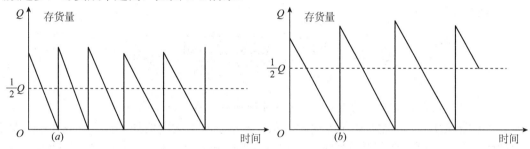

图 2-6　订货量与平均库存量、订货次数之间的关系

2) 经济订货批量模型

根据上述关于成本与订货批量之间关系的分析，在不允许缺货和补货的情况下，库存总成本与订货批量之间存在着函数关系，以一年为考察时间，则

$$年库存总成本 = 年订货总成本 + 年购入总成本 + 年存储总成本$$
$$订货总成本 = 全年订货次数 \times 每次订货成本$$
$$年购入总成本 = 商品订购单价 \times 年需求总量$$
$$年存储总成本 = 平均存货量 \times 单位存货储存成本$$

假设

D——单位时间内的平均需求量（这里指年需求总量）；

Q——每次的订货数量(订货批量)；

p——商品订购单价；

C——每次发生的订货成本；

k——年度存货保管费率；

TC——年度总成本。

在不允许缺货和补货时的库存模型中，年库存总成本和订货批量之间函数关系表示为

$$TC = \frac{D}{Q}C + pD + \frac{Q}{2}pk$$

根据微分求极值原理，令

$$\frac{dTC}{dQ} = 0$$

解方程得

$$Q^* = \sqrt{\frac{2DC}{Pk}}$$

此处Q^*是使库存总成本达到最少的订货批量，即经济订货批量。

5. 经济订货批量模型的应用

【例2-5】某企业经销电源插座。预计年需求量为1 250箱，每次的订购成本为50元，每箱插座的价值为800元，每年库存持有成本为当年平均储存金额的30%。根据相应的模型，为了使库存平均总费用达到最少，最佳订货批量应该是多少箱？

解:

$$Q^* = \sqrt{\frac{2DC}{pk}} = \sqrt{\frac{2 \times 50 \times 1\,250}{800 \times 30\%}} = 23(箱)$$

所以，最佳订货批量为23箱，这样可使库存总成本达到最少。

订货量Q在Q^*左右有微小变化时，总成本不会有太大的增加。在实际操作中，估算存储成本和订货成本时，要做到准确无误，是非常困难的。因此，需针对实际情况变动订货批量。

2.3.3 边际分析法

边际概念实际上是单位增量概念，即某函数中的因变量随着某一个自变量的单位变化而带来的变化。例如在成本函数中，边际成本是指产量变动一个单位所引起的成本变化量。

对单变量函数$Y = f(X)$，因变量的边际变化量可表示为

$$MY = \frac{\Delta Y}{\Delta X} \quad 或者 \quad MY = \frac{dY}{dX}$$

在经济决策中，利润是一个重要的经济效益指标，设G表示总收入函数，C表示总成本函数，Q表示决策变量(产销量)，Z表示利润，则一般有

$$G = G(Q)$$
$$C = C(Q)$$

$$Z = G(Q) - C(Q)$$

根据极值原理，当 $\dfrac{\mathrm{d}Z}{\mathrm{d}Q} = \dfrac{\mathrm{d}G}{\mathrm{d}Q} - \dfrac{\mathrm{d}C}{\mathrm{d}Q} = 0$ 且二阶导数 $\dfrac{\mathrm{d}^2 Z}{\mathrm{d}Q^2} < 0$ 时，Z 取极大值，因而也就

可以选定方案了。

根据边际的含义即为

$$\text{MZ} = \text{MG} - \text{MC} = 0 \tag{2-1}$$

即最大利润将出现在式(2-2)中

$$\text{MG} = \text{MC} \tag{2-2}$$

式 2-2 表明了微观经济学中的一个重要原理：在利润最大时，边际利润等于零，也就是边际收入等于边际成本。这可作为决策的依据。

【例 2-6】某企业准备生产一种产品，预测数据如下：固定成本 F 为 2.75 万元。单位变动成本 V 为 30 元(其中包括材料费 20 元，其他费用 10 元)，价格 p 为 60 元。此外，材料费用因批量采购可降为 $(20 - 0.001Q)$ 元，产品价格因购买量增加可降为 $(60 - 0.0035Q)$ 元，试确定最优产量方案，使利润最大。

解：根据题意知，总收入函数为

$$G = PQ = (60 - 0.0035Q)Q = 60Q - 0.0035Q^2$$

故边际收入是

$$\text{MG} = \frac{\mathrm{d}G}{\mathrm{d}Q} = 60 - 0.007Q$$

总成本函数为

$$\begin{aligned} C &= F + VQ = 2.75 \times 10^4 + (10 + 20 - 0.001Q)Q \\ &= 2.75 \times 10^4 + 30Q - 0.001Q^2 \end{aligned}$$

故边际成本是

$$\text{MC} = \frac{\mathrm{d}C}{\mathrm{d}Q} = 30 - 0.002Q$$

由式 2-2 知

$$60 - 0.007Q = 30 - 0.002Q$$

即 $30 - 0.005Q = 0$，求得：$Q = 6\,000$(件)。

也就是说，当产量为 6 000 件时，该企业获利最大，最大利润为

$$Z = G - C = -2.75 \times 10^4 + 30Q - 0.0025Q^2 = 6.25(万元)$$

2.4　线性规划决策法

2.4.1　线性规划模型概述

线性规划模型主要研究在一定的线性约束条件下，使决策者拟定的某个线性目标最优化的问题。早在 20 世纪 30 年代末，就有人将线性规划的方法应用在运输问题。这些年来，线性规划方法在理论上日趋成熟，在实际应用中日益广泛与深入。特别是随着电子计算机技术的发展和新兴技术应用的日益广泛，线性规划已成为解决管理问题必不可少的手段之一。

线性规划决策法通过寻找能使一个目标达到最大(或最小)并能满足一组约束条件的一组决策变量值，来达到最优决策效果。

在利用该方法时，可按照以下思路进行。

首先，要识别该问题是否是线性规划问题。这里主要看决策目标是否是线性函数。决策必然要涉及决策目标，若这个决策目标可以表示为未知变量的线性函数，则该线性函数称为决策问题的目标函数。根据具体问题来要求该目标函数是达到最大值或者最小值。

其次，确定约束条件。此类问题会存在一定的限制条件(即约束条件)，而且这些限制条件通常可以用一组未知数的线性等式或不等式来表达。

最后，建立线性规划的数学分析模型。建立数学分析模型，是将实际决策问题定量地表示成数学方程的过程，即把决策系统用数学符号定量地表示成数学方程的过程。

1. 线性规划模型的基本结构

1) 决策变量

决策变量是指决策者对决策问题需要加以考虑和控制的因素，如 x_1，x_2，$\cdots$，x_n，它们是需要求解的未知因素。这类因素越多，对问题控制程度就越细，模型就越能够反映实际情况。

2) 约束条件

约束条件是指实现企业决策目标的限制性因素(条件)，对实现目标起到约束作用，如企业生产能力，特别是资源数量等。根据限制性因素对企业生产能力和资金管理的约束要求与影响不同，约束条件的数学表达形式一般有三种：大于或等于($\geqslant$)，小于或等于($\leqslant$)，以及等于(=)。其中"$\geqslant$"和"="两种多半表达效益性指标或经济合同的需求约束要求，而"$\leqslant$"多用来表达资源供应约束要求，且需求值或供应值与决策变量之间的关系是简单的线性不等式或等式关系。此外，决策变量为非负值也是约束条件之一。

3) 决策目标

决策目标是单目标的最优值，如客(货)运周转量、利润等某一指标的极大值(max)，燃料、材料消耗、成本、费用、时间、距离等的极小值(min)，且目标值与决策变量之间的关系是线性关系，称为线性目标函数。

2. 线性规划模型的基本特点

线性规划模型的基本特点可以归结为如下几点。

(1) 确定的单一决策目标和明确的约束条件；

(2) 决策的约束条件用线性不等式或等式函数表达；

(3) 决策目标函数是目标值与决策变量间的线性函数；

(4) 所有决策变量都为非负值。

3. 建立线性规划模型的基本步骤

建立线性规划模型，可采用以下步骤。

(1) 明确管理问题，确定决策目标，分析约束因素。

(2) 根据资料，建立包含一组线性约束条件的等式或不等式和最优线性目标函数表达式的数学模型。

(3) 对数学模型进行求解与检验。

(4) 做优化后的分析。

2.4.2　线性规划模型的应用

【例 2-7】设某厂生产 A、B、C 三种产品，其利润分别为每件 2 元、4 元、3 元，每种产品需在 3 台不同的机器上进行加工，经过每一过程所需的时间及每台机器的可用时间如表 2-2 所示。请根据题意，运用线性规划法进行决策。

表 2-2　每件产品所需时间和每台机器的可用时间　　　　单位：小时

机器	每件产品所需的时间			每台机器的可用时间
	A	B	C	
机器 1	3	4	2	60
机器 2	2	1	2	40
机器 3	1	3	2	80

解:

决策目标——经济效益。

决策准则——经济效益最大。

策略——任何一种产品组合都是一种策略。

最优策略——使利润最大的一种生产计划，也就是使利润最大的产品组合策略。

具体的决策方法如下。

(1) 建立数学模型。

设生产 A 类产品 x_1 件，B 类产品 x_2 件，C 类产品 x_3 件，根据已知条件得到约束方程，即

$$\begin{cases} 3x_1 + 4x_2 + 2x_3 \leqslant 60 \\ 2x_1 + x_2 + 2x_3 \leqslant 40 \\ x_1 + 3x_2 + 2x_3 \leqslant 80 \\ x_1 \geqslant 0,\ x_2 \geqslant 0,\ x_3 \geqslant 0 \end{cases} \tag{2-3}$$

总利润为

$$Z = 2x_1 + 4x_2 + 3x_3$$

上述函数 Z 称为决策目标函数。

因此，最优策略$(x'_1,\ x'_2,\ x'_3)$是满足约束条件且使目标函数达到极大的一个解。

(2) 求解最优策略。

① 引入松弛变量x_4，x_5，x_6，化约束方程式(2-3)为等式方程(2-4)，即

$$\begin{cases} 3x_1 + 4x_2 + 2x_3 + x_4 = 60 \\ 2x_1 + x_2 + 2x_3 + x_5 = 40 \\ x_1 + 3x_2 + 2x_3 + x_6 = 80 \end{cases} \tag{2-4}$$

目标函数 Z 为

$$Z = 2x_1 + 4x_2 + 3x_3 + 0x_4 + 0x_5 + 0x_6$$

② 运用单纯形法求解最优策略。

$$\begin{cases} x_1 = 0 \\ x_2 = 7 \\ x_3 = 17 \end{cases}$$

其结果是生产 A 类产品 0 件，生产 B 类产品 7 件，C 类产品 17 件，即最优的产品组合是(0，7，17)。

【例 2-8】 某手机销售商最关心的问题是，为了得到最大利润，下一个经营周期应该采购甲、乙、丙三种品牌型号手机各多少部。根据市场需求预测，甲、乙、丙品牌最少各需200 部、250 部和100 部，其原料消耗分别为 1.0 单位、1.5 单位和 4.0 单位，其单位产品消耗工时分别为 2.0 工时、1.2 工时和 1.0 工时，其单位产品利润分别为 10 单位、14 单位和 12 单位。另外，在下一个经营周期，销售商可用的工时最多为 1 000 单位，原料最多为2 000 单位。相关资料如表 2-3 所示。在这种情况下，该手机销售商应该如何决策。

表 2-3　手机销售数据

手机品牌	原料/单位产品	工时/单位产品	最小需求量/部	利润/单位产品
甲	1.0	2.0	200	10
乙	1.5	1.2	250	14
丙	4.0	1.0	100	12
可利用总量	2 000	1 000	—	—

解： 设甲、乙、丙三种类型不同产品的市场量分别为x_1、x_2和x_3，建立如下线性规划模型。

目标函数为

$$\max Z = 10x_1 + 14x_2 + 12x_3$$

约束条件为

$$
\begin{cases}
1.0x_1 + 1.5x_2 + 4.0x_3 \leqslant 2\,000 & \text{(原料单位)} \\
2.0x_1 + 1.2x_2 + 1.0x_3 \leqslant 1\,000 & \text{(工时单位)} \\
x_1 \geqslant 200 & \text{(产品部数)} \\
x_2 \geqslant 250 & \text{(产品部数)} \\
x_3 \geqslant 100 & \text{(产品部数)}
\end{cases}
$$

该线性规划模型的最优解为

$$
\begin{cases}
x_1 = 200 \\
x_2 = 250 \\
x_3 = 300
\end{cases}
$$

生产甲、乙、丙三种品牌手机的数量分别为 200 部、250 部和 300 部,最大利润为 9\,100 单位。

通过前述例题的求解过程可以发现,对于一般的线性规划问题,可建立如下模型。

目标函数为

$$\max Z = a_1x_1 + a_2x_2 + \cdots + a_nx_n$$

约束条件为

$$
\begin{cases}
b_{11}x_1 + b_{12}x_2 + \cdots + b_{1n}x_n \leqslant c_1 \\
b_{21}x_1 + b_{22}x_2 + \cdots + b_{2n}x_n \leqslant c_2 \\
\qquad\qquad\qquad \vdots \\
b_{m1}x_1 + b_{m2}x_2 + \cdots + b_{mn}x_n \leqslant c_m
\end{cases}
$$

然后求解最优解。

2.5 价值效益评价决策法

价值效益评价决策法在经济决策中也称为计分模型决策法。为了实现某个选定的目标,拟定了 m 种方案,用 n 表示评价每个方案所有性能的个数。用 w_j 表示第 j 种性能所占的比重或加权数。用 r_{ij} 表示第 i 个方案、第 j 种性能的计分数。用 T_i 表示第 i 个方案的总价值,则

$$T_i = \sum_{j=1}^{n} w_j r_{ij} \qquad (i = 1, 2, \cdots, m)$$

在经济管理中，通常将价值效益的大小作为决策准则并且据此选出最优方案。

价值效益评价决策法只有一个确定的自然状态 x_1，所以也属于确定型决策问题，各个方案的各种性能的计分数及加权数是已知的。

决策集 $A = \{a_1, a_2, \cdots, a_m\}$，其中 a_i 表示第 i 个方案。报酬函数为 $R(a_i x_1) = T_i$，决策准则为 $\max_{1 \leqslant i \leqslant m}\{T_i\}$。

【例 2-9】 某地评选最优产品，有 m 种产品 $a_1, a_2, \cdots, a_m$ 参选，对产品的 n 个性能由 q 名专家评分。取 q 名专家对第 j 种性能评分的算术平均数作为产品第 j 种性能的计分数。设第 k 名专家对第 i 种产品第 j 种性能的评分为 m_{ijk}，若选取 n 个性能的平均分数最高者为最优产品，应如何决策？

解： 设第 i 种产品的第 j 种性能的计分数为 r_{ij}，则

$$r_{ij} = \frac{1}{q}\sum_{k=1}^{q} m_{ijk}$$

设第 j 种性能的加权数为 $w_j = \dfrac{1}{n}$，则问题可化为标准计分模型

$$T_i = \sum_{j=1}^{n} w_j r_{ij} = \frac{1}{nq}\sum_{j=1}^{n}\sum_{k=1}^{q} m_{ijk}$$

决策准则为 $\max_{1 \leqslant i \leqslant m}\{T_i\}$，使总价值最大的产品将选为最优产品。

对于大多数用计分模型来解的决策问题，都可适当地选取加权数 w_j，化为标准的计分模型。

【例 2-10】 某超市准备采购一批茶叶，有同一品种、同样价格的 5 种品牌 A、B、C、D、E 可供选择，为选出最好的茶叶，专家组设立了 5 种评价指标：外形、香气、滋味、汤色、叶底，并赋予相应的权重，邀请多名顾客进行打分，处理后数据如表 2-4 所示。应该选择哪种茶叶？

表 2-4　茶叶评价数据

指标	权重	茶叶品种				
		A	B	C	D	E
外形	0.2	83	90	85	85	84
香气	0.4	92	88	83	96	90
滋味	0.3	87	80	84	90	78
汤色	0.05	71	82	77	80	86
叶底	0.05	86	81	84	74	72

解： 根据价值效益评价决策法，用 T_i 表示每种茶叶的最后得分，则

$$T_i = \sum_{j=1}^{n} w_j r_{ij} \quad (i = A, B, C, D, E)$$

可以计算出茶叶 A 的得分为

$$T_A = 0.2 \times 83 + 0.4 \times 92 + 0.3 \times 87 + 0.05 \times 71 + 0.05 \times 86 = 87.35$$

同理可得 $T_B = 83.35$，$T_C = 83.45$，$T_D = 90.10$，$T_E = 84.10$。

可知茶叶 D 的得分最高，所以应该选择茶叶 D。

思考与练习题

1. 名词解释：确定型决策、单纯选优决策法、盈亏平衡分析法。

2. 简述线性盈亏平衡分析法的基本原理和实施办法。

3. 简述库存管理分析的主要方法。

4. 线性规划决策法的基本结构包含哪些内容，并简述建立线性规划模型的基本步骤。

5. 简述价值效益评价决策法的原理和步骤。

6. 某企业生产一种产品，单价为 15 元，单位变动成本为 10 元，每月固定成本为 100 000 元，每月销售 40 000 件。由于市场竞争原因，其产品单价将降至 13.50 元，同时每月还将增加广告费 20 000 元。试计算该产品此时的盈亏平衡点。

7. 一个企业生产某种产品，每件产品的价格是 250 元。目前生产的固定成本是 500 万元，每件产品的可变成本为 100 元。若引进先进设备对原设备进行更新，则生产的固定成本为 800 万元，每件产品的可变成本为 50 元。试用盈亏分析法进行决策分析，当产量 Q 为何值时应进行设备更新？

8. 某企业制造一种新产品，需要某种新部件。可以向外采购，每件购置费 3 元，也可以本企业自产则需固定成本 20 000 元。每件可变成本费 1 元，现每年需部件 180 000 个，问需做何种决策。

9. 某集团公司需采购某原材料 600 吨，每吨原材料价格为 20 元，每吨原材料保管费用为 2 元。假定原材料均匀消耗，且不出现停料现象，每次采购费用为 200 元。为使总费用最低，应如何确定对这种原材料的最大采购批量和最优采购批次。

10. 假定某项产品的总收益和总成本之间的关系可用二次函数描述为

$$TR = 18Q - 0.3Q^2$$
$$TC = 400 - 12Q + 0.2Q^2$$

其中，TR 表示总收益，TC 表示总成本，Q 表示产量。试计算盈利区间和最大的盈利点。

11. 某制药企业在计划期内要安排生产甲、乙两种药品，都需要使用 A、B 两种不同的设备加工。制药厂生产每千克药品甲和乙在各设备上所需的加工台时数及生产各药品可得的利润如表 2-5 所示。已知设备 A、B 在计划期内有效台时数分别是 120 和 80。现制药厂想知道如何安排生产计划可以使制药厂的利润最大化。

表 2-5　药品甲、乙在两种设备上所需的加工台时数和药品可得利润

药品	设备台时数(台时/千克)		利润(元)
	A	B	
甲	2	2	300
乙	2	1	240

12. 某厂同时生产 A、B 两种产品，每月的电力消耗不超过 240 千瓦小时，设备不超过 150 台时，每吨产品的电力、设备台时消耗定额如表 2-6 所示。

表 2-6　产品资源消耗定额

项目	产品 A	产品 B	资源限额
电力/千瓦小时	2	2	240
设备/台时	2	1	150

产品 A 每吨可获利 2 000 元，产品 B 每吨可获利 4 000 元，问两种产品各生产多少吨，可使企业在充分利用资源的条件下获利最多。

13. 某制造企业为了提高经济效益，决定研制具有现代化管理水平的经营管理系统，以加强市场的预测和管理决策。现有三种方案可供选择。各方案的性能和计分如表 2-7 所示，试决定最优方案。

表 2-7　各方案的性能和计分

方案	市场预测精度	市场信息处理速度	经济性
	$w_1=3$	$w_2=2$	$w_3=1$
方案 1	$\frac{3}{4}$	$\frac{2}{3}$	1
方案 2	$\frac{1}{2}$	1	$\frac{1}{2}$
方案 3	1	1	0

第 **3** 章

风险型决策的原理

为了在动荡不定的世界上求得生存，就必须做出精明的决策。

——基恩·P. 弗莱彻

学习目标与要求

1. 掌握风险型决策的概念与特点；
2. 掌握损益矩阵的要素与内容；
3. 熟悉风险型决策的准则；
4. 掌握决策树法的概念及制作步骤；
5. 掌握风险决策的敏感性概念及分析方法；
6. 熟悉完全信息价值的概念、测定办法及应用。

远古时期，以打鱼捕捞为生的渔民们每次出海前都要祈祷，希望神灵保佑自己在出海时能够风平浪静、满载而归；在长期的捕捞实践中，他们深深地体会到"风"带来的是无法预测的危险，"风"即意味着"险"，因此便有了"风险"一词。现代意义上的"风险"，经过几千年的演绎，已经越来越被概念化，其含义随着人类活动的日趋复杂而变得越来越丰富，出现的频率也越来越高，且与人类的决策和行为后果之间的联系越来越紧密，并被赋予了哲学、经济学、社会学、统计学、管理学甚至文化艺术领域的更广泛更深层次的内涵。

具体来说，组织或个人在实现其目标的经营活动中，会遇到各种不确定性事件，这些事件将对经营活动产生影响，从而影响活动目标的实现，这种不确定性事件就是所谓的风险；这意味着如果采取理性智慧进行合理的决策，不仅可以规避风险，还可能带来获利的机会；风险越大，回报也越大。所以针对此类问题，我们应该谨慎决策，化"危"为"机"；对于此类问题的决策即风险型决策问题，接下来的两章将提供此类风险型决策问题的解决方案。

3.1   风险型决策的基本问题

3.1.1   风险型决策的概念

某商场拟购进一批大衣供冬季销售，若在上半年向工厂订货，则每件500 元，但销售周期较长，库存周期加长，成本也会增加；若下半年进货，则每件 700 元。大衣的销售情况与市场流行趋势有关，如果符合潮流，大衣就会畅销，可多进一些货；如果不符合潮流，那么大衣的销售情况较差，可少进一些货，否则商场将遭受损失。市场调查部门根据以往的资料和当年的情况，对市场流行趋势做出了预测，但预测也无法做到完全准确。根据以往的经验，该款大衣流行的概率为 50%，一般流行的概率为 30%，非常流行的概率为 20%，因此无论决策者采取哪种行动方案，都会出现一个以上的自然状态所影响下的结果，都要承担一定风险，这就是一个风险型决策问题。

风险型决策亦称统计型决策或随机型决策，具体是指面临两个以上的自然状态，决策者并不知道会出现哪个自然状态，但是可以根据过去经验或主观判断测算每种自然状态出现的概率；同时至少有两个可供选择的决策方案，且已知每种自然状态与自然状态结合的损益值，决策者可以通过比较方案的损益期望值，从中选择效果最好的方案作为最优决策方案。

风险型决策问题中使用的概率即先验概率。所谓的先验概率，就是根据过去经验或主观判断而形成的对各自然状态的风险程度的测算值，即原始概率。

3.1.2   风险型决策的特点

根据以上讨论，可以总结风险型决策存在以下特点。

(1) 决策者有明确的决策目标(收益最大或损失最小)。

(2) 为了实现决策目标，会提出两个或两个以上的备选方案，最后会选定一个方案。

(3) 存在不以决策者主观意志为转移的两个或两个以上的自然状态。

(4) 各种自然状态发生的概率可以根据经验数据或者历史资料预先估计或计算出来，也可以通过大量重复试验获得总体分布的信息。

(5) 因为决策最终是依据不同行动方案在不同自然状态下的损益值，所以必须有可量化的具体损益值。

3.1.3   损益矩阵

1. 损益矩阵的组成

损益矩阵一般由以下三部分组成。

(1) 可行方案。也称作备选方案，是由决策者根据决策目标，综合考虑资源条件及实现的可能性，经充分讨论研究制订出来的方案。

(2) 自然状态及其发生的概率。自然状态是指各种可行方案可能遇到的客观情况和状态。自然状态通常不以决策者的主观意志为转移。

(3) 损益值。损就是亏损，益就是盈利，损益值就是企业(或某个投资项目)盈利或者亏损的数额。这里的损益值是指在不同自然状态下执行每种方案的可能结果所产生的效果的数量。

2. 损益矩阵表

将可行方案用 $d_i(i = 1,\ 2,\ \cdots,\ m)$ 表示，自然状态用 $\theta_j(j = 1,\ 2,\ \cdots,\ n)$ 表示，$P(\theta_j)$ 表示自然状态 θ_j 出现的概率，可行方案 d_i 在自然状态 θ_j 上的损益值用 L_{ij} 表示，将此三部分内容集中在一张表上，即可得到一个决策问题的损益矩阵表，如表 3-1 所示。

表 3-1　决策损益矩阵

可行方案	θ_1	θ_2	$\cdots$	θ_n
	$P(\theta_1)$	$P(\theta_2)$	$\cdots$	$P(\theta_n)$
d_1	L_{11}	L_{12}	$\cdots$	L_{1n}
d_2	L_{21}	L_{22}	$\cdots$	L_{2n}
$\cdots$	$\cdots$	$\cdots$	$\cdots$	$\cdots$
d_m	L_{m1}	L_{m2}	$\cdots$	L_{mn}

3.2　风险型决策的不同准则

在风险型决策问题中，由于存在着不同自然状态下的不可控因素，所以同一决策方案在执行中会出现多种可能结果。然而客观的自然状态却是不确定的，只能根据经验或者信息进行估计。常见的决策准则主要包括期望值准则、等概率准则和最大可能性准则等。

3.2.1　期望值准则

1. 期望值准则的理论依据

期望值准则是指以收益或损失矩阵为依据，分别计算出各可行方案的期望值，并加以比较。如果损益矩阵的元素是收益(利润、产出、销售额之类)，那么应选取期望值最大的备选方案；如果损益矩阵的元素是损失(成本、费用、支出之类)，那么应选取期望值最小的备选方案。

其计算公式为

$$E(d_i) = \sum L_{ij} p_j \qquad (i = 1,\ 2,\ \cdots,\ m；j = 1,\ 2,\ \cdots,\ n)$$

其中，$E(d_i)$ 表示第 i 个方案的期望损益值，d_i 表示第 i 个方案，P_j 表示第 j 个自然状态发生的概率，L_{ij}表示第i个方案在第j个自然状态下的损益值。

2. 期望值准则的决策步骤

(1) 确定决策矩阵表。根据已有信息，计算并编制决策损益矩阵表。

(2) 确定决策目标。如果决策矩阵中的元素是收入、利润等收益类指标，则决策目标为收益值最大；如果决策矩阵中的元素是成本、支出等损失类指标，则决策目标为损失值最小。

(3) 计算每种方案的期望损益值。按每种方案分别计算其在各状态的损益值与概率值乘积之和，得到每种方案的期望损益值。

(4) 选出最佳决策方案。比较每种方案的期望损益值，根据决策目标，选出最优值，所对应的备选方案即最优决策方案。

3. 期望值准则的应用

【例 3-1】电饭锅制造厂研制成功一种新型电饭锅，准备生产试销，现面临以下决策问题：由于生产工艺要求较高，厂家有引进或者自制两种选择。对于自制设备，一年内固定成本为 1 000 000 元，可变成本为每件 50 元。对于引进设备，其引进方案有：租用、合资和购进三种，不同方案所需要的费用如表 3-2 所示。

表 3-2　不同方案所需要的费用　　　　　　　　　　　　单位：元

方案	固定成本	每件可变成本
自制	1 000 000	50
租用	500 000	100
合资	640 000	70
购进	2 000 000	30

假定在试销的一年内，电饭锅的销售价格为 220 元/件，但无法确定销量。按照厂方预测，其有畅销、中等、滞销三种可能的状态，概率分别为 0.2、0.7、0.1，假设分别以销售量 40 000 件、20 000 件、10 000 件代表畅销、中等、滞销三种状态。现要求对企业的行动方案做出决策。

解：

(1) 确定决策目标：企业利润最大化。

(2) 本例是以收益为依据，所以应计算各种方案的收益值，如表 3-3 所示。

表 3-3　各种方案的损益值　　　　　　　　　　　　单位：元

行动方案	畅销(0.2)	中等(0.7)	滞销(0.1)
自制	5 800 000	2 400 000	700 000
租用	4 300 000	1 900 000	700 000
合资	5 360 000	2 360 000	860 000
引进	5 600 000	1 800 000	−100 000

(3) 初步审查损益表。租用方案被排除，因为无论处于哪种自然状态，合资的收益都

高于租用。

(4) 估计先验概率。畅销、中等、滞销的可能性分别为 0.2、0.7、0.1。

(5) 计算每种方案的收益值，计算过程如下，结果如表 3-4 所示。

$$E(d_1) = 0.2 \times 5\,800\,000 + 0.7 \times 2\,400\,000 + 0.1 \times 700\,000$$
$$= 2\,910\,000(元)$$

$$E(d_2) = 0.2 \times 5\,360\,000 + 0.7 \times 2\,360\,000 + 0.1 \times 860\,000$$
$$= 2\,810\,000(元)$$

$$E(d_3) = 0.2 \times 5\,600\,000 + 0.7 \times 1\,800\,000 + 0.1 \times (-100\,000)$$
$$= 2\,370\,000(元)$$

表 3-4　期望值准则决策矩阵　　　　　单位：元

行动方案	畅销(0.2)	中等(0.7)	滞销(0.1)	期望损益值
d_1(自制)	5 800 000	2 400 000	700 000	2 910 000
d_2(合资)	5 360 000	2 360 000	860 000	2 810 000
d_3(引进)	5 600 000	1 800 000	−100 000	2 370 000

(6) 由表 3-4 可知，自制方案的期望收益值最大，因此最优方案为自制。

【例 3-2】某工厂生产某种机床，决策者可选择生产 10 台、20 台和 30 台，实际需求可能是 10 台、20 台和 30 台，且概率分别为 0.5、0.3、0.2。假设卖出 1 台利润为 10 万元，没有卖出则损失 2 万元。问该厂应生产多少台机床？

解：

根据题意可知，工厂的方案有三种，即生产 10 台、20 台和 30 台；市场的需求状态也有三种，即需求 10 台、20 台和 30 台。当生产 10 台而需求也为 10 台时，收益为 100 万元，当生产 20 台而市场需求为 10 台时，则收益为 80 万元，当生产 30 台市场需求为 10 台时，则收益为 60 万元，依此类推，可以列出收益矩阵，如表 3-5 所示。

表 3-5　生产收益矩阵　　　　　单位：万元

方案	θ_1 (10；0.5)	θ_2 (20；0.3)	θ_3 (30；0.2)	期望损益值
d_1(10)	100	100	100	100
d_2(20)	80	200	200	140
d_3(30)	60	180	300	144

要想决定采取哪种策略，还要知道目标是什么。本例中，实际需求的概率已知，则可分别求出各种策略的收益期望值。

$$E(d_1) = 0.5 \times 100 + 0.3 \times 100 + 0.2 \times 100 = 100(万元)$$
$$E(d_2) = 0.5 \times 80 + 0.3 \times 200 + 0.2 \times 200 = 140(万元)$$
$$E(d_3) = 0.5 \times 60 + 0.3 \times 180 + 0.2 \times 300 = 144(万元)$$

综合比较三个方案可知，选择生产 30 台时期望收益值最大，因此应该选择生产 30 台。

4. 期望值决策准则的适用场合

期望值决策准则适用于以下情况：概率的出现具有明显的客观性质，而且比较稳定；决策不是解决一次性问题，而是解决多次重复的问题；决策的结果不会对决策者带来严重的后果。

3.2.2 等概率准则

1. 等概率准则的理论依据

等概率准则是指由于各种自然状态出现的概率无法预测，因此假定几种自然状态的概率相等，然后求出各方案的期望损益值，最后选择期望收益值最大(或者期望损失值最小)的方案作为最优决策方案。

2. 等概率准则的应用

【例 3-3】仍用【例 3-1】的数据来说明如何运用等概率准则法进行决策。

解：具体计算过程(略)，计算结果如表 3-6 所示。

表 3-6 电饭锅等概率准则决策矩阵   单位：元

行动方案	畅销(0.33)	中等(0.33)	滞销(0.33)	期望收益值
自制	5 800 000	2 400 000	700 000	2 966 667
租用	4 300 000	1 900 000	700 000	2 300 000
合资	5 360 000	2 360 000	860 000	2 860 000
引进	5 600 000	1 800 000	-100 000	2 433 333

由于表中数据表示的是收益，所以收益值越大，方案越好，由表 3-6 可知，自制方案的期望收益值最大，因此决策结果为自制。

3. 等概率准则的适用场合

等概率准则适用于各种自然状态出现的概率无法得到或者各种自然状态出现的概率比较接近的情况。

3.2.3 最大可能性准则

1. 最大可能性准则的理论依据

概率论认为，在一次随机试验中概率最大的事件最有可能发生，最大可能性准则就是依据这一观点进行决策的。在决策时，存在多个发生概率可以估算的自然状态，那么在选取最优方案时，决策者不考虑不同状态的损益值，而是考虑发生概率最大的自然状态下的选择。将自然状态出现的概率大小作为选择方案的标准，这样就将一个风险型决策问题转化为确定型决策问题。

2. 最大可能性准则的应用

【例 3-4】一家羽绒服生产商预测接下来的冬天会是寒冬，拟在原有基础上增加羽绒服产量。现有两种方案：一是增加一套设备进行大规模生产；二是在原有基础上增加产量，但是增加的产量有限。自然状态也有两种：一是预测准确接下来的冬天确实是寒冬；二是并没有出现严寒天气，不是寒冬，发生这两种状态的概率分别为 0.7 和 0.3。如果是寒冬，增加设备的收益是 200 万元，不增加设备的收益是 50 万元；如果不是寒冬，增加设备将损失 100 万元，不增加设备的收益是 30 万元。问：该生产商应该如何决策。

解： 由题意，可以计算生产羽绒服各种方案的损益值如表 3-7 所示。

表 3-7　生产羽绒服决策损益值

状态	概率	增加设备/万元	不增加设备/万元
寒冬	0.7	200	50
不是寒冬	0.3	−100	30
期望值		110	39

步骤：

(1) 从表 3-7 各自然状态的概率中，选出状态发生概率最大者。本例中，发生概率最大的自然状态是寒冬。

(2) 由于只在最大可能状态下进行决策，而不考虑其他状态，故此决策问题可以看成是确定性决策问题。在严寒的天气下，增加设备收益是 200 万，而不增加设备收益是 50 万。因此，遵循最大可能性准则，我们所做的决策是增加设备。

从上述过程中易见，确定型决策是风险决策的特例，在使用最大可能性准则进行决策时应注意，该准则仅当各概率值中最大概率比其他概率值大得多时可用，若概率值比较接近，则不使用该准则。

3. 最大可能性准则的适用场合

最大可能性准则法适用于各种自然状态中某一状态的概率显著地高于其他方案所出现的概率，且期望值相差不大的情况。

3.3　决策树

决策树是功能强大且相当受欢迎的一种分类和决策工具。决策树法以树枝状图形作为决策模型，在此模型上进行计算，决策过程十分形象和直观，可以使决策者按照科学的推理步骤去周密地思考各有关因素。将决策问题演绎为一棵树图形方式进行 PPT 展示，可以让更多的人了解决策过程和决策依据，便于集体讨论，有利于决策的过程集思广益。对于复杂的风险型决策问题，用决策树法进行决策效果比较好，特别是对于多级决策问题，尤为方便。

决策树法在本质上仍然是一种期望值决策方法，决策树法的决策依据仍然是各个方案的期望损益值，但表达形式不同；它利用树状图形来表达决策分析问题，在决策树上进行操作计算和决策分析，最终选择最优决策方案。

3.3.1　决策树的概念、绘制及应用

1. 决策树的概念

决策树(decision tree)又叫作判定树，是对决策过程的一种图解。它是在已知各种情况发生概率的基础上，把各种备选方案、可能出现的自然状态及损益值简明地绘制成树状图，这棵树即是决策树。

决策树算法是一种典型的分类方法，首先对数据进行处理，并利用归纳算法生成包含可读规则的决策树，然后使用决策树对新数据进行分类以达到选择最优方案的过程。

如果决策问题只需决策一次即告完成，称为单级决策。如果决策问题要进行多次决策才能完成，称为多级决策。应用决策树法进行多级决策分析称为多级决策树法。

2. 决策树的绘制

1) 所用符号

按问题所给信息，由左至右顺序绘制决策树，决策树一般包含决策节点和方案枝、状态结点和概率枝、结果节点，具体常用以下符号表示。

"□"表示决策节点，从这里引出的分枝为方案枝，在分枝上要标明方案名称；对几种可能方案进行分析，选择最佳方案。如果决策属于多级决策，则决策树的中间可以有多个决策节点，决策树根部的决策节点为最终决策方案。

"○"表示状态节点，从这里引出的分枝为状态分枝或概率枝，在每一分枝上应标明状态名称及其出现的概率，概率枝的概率表示可能出现的自然状态的概率；状态节点代表备选方案的经济效果(期望值)，通过各状态节点的经济效果的对比，按照一定的决策标准就可以选择出最佳方案。

"△"表示结果节点，又叫作叶节点。它表示各种自然状态下所取得的结果(如损益值)。在有些决策树中，这个符号可省略。

2) 决策树的结构

(1) 绘出决策点和方案枝，在方案枝上标出对应的备选方案。

(2) 绘出机会点和概率枝，在概率枝上标出对应的自然状态下所出现的概率值。

(3) 计算方案的损益期望值，在概率枝的末端标出对应的损益值，这样，就是一个完整的决策树。

(4) 对损益期望值进行比较，并且选优。选取最优期望值填在决策节点上，相应方案即为最优方案。

一般的决策树的基本图形如图 3-1 所示。

3) 决策树的剪枝

应用决策树来做决策的过程，是从右向左逐步进行分析。根据右端的损益值和概率枝的概率，计算出期望值的大小，确定方案的期望结果，然后根据不同方案的期望结果做出选择。

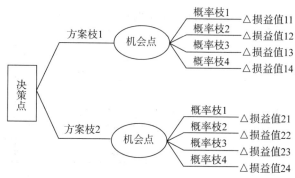

图 3-1　决策树的基本图形

计算完成后，开始对决策树进行剪枝，剪枝就是给决策树瘦身，在每个决策节点删去除了最高期望值以外的其他所有分枝，最后逐步推进到第一个决策节点，这时就找到了问题的最佳方案。

方案的舍弃称为修枝，被舍弃的方案用"≠"来表示，最后的决策点留下一条树枝，即为最优方案。

(1) 预剪枝。在构造决策树时，我们需要根据具体情况进行剪枝。方法是，在构造的过程中对节点进行评估。如果对某个节点进行划分不能在验证集中带来准确性的提升，那么对这个节点进行划分就没有意义，这时就应把当前节点作为结果节点，不对其进行划分。

(2) 后剪枝。在生成决策树之后，我们需要根据具体情况再进行剪枝。通常会从决策树的结果节点开始，逐层向上对每个节点进行评估。如果剪掉这个节点子树，与保留该节点子树在分类准确性上差别不大，或者剪掉该节点子树，能带来准确性的提升，那么就可以对该节点子树进行剪枝。

3. 应用决策树进行决策

【例 3-5】某家庭有 500 万富余资金，为了防范风险，准备选择房地产、银行存款和股票三种形式进行组合投资，根据不同的资产组合理论，得出了三种投资方案，如表 3-8 所示。

表 3-8　500 万资金初始分配情况　　　　　　　　　　　　单位：万元

方案	存款	股票	房地产	合计
d_1	256.95	102.00	141.05	500.00
d_2	52.5	117.05	330.4	500.00
d_3	124.05	298.65	77.30	500.00

投资收益与市场状态有关，根据分析，未来市场情况好的概率为 0.6，市场情况不好的概率为 0.4，试用决策树的方法做出该家庭的投资决策。

首先，计算不同方案的损益值(需结合具体投资工具的收益率，限于篇幅，求解过程略)，并制作损益矩阵表，如表 3-9 所示。

表 3-9 投资损益矩阵 单位：万元

行动方案	自然状态及概率		损益值
	市场情况好	市场情况不好	
	$P(\theta_1)=0.6$	$P(\theta_2)=0.4$	
d_1	110.554 9	-28.200 2	55.052 86
d_2	106.743 7	-119.413	16.281 02
d_3	110.028 5	-70.582 8	37.783 98

其次，根据前述学习的决策树法，绘制本案例的决策树，如图 3-2 所示。

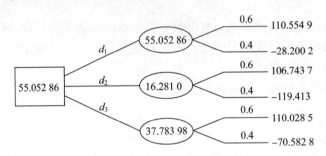

图 3-2 投资选择决策树

最后，根据决策树分析的结果，第一种方案的期望损益值最大，因此应该选择第一种投资组合。

【例 3-6】A_1、A_2 两方案投资分别为 450 万元和 240 万元，经营年限为 5 年，销路好的概率为 0.7，销路差的概率为 0.3，A_1 方案销路好与差的年损益值分别为 300 万元和-60 万元；A_2 方案销路好与差的年损益值分别为 120 万元和 30 万元。试用决策树法进行决策。

解：根据题意，绘制决策树如图 3-3 所示。

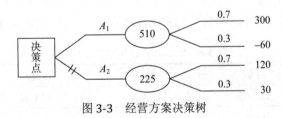

图 3-3 经营方案决策树

A_1 的损益值 $= [300 \times 0.7 + (-60) \times 0.3] \times 5 - 450 = 510(万元)$

A_2 的损益值 $= (120 \times 0.7 + 30 \times 0.3) \times 5 - 240 = 225(万元)$

选择：因为 A_1 的损益值大于 A_2 的损益值，所以选择 A_1 方案。

剪枝：在 A_2 方案枝上打杠，表明舍弃。

3.3.2 二阶段决策树

决策树法是一种简明形象的方法，有些决策问题比较复杂，难以采用损益表进行计算。

而有些问题的决策带有阶段性，第一阶段决策结束，又有第二阶段等，这时使用决策树法就可以做到形象生动、条理清晰，效果更好。

【例 3-7】为了适应市场的需要，某地提出了扩大电视机生产线的两个方案。一个方案是建设大工厂，第二个方案是建设小工厂。

建设大工厂需要投资 600 万元，可使用 10 年。如销路好，则每年盈利 200 万元；如销路不好，则亏损 40 万元。

建设小工厂需要投资 280 万元，如销路好，若 3 年后扩建，则扩建需要投资 400 万元，可使用 7 年，每年盈利 190 万元；若不扩建，则每年盈利 80 万元。如销路不好，则每年盈利 60 万元。

经过市场调查，市场销路好的概率为 0.7，销路不好的概率为 0.3。试用决策树法选出合理的决策方案。

解： 根据题意，绘制决策树如图 3-4 所示。

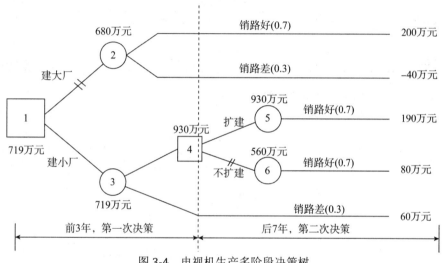

图 3-4 电视机生产多阶段决策树

(1) 计算各点的期望值。

点②：$[0.7 \times 200 + 0.3 \times (-40)] \times 10 - 600 = 680$(万元)

点⑤：$1.0 \times 190 \times 7 - 400 = 930$(万元)

点⑥：$1.0 \times 80 \times 7 = 560$(万元)

由于点⑤(930 万元)与点⑥(560 万元)相比，点⑤的期望利润值较大，因此应采用扩建的方案，舍弃不扩建的方案。

(2) 把点⑤的 930 万元移到点④来，计算出点③的期望利润值。

点③：$[0.7 \times (80 \times 3 + 930) + 0.3 \times 60 \times (3 + 7) - 280] = 719$(万元)

(3) 最后比较决策点②和决策点③，确定合理方案。

由于点③(719 万元)与点②(680 万元)相比，点③的期望利润值较大，因此取点③而舍点②。由此可知，建设大工厂的方案不是最优方案，合理的策略是前 3 年建小工厂，若销路好，后 7 年再进行扩建。

【例3-8】 某茶厂计划创建精制茶厂，有两个备选方案，方案一是建设一家年加工能力为800担的小厂，方案二是建设一家年加工能力为2 000担的大厂。两个厂的使用期均为10年，大厂投资25万元，小厂投资10万元。产品销路没有问题，原料来源有两种可能(两种自然状态)，一种为800担，另一种为2 000担，概率分别是0.8与0.2。两个方案每年损益及两种自然状态的概率估计值如表3-10所示。随着茶叶生产的发展，三年后的原料供应可望增加，两个行动方案每年损益及两种自然状态的概率估计如表3-11所示，请利用决策树法进行决策，是选择建大厂还是选择建小厂。

表3-10 两种方案的年度收益值 单位：万元

自然状态	概率	建大厂	建小厂
原料800担	0.8	13.5	15.0
原料2000担	0.2	25.5	15.0

表3-11 三年后两种收益估计值 单位：万元

自然状态	概率	建大厂(投资25)	建小厂(投资10)
原料1 200担	0.6	21.5	15.0
原料3 000担	0.4	29.5	15.0

解： 根据题意，可绘制本题决策树如图3-5所示。

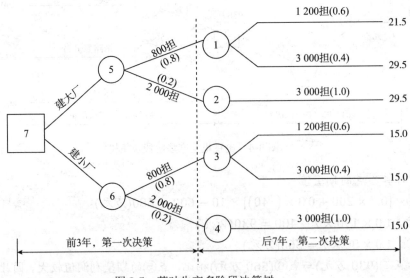

图3-5 茶叶生产多阶段决策树

各点效益值计算过程是：

点①：$21.5 \times 0.6 \times 7 + 29.5 \times 0.4 \times 7 = 172.9$(万元)

点②：$29.5 \times 1.0 \times 7 = 206.5$(万元)

点③：$15 \times 0.8 \times 3 + 105 \times 0.8 + 15 \times 0.2 \times 3 + 105 \times 0.2 - 10 = 140$(万元)

点④：$15 \times 1.0 \times 7 = 105$(万元)

点⑤：$13.5 \times 0.8 \times 3 + 172.9 \times 0.8 + 25.5 \times 0.2 \times 3 + 206.5 \times 0.2 - 25 = 202.3$(万元)

点⑥：$15 \times 0.6 \times 7 + 15 \times 0.4 \times 7 = 105$(万元)

通过以上计算。可知建小厂的效益期望值为 140 万元，而建大厂的效益期望值为 202.3 万元，所以应选择建大厂的方案。

3.3.3　决策树算法、创建及过拟合的处理

决策树是数据挖掘和机器学习中一种基本的分类和回归算法，是依策略选择而建立起来的树状结构，决策树自带判别规则，因而可以用来判断和预测未知样本的类别和结构。决策树的主要优点是描述简答，分类速度快，特别适合大规模的数据处理。

决策树算法的历史。Hunt，Marin 和 Stone 于 1966 年研制的 CLS 学习系统，用于学习单个概念；1979 年，J.R. Quinlan 提出了 ID3 算法，并在 1983 年和 1986 年对 ID3 算法进行了总结和简化，使其成为决策树学习算法的典型；Schlimmer 和 Fisher 于 1986 年对 ID3 算法进行改造，在每个可能的决策树节点创建缓冲区，使决策树可以递增式生成，得到 ID4 算法；1988 年，Utgoff 在 ID4 算法基础上提出了 ID5 学习算法，进一步提高了效率。1993 年，Quinlan 进一步发展了 ID3 算法，改进成 C4.5 算法。

另一类决策树算法为 CART，与 C4.5 不同的是，CART 的决策树由二元逻辑问题生成，每个树节点只有两个分枝，又叫作二叉树，分别包括学习实例的正例与反例。

目前，生成决策树的经典算法有 ID3 算法、C4.5 算法和 CART 算法。

【例 3-9】一位母亲让女儿去相亲，发生了以下对话。

女儿：多大年纪了？(年龄)

母亲：26 岁。

女儿：长得帅不帅？(长相)

母亲：挺帅的。

女儿：多收入高吗？(收入)

母亲：中等。

女儿：是公务员吗？(是否公务员)

母亲：是，在财政局上班。

女儿：那好，我去见见。

本案例决策树如图 3-6 所示。

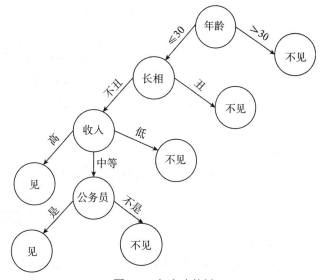

图 3-6　相亲决策树

1. 决策树算法有关的几个概念

1) 信息熵、条件熵及信息增益

(1) 信息熵。熵原本表示的是热力学中分子状态混乱程度的物理度量，"信息论之父"香农于 1948 年将这个概念引入信息学并提出"信息熵"这一概念，解决了信息的度量问题。熵表示对不确定性的度量，一个系统越是有序，则熵越小，反之越混乱，则熵越大；很显然，一个系统内部越混乱，则其包含的信息量越大，反之，包含的信息量越小，所以可以认为信息熵是对系统无序程度的度量，系统越无序，信息量越大，信息熵的取值也就

越大；系统的信息量越小，则信息熵的取值越小。

系统可能处于多种不同的状态，用随机变量$X = \{x_1, x_2, \ldots, x_n\}$的取值反映系统的状态，而每种状态出现的概率为$p_i(i = 1, 2, \cdots, n)$，那么，$X$信息熵为

$$H(X) = -\sum_{i=1}^{n} p_i \cdot \ln p_i$$

显然，当$p_i = \frac{1}{n}(i = 1, 2, \cdots, n)$时，即各种状态出现的概率相同时，此时熵取最大值，为$H(X)_{\max} = \ln n$。对于确定的事件，即随机变量X只有一个取值，且其所对应的$p = 1$，其信息熵为0。

当计算公式中的p_i是根据样本估计得到的，这样计算出的X的信息熵称为经验熵。

(2) 条件熵。条件熵$H(Y|X)$，表示在已知随机变量X的条件下随机变量Y的不确定性，即X已知时，Y的信息量为

$$H(Y|X) = -\sum_{i=1}^{n} p_i H(Y|X = x_i) = -\sum_{i=1}^{n} P(X = x_i) H(Y|X = x_i)$$

$H(Y|X = x_i)$表示$X = x_i$时Y的熵。同样，当计算公式中的p_i是根据样本估计得到的，这样计算出的熵称为经验条件熵。

(3) 信息增益。信息增益表示已知随机变量X的信息而使得随机变量Y的不确定性减少的程度，也即

$$G(Y, X) = H(Y) - H(Y|X)$$

但是信息增益是个绝对量数据，会受到经验熵的影响，当经验熵偏大时，信息增益也会偏大，反之，则会偏小，所以可以通过计算信息增益比来更准确地衡量随机变量X的变化对Y的影响。

2) 信息增益比

信息增益比就是信息增益与经验熵的比值，即

$$G_r(Y, X) = \frac{G(Y, X)}{H(X)}$$

3) 基尼增益

(1) 基尼指数。基尼指数与熵具有相似的作用，可以衡量一个随机变量取值的不确定性或者"不纯"的程度。当随机变量只有一个可能取值(即这是一个确定性系统)时，基尼指数的结果为0，当随机变量的可能取值数量越大、取值概率分布越均匀时，基尼指数越大。基尼指数的计算公式为

$$Gini(X) = \sum_{i=1}^{n} p_i (1 - p_i) = \sum_{i=1}^{n} P(x_i) [1 - P(x_i)]$$

（2）基尼增益。基尼增益和信息增益的作用类似，算法也类似，即

$$Gini(Y，X) = Gini(Y) - Gini(Y|X)$$

$$= \sum_{i=1}^{n} P(x_i)[1-P(x_i)] - \sum_{i=1}^{n} P(x_i) \sum_{i=1}^{n} P(y|x_i)[1-P(y|x_i)]$$

2. 决策树的创建

决策树的创建过程其实就是从训练数据集中归纳出一套分类规则。采用自上向下的递归方法，以信息熵、基尼指数或者其他度量条件为衡量标准来构造一棵熵值(或者基尼指数等)下降最快的树，到叶子节点处的熵值(或者基尼指数)为 0，此时每个叶子节点处的实例属于同一类。决策树创建的基本思路如下。

（1）计算数据集划分前的信息熵。

（2）遍历所有未作为划分条件的特征，分别计算根据每个特征划分数据集后的信息熵。

（3）选择信息增益最大的特征，并使用这个特征作为数据划分节点来划分数据。

（4）递归地处理被划分后的所有子数据集，从未被选择的特征里继续选择最优数据划分特征来划分子数据。

递归的终止条件有两个：第一，所有特征都用完了；第二，划分后的信息增益足够小了，至于小到何种程度取决于事先确定的作为递归结束条件的信息增益阈值。

以上提到的是以信息增益作为特征划分指标，这样的决策树构建算法叫作 ID3 算法。如果将ID3算法中的信息增益改为信息增益比，则是$C4.5$算法。如果利用基尼指数构造二叉决策树，则为CART算法。

3. 过拟合的处理

所谓过拟合，简单来说就是数据分类过于细致，划分的类别太多。解决的办法是对决策树进行剪枝处理，剪枝有两种思路。

1）前剪枝

前剪枝指的是在构造决策树的同时进行剪枝。为了避免过拟合，可以设定一个阈值，若信息熵减小的数量小于这个阈值，即使还可以继续降低信息熵,也应停止继续创建分支。这种方法称为前剪枝。比如限制叶子节点的样本个数，当样本个数小于一定的阈值时，不再继续创建分支。

2）后剪枝

后剪枝是指在决策树构建完成后进行剪枝。剪枝的过程是对拥有同样母节点的一组节点进行检查，判断如果将其合并，信息熵的增加量是否小于某一阈值，如果小于阈值，则这一组节点可以合并为一个节点。后剪枝的过程是删除一些子树，然后用子树的根节点替代，来作为新的叶子节点。这个新叶子节点所标识的类别通过大多数原则来确定，即把这个叶子节点里样本最多的类别作为这个叶子节点的类别。

3.4 风险型决策的敏感性分析

前面介绍的风险型决策方法，它们选择最优方案的主要标准是比较各个方案的期望损益值。在计算期望损益值时，要利用自然状态概率及各方案在不同自然状态下的损益值，而自然状态概率及损益值是根据历史资料估计出来的。这种估计带有一定的不准确性，而且预测期的情况有可能发生一些变动。因此，必须讨论这些差异对未来决策的影响，一旦自然状态出现的概率发生改变，最优方案有可能不再是最优方案。

我们应该对状态概率或损益值数据的变动是否影响最优方案的选择进行分析，如果状态概率或损益值的变动影响了最优方案的选择，我们说最优方案对这些数据变动的反应是敏感的；如果状态概率或损益值的变动并未影响最优方案的选择，那么，我们说最优方案对这些数据变动的反应是不敏感的。

我们通过一个例子来说明最优方案与自然状态之间的关系。

【例3-10】有外壳完全相同的木盒100个，将其分为两组：一组内装白球，有70盒；另一组内装黑球，有30盒。现从这100个盒中任取一盒让你猜，如果这个盒内装白球，猜对得500分，猜错罚200分；如果这个盒内装黑球，猜对得1 000分，猜错罚150分。为了使得分最高，假设自然状态的概率方式改变，合理的决策方案是什么？有关数据如表3-12所示。

表3-12 猜球得分情况

	白(0.7)	黑(0.3)
猜白	500分	-200分
猜黑	-150分	1 000分

解：我们来看一下自然状态的概率发生改变，会对最优方案的选择产生什么样的影响。

(1) 当白球出现的概率为0.7、黑球出现的概率为0.3时：

猜白球的数学期望：$E(白) = 0.7 \times 500 + 0.3 \times (-200) = 290(分)$

猜黑球的数学期望：$E(黑) = 0.7 \times (-150) + 0.3 \times 1\,000 = 195(分)$

显然，按照最大期望值原则，猜白球是最优方案，如图3-7所示。

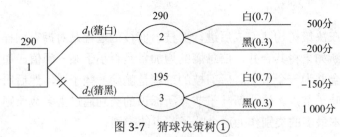

图3-7 猜球决策树①

(2) 现在假设白球出现的概率变为0.8，黑球出现的概率为0.2时：

猜白球的数学期望：$E(白) = 0.8 \times 500 + 0.2 \times (-200) = 360(分)$

猜黑球的数学期望: $E(黑) = 0.8 \times (-150) + 0.2 \times 1\,000 = 80(分)$

显然，猜白球仍是最优方案，如图 3-8 所示。

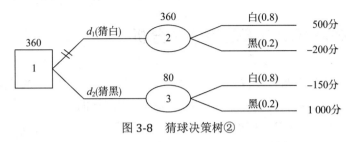

图 3-8　猜球决策树②

(3) 再假设白球出现的概率变为 0.6，这时:

猜白球的数学期望: $E(白) = 0.6 \times 500 + 0.4 \times (-200) = 220(分)$

猜黑球的数学期望: $E(黑) = 0.6 \times (-150) + 0.4 \times 1\,000 = 310(分)$

现在的结果发生了改变，猜黑球成了最优决策方案，如图 3-9 所示。

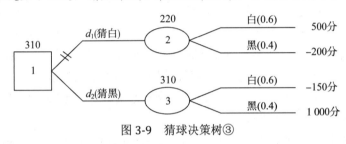

图 3-9　猜球决策树③

由上例可知，决策的结果与自然状态出现的概率有关。当概率发生变化时，最优决策有可能发生改变。而在处理具体问题时，所用到的自然状态的概率和损益值往往是被预测和估计的，不是十分准确。因此就有必要分析最优方案对于概率的适用范围，即决策方案的敏感性分析。

3.4.1　敏感性分析的概念与步骤

1. 敏感性分析的概念

(1) 转折点概率。在风险型决策过程中，最优方案的选择取决于自然状态出现的概率值，当自然状态的概率发生改变时，最优方案的选择将受到影响。那么，概率值变化到什么程度才会引起方案选择的变化呢？我们把引起方案选择变化这一临界点的概率称为转折点概率。

(2) 敏感性分析。对决策问题的转折点概率的测定，就称为敏感性分析，或者称为灵敏度分析。

2. 敏感性分析的步骤

(1) 求出在保持最优方案稳定的前提下，自然状态出现的概率的取值范围。

(2) 衡量用以预测和估算这些自然状态概率的方法，其精度是否能保证所得概率值在允许的误差范围内变动。

(3) 判断所做决策的可靠性。

3.4.2 两状态两行动方案的敏感性分析

我们先来介绍两状态两行动方案的敏感性分析分析，这是最简单的情形。我们通过例子来进行说明，当概率发生变化时其会对方案选择产生怎样的影响。

【例 3-11】继续运用例 3-10 的资料，计算转折点概率。

解：这是一个两状态两行动方案问题。

设 p 是白球出现的概率，则 $1-p$ 是黑球出现的概率。

计算两个方案的数学期望，并使其相等，即

$$p \times 500 + (1-p) \times (-200) = p \times (-150) + (1-p) \times 1\,000$$

解方程后得 $p \approx 0.65$，该值即为转折点概率。

当 $p > 0.65$ 时，猜白球是最优方案；当 $p < 0.65$ 时，猜黑球是最优方案。

在实际决策过程中，要经常将自然状态的概率和损益值等在一定范围内做多次变动，反复计算，观察所得到的数学期望值是否变化很大，是否影响到最优方案的选择。如果这些数据稍加变化，而最优方案不变，那么这个决策方案就是稳定的。否则，这个决策方案就是不稳定的，需要做进一步的讨论。

【例 3-12】假设某超市销售某种商品，该商品畅销的概率为 0.7，滞销的概率为 0.3。现管理层商讨后决定对该产品实施两种销售方案 d_1 和 d_2，采取方案 d_1 时畅销的收益为 120 万元，滞销的收益为 30 万元；采取方案 d_2 时畅销的收益为 80 万元，滞销的收益为 20 万元。请帮管理层做出方案选择，并进行敏感性分析。

解：这是一个两状态两行动方案问题。

(1) 根据相关信息绘制出决策树如图 3-10 所示。

d_1 方案收益：$120 \times 0.7 - 30 \times 0.3 = 75$(万元)

d_2 方案收益：$80 \times 0.7 + 20 \times 0.3 = 62$(万元)

则可以得出最优决策为 d_1 方案。

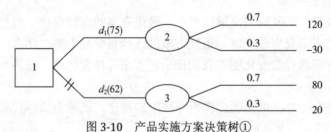

图 3-10　产品实施方案决策树①

(2) 当产品销路好的概率为 0.6、销路差的概率为 0.4 时，决策树如图 3-11 所示。

d_1 方案收益：$120 \times 0.6 - 30 \times 0.4 = 60$(万元)

d_2 方案收益：$80 \times 0.6 + 20 \times 0.4 = 56$(万元)

应该选择d_1方案。

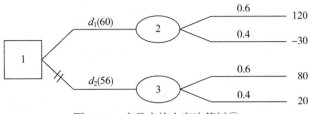

图 3-11　产品实施方案决策树②

(3) 当产品销路好的概率为0.5、销路差的概率为0.5时，其决策树如图 3-12 所示。

d_1方案收益：　$120 \times 0.5 - 30 \times 0.5 = 45$(万元)

d_2方案收益：　$80 \times 0.5 + 20 \times 0.5 = 50$(万元)

应该选择d_2方案。

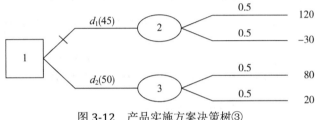

图 3-12　产品实施方案决策树③

(4) 确定当概率为多少时两方案收益相同。假设当产品销路好的概率为p，那么销路差的概率为$1-p$，则：

d_1方案收益：$120p - 30(1-p)$

d_2方案收益：$80p + 20(1-p)$

令：$120p - 30(1-p) = 80p + 20(1-p)$。

解得：$p = \dfrac{5}{9}$。

以收益Q为纵坐标，p横坐标，将两个方案函数图像画在同一坐标系，如图 3-13 所示。

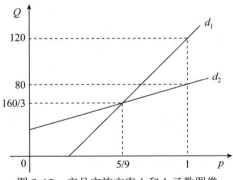

图 3-13　产品实施方案d_1和d_2函数图像

从上面函数图像可以看出，当 $p > \dfrac{5}{9}$ 时，d_1 方案为最优决策；当 $p < \dfrac{5}{9}$ 时，d_2 方案为最优决策。

根据敏感性分析，转折概率为 $\dfrac{5}{9}$ (≈ 0.556)，即概率在 0.556 附近时容易导致错误决策。

【例 3-13】某公司为满足市场需要，有两种生产方案可供选择，而面临的市场状态有畅销和滞销两种。畅销的可能性为 70%，滞销的可能性为 30%，这两种生产方案的经济效益数据如表 3-13 所示。

表 3-13　两种生产方案经济效益数据　　　　　　　　　　单位：万元

状态 (θ)	概率 $P(\theta)$	生产方案 A_1 的经济效益	生产方案 A_2 的经济效益
畅销 (θ_1)	0.7	100	40
滞销 (θ_2)	0.3	−20	10

解：根据题意与表中数据，可以计算出生产方案 A_1，方案 A_2 的期望收益值为

$$E_1 = 0.7 \times 100 + 0.3 \times (-20) = 64 (万元)$$
$$E_2 = 0.7 \times 40 + 0.3 \times 10 = 31 (万元)$$

这里，$E_1 > E_2$，所以生产方案 A_1 优于方案 A_2。

同样可以计算出畅销的概率为 0.4、0.5、0.6 和 0.8 时的期望收益值，得出 A_1 仍为最优方案的结论。

一个生产方案从最优方案转化为非最优方案，有一个过程，而此过程是与市场状态出现的变化紧密相关的。设 p 表示市场状态为畅销的概率，则市场滞销的概率为 $1-p$。设最优方案 A_1 的转化为非最优方案，即由 $E_1 > E_2$ 变为 $E_1 < E_2$，则在此变化过程中，理论上必存在 $E_1 = E_2$ 的时刻，使 $E_1 = E_2$ 的市场畅销概率 p 满足

$$E_1 = 100p - 20(1-p)$$
$$E_2 = 40p + 10(1-p)$$

当 $E_1 = E_2$ 时，有

$$100p - 20(1-p) = 40p + 10(1-p)$$

得 $p = \dfrac{1}{3}$。

$p = \dfrac{1}{3}$ 就称作最优生产方案转化为非最优方案的转折点概率。当 $p > \dfrac{1}{3}$ 时，生产方案 A_1 为最优方案；当 $p < \dfrac{1}{3}$ 时，生产方案 A_2 为最优方案。

所以在两状态时，转折点概率是一个值。

3.4.3 三状态三行动方案的敏感性分析

同样,我们通过例子来说明三状态三行动方案的敏感性分析问题。

【例 3-14】某工厂有一种过滤设备,其是由上、中、下三层组成,每层有一个过滤筛,是易损件。在修理时看不出是哪层坏了,只有换上以后才能试出是不是这层坏了。各层的修理费用不同,换上层的费用是 80 元,换中层则需要拆开上、中两层需要的费用是 100 元;换下层需要全部拆卸,非常困难,所以需要 200 元。

现有三种行动方案。

d_1:更换全部的过滤筛需要 200 元。

d_2:先换上、中两层,需要 100 元,更换后若还不能正常工作,再换下层,需要 200 元,共需 300 元。

d_3:一层一层地更换过滤筛,最多需要 450 元。

根据过去大量的统计资料,这种设备上、中、下过滤筛出现故障的概率分别为 0.35,0.30 和 0.35,且这个比例比较稳定。

请根据现有资料进行决策,并进行方案的敏感性分析。

解:根据题意,可以计算出各种行动方案的费用,以及期望值修理费用,如表 3-14 所示。

表 3-14　三种行动方案的期望修理费用

行动方案	自然状态及概率			期望损益值
	上层故障	中层故障	下层故障	
	$P(\theta_1) = 0.35$	$P(\theta_2) = 0.30$	$P(\theta_3) = 0.35$	
d_1	200	200	200	200
d_2	100	100	300	170
d_3	80	180	380	215

$$E(d_1) = 0.35 \times 200 + 0.30 \times 200 + 0.35 \times 200 = 200(元)$$
$$E(d_2) = 0.35 \times 100 + 0.30 \times 100 + 0.35 \times 300 = 170(元)$$
$$E(d_3) = 0.35 \times 80 + 0.30 \times 180 + 0.35 \times 380 = 215(元)$$

所以,第二种方案的费用最低,应该选择第二种方案。

假设上层故障的概率为 p_1,中层故障的概率为 p_2,如果第二种方案依然为最优选择,则应满足以下条件

$$\begin{cases} E(d_2) \leqslant E(d_1) \\ E(d_2) \leqslant E(d_3) \end{cases}$$

将概率代入以上公式得到

$$\begin{cases} 100p_1 + 100p_2 + 300(1 - p_1 - p_2) \leqslant 200 \\ 100p_1 + 100p_2 + 300(1 - p_1 - p_2) \leqslant 80p_1 + 180p_2 + 380(1 - p_1 - p_2) \end{cases}$$

化简，得

$$\begin{cases} 2p_1 + 2p_2 \geqslant 1 \\ 5p_1 + 10p_2 \leqslant 4 \end{cases}$$

求解得，$p_1 \geqslant 0.2$，$p_2 \leqslant 0.3$。这就是临界点概率。上层故障的经验概率是 0.35，那么上层故障并不影响方案的选择，中层故障的经验概率为 0.3，说明稍做变化也不会影响最优方案的选择。所以可以认为方案 d_2 是不敏感的。

在三状态时，待定概率为两个，在考虑方案的敏感性时要同时考虑两个概率的变化情况。

3.4.4 两行动方案期望损益值相同的敏感性分析

当两个行动方案的期望损益值相同时，我们该如何选择呢？

【例 3-15】有一个投资 100 万元的工厂，发生火灾的概率为 0.1%。若发生火灾，则损失 100 万元；若购买保险，则可以弥补所有损失，但需缴纳 1 000 元保险费。问该工厂该不该购买保险？

解：该问题的决策目标是使企业受到的损失最小，用 d_1 和 d_2 表示行动方案，θ_1 和 θ_2 表示可能发生的状态，具体如下。

d_1 为购买保险；d_2 为不购买保险；θ_1 为发生火灾；θ_2 为不发生火灾。

分别计算两种方案的损失值，用 E 表示。

$$E(d_1) = 0.1\% \times 1\,000 + 99.9\% \times 1\,000 = 1\,000(元)$$
$$E(d_2) = 0.1\% \times 1\,000\,000 + 99.9\% \times 0 = 1\,000(元)$$

可知两种行动方案对应的损失期望值都为 1 000 元，无差异。但二者所造成的结果相差很大。这个时候我们就应该运用方差的知识，方差可以体现随机变量偏离中心的程度。

用 h 表示均值，则行动方案 d_1 和方案 d_2 的方差分别是

$$\text{var}\big[l(d_1,\ h)\big] = 0$$
$$\text{var}\big[l(d_2,\ h)\big] = (1\,000\,000 - 1\,000)^2 + (0 - 1\,000)^2 = 998\,002\,000(元)$$

二者相比，d_2 方差很大，说明方案 d_2 非常不稳定，所以选择方案 d_1 更合适，即该买保险。

3.5 完全信息价值

3.5.1 完全信息的概念

信息是指与决策有关的情报资料，做决策时拥有的资料越全面，做的决策就越可靠，要获得正确的决策，必须依赖足够和可靠的信息，但是为取得这些信息所付出的代价也相当可观。因此，人们提出了这样一个问题：是否值得付出

一定的代价去获得必需的信息以供决策之需呢？为此就出现了如何评价信息价值的问题。

1. 完全信息

完全信息是指对决策问题做出某一具体行动时所出现的自然状态及其概率，即能够提供完全确切的情报。所以，完全信息又称完全情报。

比如，如果我们非常清楚明天股市的行情，将做出最优的决策。

2. 讨论完全信息价值的意义

(1) 通过计算信息价值，可以判断出所做决策方案的期望利润值(损失值)随信息量的增加而增加(减少)的程度。

(2) 通过计算信息价值，可使决策者在重大问题的决策中，能够明确回答对获取某些自然状态信息付出的代价是否值得的问题。

3.5.2　完全信息价值的应用

在实际工作中，一般不会出现获取完全信息的情况，除非有特别渠道。但这种概念仍然可以使用，以评估获得信息的意义。

【例 3-16】某化工厂生产一种化工产品，根据统计资料的分析表明，该产品质量有 5 个等级，用次品率 $S_i(i = 1，2，3，4，5)$ 表示质量等级，次品率越低，说明质量等级越高，具体为 $S_1 \leq 0.02$，$0.02 < S_2 \leq 0.05$，$0.05 < S_3 \leq 0.10$，$0.10 < S_4 \leq 0.15$，$0.15 < S_5$。

每个质量等级产品所占比重分别为 0.2、0.2、0.1、0.3 和 0.2，整理资料如表 3-15 所示。

表 3-15　化工产品纯度数据

产品等级	概率
S_1	0.20
S_2	0.20
S_3	0.10
S_4	0.20
S_5	0.30

已知生产该产品所用的主要化工原料纯度越高，产品的次品率越低。可以在生产前对该化工原料增加一道"提纯"工序，使全部原料处于高纯度的 S_1 状态，但要增加工序费用。经估算，不同纯度状态下其损益值如表 3-16 所示。

表 3-16　不同纯度状态下的损益值

方案	S_1 (0.20)	S_2 (0.20)	S_3 (0.10)	S_4 (0.20)	S_5 (0.30)
提纯 A_1	1 000	1 000	1 000	1 000	1 000
不提纯 A_2	4 400	3 200	2 000	800	−400

如果在做是否提纯决策之前，先对原料进行检验，就可以根据检验结果，对不同纯度的原料采用不同的策略。已知每次检验的费用为 50 元。

请用决策树法判断是否应该增加检验工序，并计算完全信息的价值。

解：根据题目中的资料，可以绘制决策树，如图 3-14 所示。

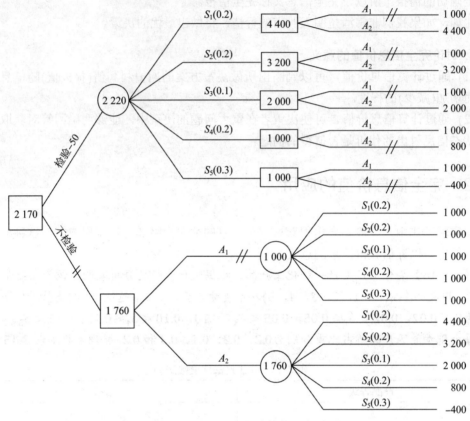

图 3-14　完全信息价值核算决策树

由上述决策树可知，完全信息价值为

$$2\,220 - 1\,760 = 460(元)$$

完全信息价值大于检验费用 50 元，说明进行检验是有意义的。

【例 3-17】某公司准备大批量生产一种新产品，市场行情好的概率为 0.8，市场行情差的概率为 0.2。若行情好，可获利 2 000 万元；若行情差，将损失 120 万元。为避免盲目性，管理层准备先小批量试产试销。据调查，试销时行情好的概率为 0.9。若试销时行情好，则大批量生产时销路好的概率为 0.95，行情不好的概率为 0.05；若试销时行情不好，则大批量生产时行情好的概率为 0.1，行情不好的概率为 0.9。数据如表 3-17 所示，请计算小批量试产试销的信息价值。

表 3-17　新产品决策数据

小批量试产试销		大批量生产	
行情好	0.9	销路好	0.95
		销路差	0.05

(续表)

小批量试产试销		大批量生产	
行情差	0.1	销路好	0.05
		销路差	0.95

解: 由题意知,可以绘制决策树,如图 3-15 所示。

Ⅰ. 直接大批量生产方案的收益期望值为点⑤: $0.8 \times 2\,000 - 0.2 \times 200 = 1\,560$(万元)。

Ⅱ. 先进行小批量试产、试销,取得销路情况的进一步情报资料后,再确定是否大批量生产方案的收益期望值为点⑥: $0.95 \times 2\,000 - 0.05 \times 200 = 1\,890$(万元)。

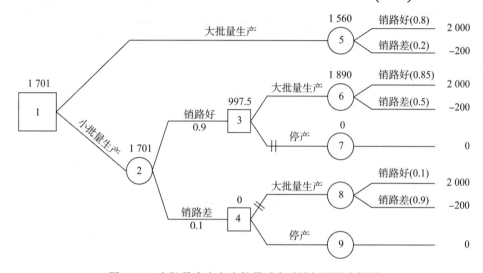

图 3-15　大批量生产和小批量试产试销问题的决策树

点⑦: 停产的收益值为 0。

⑥与⑦的期望值相比较,⑥的期望值大。说明如果销路好,则应采取大批量生产方案,画去停产方案,并把⑥的 1 890 转移到点③。

点⑧: $0.05 \times 2\,000 - 0.95 \times 200 = -90$(万元)。

点⑨: 停产的收益值为 0。

点⑧与点⑨的期望值进行比较,点⑨的期望值大,说明如果销路差,则应采取停产方案,画去大批量生产方案,并把点⑨的 0 转移到点④。

点②: $0.9 \times 1\,890 - 0.1 \times 0 = 1\,701$(万元)。

最后,将点②与点⑤的期望值进行比较,点②的期望值较大,说明应先进行小批量生产试销,待取得销路情况的进一步信息资料后,再安排大批量生产方案,而点②与点⑤的期望值之差,即生产试销的信息价值为

$$1\,701 - 1\,560 = 241(万元)$$

这是取得这项情报而应付出代价的上限。如果试产试销的投资超过这个数字,说明不值得进行。

【例 3-18】某人欲投资一个服装品牌加盟店，现有两个选址方案 A、B，地址 A 处闹市区，所以租金也高，估算年均费用为 30 万元，地址 B 相对偏僻，估算年均费用为 16 万元，初步准备加盟期限为 10 年。估计在此期间，服装销路好的可能性为 0.8、销路不好的概率为 0.2，两种选址方案的年度损益值和期望损益值如表 3-18 所示。

表 3-18　两种方案的年度损益值和期望损益值　　　单位：万元

选址方案	年度损益值		期望损益值
	销路好(概率为 0.8)	销路差(概率为 0.2)	
地址 A	120	−30	600
地址 B	50	15	270

请用决策树法分析，应该选择哪种方案，并计算完全信息价值。

解：

(1) 按期望值准则法，分别计算两种方案的期望值。

地址 A 的期望值为

$$E(d_1) = [0.8 \times 120 + 0.2 \times (-30) - 30] \times 10 = 600(万)$$

地址 B 的期望值为

$$E(d_2) = (0.8 \times 50 + 0.2 \times 15 - 16) \times 10 = 270(万元)$$

建立的决策树如图 3-16 所示，根据期望损益值最大的原则，应该选择地址 A。

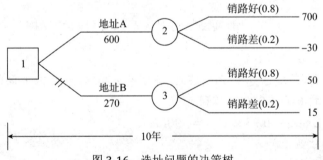

图 3-16　选址问题的决策树

(2) 按完全信息条件下，分别计算各个方案的损益值。

选址 A 的损益值，在销路好的情况下为

$$(120 - 30) \times 10 = 900(万元)$$

在销路差的情况下为

$$(-30 - 30) \times 10 = -600(万元)$$

选址 B 的损益值，在销路好的情况下为

$$(50 - 16) \times 10 = 340(万元)$$

在销路差的情况下为

$$(20 - 16) \times 10 = 40(万元)$$

建立的决策树如图 3-17 所示。

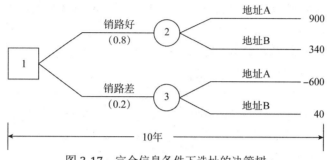

图 3-17　完全信息条件下选址的决策树

这些数值分列在图 3-16 方案枝的右端，从计算结果可知，当确知 10 年内销路好时，应该选择地址 A；当确知 10 年内销路不好时，应该选择地址 B。所以，在完全信息条件下，期望损益值应为

$$0.8 \times 900 + 0.2 \times 40 = 728(万元)$$

原来没有得到完全情报时的期望利润值为 340 万元，可计算出完全信息的价值为

$$728 - 600 = 128(万元)$$

以上说明，这个信息的潜在价值很大，值得进一步研究。

思考与练习题

1. 名词解释：风险型决策、损益矩阵、期望值准则法、决策树、转折点概率、敏感性分析。

2. 风险型决策的准则有哪些？实践中如何选择这些方案。

3. 风险性决策的特点是什么？

4. 损益矩阵的组成要素有哪些？

5. 什么是决策树分析法？

6. 什么是二阶段决策树？它适用于何种场合？

7. 什么是信息熵？什么是信息增益，什么是基尼增益？

8. 你如何理解ID3、C4.5、CART算法？

9. 什么是完全信息价值，对其测算有什么意义？

10. 某厂准备生产一种新的电子仪器。可采用晶体管分立元件电路，也可采用集成电路。采用分立元件电路有经验，肯定成功，可获利 25 万元。采用集成电路没有经验，试制成功的概率为 0.4。若试制成功可获利 250 万元；若失败，则亏损 100 万元。

(1) 以期望损益值为标准进行决策；

(2) 对先验概率进行敏感性分析。

11. 某工厂生产某种产品时需要一种保质期仅有一个月的原材料，该原材料定于每月初采购。据以往经验分析，该原材料每月的消耗情况是：使用数量为 0，1，2，3，4(单位：千克)，其概率分别为 0.05，0.20，0.4，0.25 和 0.1。可选的采购方式有两种：一是预定，购买 5 千克以下，需支付固定费用 500 元，每千克价格为 100 元；二是随时采购，每千克价格为 400 元。请用期望值法决定采购方案。

12. 某房地产公司正在考虑是否对一项工程进行投标，投标准备费为 3 万元，中标的可能性为 60%，不中标的可能性为 40%。若中标后能按期保质完成项目，则可盈利 100 万元；若延期一个月，需要交纳延期补偿费 10 万元；若延期两个月完成，需交纳延期补偿费 25 万元。现公司有两种建设方案：一是按照传统方法修建，该方法按期完成的可能性是 70%，延期一个月的可能性是 20%，延期两个月的可能性是 10%；二是采用改良方法修建，但需购置新设备，费用为 5 万元，改进后按期完成的可能性提高到 85%，延期一个月的可能性为 10%，延期两个月的可能性为 5%。试问该公司是否该对此项工程投标？若中标，应采用哪种建设方案？

13. 为了开发某种新产品，需添加专用设备，有外购和自制两种方案可供选择。根据有关市场调查，建立如表 3-19 所示的收益矩阵决策表。

表 3-19 收益矩阵决策　　　　　　　　　　单位：万元

方案	自然状态(市场销售)		
	θ_1 (好) $p_1=0.65$	θ_2 (不好) $p_2=0.65$	E(A_i)
A_1(外购)	300	-100	160
A_2(自制)	120	-30	67.5

根据以上数据用决策树进行决策。

14. 某镜片厂生产一种名为广角镜头的新产品，市场价格为每件 200 元。生产方案有三种：一是自制设备生产；二是租用设备生产；三是与外商合资生产。经过计算不同经营方式(不同方案)需要的固定成本和可变成本，如表 3-20 所示。

表 3-20 不同方案需要的固定成本和可变成本　　　　单位：万元

方案	固定资产总额	每件可变成本
制作设备	1 200 000	60
租用设备	400 000	100
与外商合资	640 000	80

市场销售预测有下面三种可能：一是畅销(年销售 30 000 件)的概率为 0.2；二是中等

销售(年销售 20 000 件)的概率为 0.7；三是滞销(年销售额 10 000 件)的概率为 0.1。要求：
利用决策树法为该厂广角镜头经营方式做出最优决策方案。

15. 工厂准备生产甲、乙两种产品。根据对市场需求的调查，可知不同自然状态出现的概率及两种产品的获利(单位：万元)情况如表 3-21 所示。

表 3-21　两种产品在不同方案下的获利情况　　　　　　　　　　单位：万元

产品	状态及概率	
	高需求量 (p_1=0.7)	低需求量 (p_2=0.3)
甲产品	400	50
乙产品	700	200

(1) 试根据期望值准则确定工厂的最优策略。

(2) 计算转折点概率并进行灵敏度分析。

16. 某地要建一家百货商店，有两个设计方案，一是建大型商场，二是建小型商场。建大型商场需要投资 400 万元，小型商场需要投资 100 万元，二者使用期都是 10 年，估计在此期间，产品销路好的可能性为 0.8。两个方案的年度效益值如表 3-22 所示。

表 3-22　两个方案的年度效益值　　　　　　　　　　单位：万元

自然状态	概率	年度效益值	
		建大型商场 (p_1=0.7)	建小型商场 (p_2=0.3)
销路好	0.8	100	40
销路差	0.2	10	15

应用决策树模型进行决策，应用完全信息法测算信息价值。

第4章

风险型决策的常用方法

我犯过各种错误，我还会继续犯错误，这是我可以向你保证的。如果你每天、每周都在进行决策，那么你肯定会犯错误，你不能让这些错误去伤害你的财政状况，不能冒这个风险。这并不会让我为难，我不追求完美，我也会犯错误，没有人是完美的。我认为，明天总会是最美好的。

——沃伦 · 巴菲特

> **学习目标与要求**
> 1. 掌握效用的概念、效用曲线的绘制方法及操作步骤；
> 2. 掌握效用曲线的类型，熟练掌握效用决策法的应用；
> 3. 掌握边际分析法的概念及应用；
> 4. 了解如何应用标准正态概率分布法的进行决策；
> 5. 熟练掌握马尔科夫决策法的概念、马尔科夫转移概率矩阵模型及其应用。

在处理现实问题时，有一种决策面临至少两个发生概率为已知的随机自然状态，且至少有两个可供选择的行动方案，决策的结果有多种，决策者不知道会发生哪一种结果，但每种结果发生的概率已知，这种类型的决策被称为风险型决策，在实际中应用广泛。第3章介绍了风险型决策的基本理论，本章将介绍常用的三种风险型决策方法。

4.1　效用概率决策法

风险型决策中，无论最终选择的是何种决策，都会面临一定程度的风险。在对待风险的态度上，有人可以承受较大程度的风险，有人态度中立，还有的人则厌恶风险，这是因为决策者主观信念和偏好有所不同。也就是说，同一决策后果，对不同的决策者产生的反应是不一样的，所以在进行决策时不仅要考虑客观标准，还要考虑决策者的主观感受；效用概率决策法就是将决策者的经验、才智、胆识和判断力等主观因素与损益值等客观因素有机结合起来进行决策的一种决策方法，这种方法综合衡量了主客观因素对决策的影响。

4.1.1　效用的概念

【例 4-1】兔子和猫争论，世界上什么东西最好吃。兔子认为是胡萝卜，猫认为是老鼠，然后它们去找小猴子评理。小猴子哈哈大笑："可真有意思，世界上最好吃的当然是桃子了。"

这个小故事说明每个人的心理感受决定了对同一种商品的评价是不一样的，也即效用不同。

【例 4-2】假设有 100 万元，有以下两种投资方案供选择。

方案d_1：以定期储蓄存款的方式投入银行，银行的定期存款利息率为 4%。

方案d_2：以股票的方式投入股市，有 50% 的把握盈利 50 万元，50% 的把握亏损 20 万元。

根据之前学习的期望值准则分别计算两种投资方案的收益期望值，可得

$$E(d_1) = 100 \times 4\% = 4(万元)$$
$$E(d_2) = 50 \times 50\% - 20 \times 50\% = 15(万元)$$

故应选择方案d_2。

但是必然有人认为应该选择方案d_1，因为该方案是稳赚不赔的，不必承担任何风险。对于方案d_2，虽然收益期望值是 15 万元，但也有可能亏损 20 万元，这个后果不一定每个人都能接受，但是也有风险型决策者愿意承担风险，因为一旦成功就可以赚取 50 万元。不同的个人和组织对于风险的承担能力也不同，比如经济实力强的个人或企业就可以承担更大的风险；决策者的地位对风险的态度也会不同，比如高层决策者与中层决策者相比，高层决策者更能够承担风险。简单来说，就是相同的决策后果对于不同的决策者产生的影响是不一样的。

这里反映了人们对待风险的态度：有人是风险喜好者，敢于冒风险，从而追求高额回报；而有人则是风险规避者(risk adverse)，害怕风险，喜欢稳妥。

所以，对于同一个决策问题，不同的决策者有不同的选择最佳方案的心理标准，即不同的决策方案带给人们的效用和感觉存在差异。

1. 期望收益值准则的局限性

第 3 章介绍了期望收益值准则，但通过上面的例子可以看出，该准则存在以下局限。

1) 难以全面评价具有多样化后果的决策问题

在实践中，由决策造成的结果常常是多样化的，比如某项技术更新可能带来的是企业利润增长、企业市场占有率提升、企业成本下降、产品质量改善、员工素质提升、环境保护、企业社会形象改变等一系列后果。在这些后果中，有些可以货币化，比如企业利润、企业成本等，有些则不可以，比如员工素质、企业社会形象等。而期望收益值准则是一种典型的以货币指标为后果值进行决策的方法，标准单一，不能全面评价多元化后果的决策问题。

2) 没有考虑决策者的主观因素

可以说任何决策行为本身都是一种主观选择，必然带有一定程度的主观性，如决策者的财富基础、决策者的价值观、个人偏好、对风险的态度等。而期望收益值准则将主观因

素排除在外，不同的决策者在对同一决策问题进行决策时，必然导致决策结果的相同，这不符合实际情况。

综上所述，决策实践需要一种能既能反映客观价值，又能表述人们主观价值的衡量指标，它可以综合评价货币指标和非货币指标，可以体现决策者的意图，该评价应该因人而异，更具人性化，因而也更为合理、有效。效用决策法就是应这种情形而提出的，其将后果值转换为效用值，以期望效用值作为方案选择的判别准则。

2. 效用与效用值的概念

效用概念出自经济学的定义，指的是人们在消费一种商品或者劳务时所获得的满足程度，在这里特指决策者对于期望收益和损失的独特兴趣、感受和取舍。效用代表着决策者对待风险的态度，是决策者的精神感受，也是决策者胆略与见识的反映。

效用值指的是决策方案的后果对决策者愿望的满足程度。效用值既具有客观性，也具有主观性。

1) 效用值的客观性

效用是以决策者的现状为基础，符合人们的客观现实。比如，一杯白开水对于口渴的人来说是急需甚至是救命的，但对于刚刚喝过很多水的人而言则是可有可无的甚至是负担；一个馒头对于饥饿的人和刚刚饱餐一顿的人而言，其效用也是不一样的。同样的事物对于不同决策者具有不同效用的原因，在于不同决策者自身的客观情况不同，也就是说效用值是以决策者的客观现状为基础的，这是效用值客观性的表现。

2) 效用值的主观性

效用值是决策者的精神价值，取决于决策者的价值观和对待风险的态度。不同的决策者对同样的结果，反应是不一样的，这说明效用值具有主观性。受主观因素的影响，不同决策者对具有哪怕是相同风险的相同期望收益值或损失值，其效用值也会不同。

3. 效用的公理

假设 X，Y，Z 为某种效用，p，q 表示某种结果出现的概率，且 $p, q \in (0, 1)$，$u_i(i = 1, 2)$ 表示效用值，则存在以下公理。

1) 可比性

效用的可比性是指决策者愿意且可以对任何一组事物的效用进行两两比较并排出优先顺序。效用 X 与 Y 之间的关系有三种：$X < Y$、$X = Y$ 或 $X > Y$。

2) 传递性

若 $X > Y$ 且 $Y > Z$，则 $X > Z$。传递性保证了决策者在不同方案之间选择的一贯性，这是保证推理过程的一致性所必需的。如果决策者违反了传递性，则说明决策者违背了理性。

3) 替代性(线性)

若 $X \geq Y$，则 $pX + (1-p)Z \geq pY + (1-p)Z$。

设 $u_1 = pX + (1-p)Z$，$u_2 = pY + (1-p)Z$，则 $u_1 - u_2 = [pX + (1-p)Z] - [pY + (1-p)Z] = p(X - Y)$。

因为 $p > 0$，所以 $u_1 > u_2$。

该公理说明，对于 u_1 和 u_2 的效用值而言，如果它们要经历两个发展阶段，则即使发生概率为$(1-p)$的事件Z，也不会影响决策者的决策结果，因为决策者对同一件事件Z的主观感受是相同的。同样，若$p \geqslant q$且$X \geqslant Y$，则$pX + (1-p)Y \geqslant qX + (1-q)Y$，如图 4-1 所示。

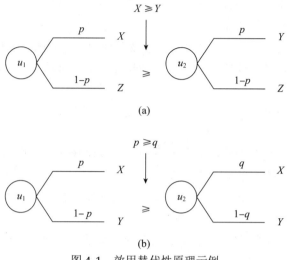

图 4-1　效用替代性原理示例

4)　连续性(等价性)

如果$X > Y > Z$，则存在独特的p值，使得$pX + (1-p)Z = Y$。

该公理说明某个中间效用值都可以用一个较大的效用值和一个较小的效用值的组合进行等价，只要选择了合适的p值。

【例 4-3】某公司若继续使用老工艺，则每年可稳获利 150 万元；若引进新工艺，则每年可能获利 400 万元，也可能亏损 50 万元。那么应该如何进行决策？

解：分析可知，该决策的关键在于新工艺获利 400 万元的概率p究竟有多大。

当$p = 1$时，自然应该引进新工艺；当$p = 0$时，则应该维持老工艺。当p自 1 向 0 转变时，决策者的选择也将随之调整。

假设当$p = p^*$时，决策者对维持老工艺和引进新工艺的态度是一样的。此时

$$400p^* + (-50)(1-p^*) = 150$$

$$p^* = \frac{4}{9} \approx 0.44$$

即当未来市场新工艺获利 400 万元的概率为 0.44 时，维持老工艺和引进新工艺的效用值等价，未来市场新工艺获利 400 万元的概率大于 0.44 时，则应引进新工艺；否则则应维持老工艺。

效用的等价性在必然事件与不确定性事件这样两种事物之间建立了无差别类比的运算关系，体现了人对于不确定事件的"把握"与"判断"。前者是确定的结局，后者则具有多种可能的结果。这种将随机性的情形化成等价的确定性情形的过程，实际上构成了基于效用函数理论的决策分析方法的理论基础。

可以证明，满足上述 4 个公理，则存在反映消费者偏好的效用函数用于计算各方案的期望效用值，并依据这些效用函数进行方案的比较与选优。基于此，冯诺曼-摩根斯坦

(1944)创立了效用理论，并将其用于风险型决策的定量研究。

【例 4-4】 某家电公司销售彩电、冰箱和空调等家用电器，售后服务实行"三包"，并配备了普通维修工和高级维修技师两类技术人员。假设普通维修工只能排除轻微故障，而高级维修技师则可排除一切故障。

根据历史资料知道，发生轻微故障与严重故障的概率分别为 0.6 和 0.4。现在接到用户电话通知，说电视机出了故障，但未知是何种故障，若公司派人去维修，则可能会出现下列 4 种情形。

第一种情形：出现的是轻微故障，派去的是普通维修工，则很快修好，用户满意，公司花费代价最小。

第二种情形：出现的是严重故障，派去的是高级维修技师，则很快修好，用户满意，公司在用户中赢得了信誉，认为效用最大。

第三种情形：出现的是轻微故障，派去的是高级维修技师，则很快修好，用户满意，公司花费代价较高，认为浪费了人力。

第四种情形：出现的是严重故障，派去的是普通维修工，则修不好，只好回去更换高级维修技师，最终虽然修好了，但用户不满意，影响了公司信誉。公司认为代价最高，效用最小。

对上述各种可能的情形，公司应如何决策？ 其评价结果中既包括公司付出的物质代价，也包括公司信誉等无形资产。

解： 分析，现对该问题的效用值大小做出相对估计。

假设用 1 表示最大效用值，0 表示最小效用值，一般用 u 表示效用大小，其数值在 0～1。

对本例而言：第二种情形出现的效用最大，取 $u=1$；第四种情形出现的效用最小，取 $u=0$；第一种情形也不错，但比第二种情形差一些，取 $u=0.8$；第三种情形可取 $u=0.5$。

通过计算可知，公司派高级维修技师去获得的期望效用最大，具体计算过程如表 4-1 所示。

表 4-1　效用计算

	严重故障	轻微故障	期望效用值
	概率 0.4	概率 0.6	
普通维修工	0	0.8	0×0.4+0.8×0.6=0.48
高级维修技师	1	0.5	1×0.4+0.5×0.6=0.70

4.1.2　效用函数及其确定

根据效用的定义，效用值体现了决策者的主观偏好，没有对错之分；方案后果的效用值取决于决策者的估算，是可以确定的。但是，若每一个结果的效用值都由决策者估算，是非常烦琐的。经研究发现，决策者对效用值的估计，主要取决于其对风险的态度，并且有一定的模式和类型。

1. 效用函数与效用曲线

假设以生产经营出现的收益值和损失值x为自变量，以其对应的效用值u为因变量，二者的函数关系即为效用函数，记为$u = u(x)$；该函数对应的曲线则称为决策者的效用曲线。效用函数定量、直观地描述了决策者对风险的态度、倾向、偏爱等主观因素的强弱程度。

因为决策者的价值观不同，所以对生产经营出现的利益和损失的主观反应也不同，所以对于不同的决策者，面临同一决策问题，其效用函数也会不同，所以决策者在使用效用概率决策法进行决策之前，必须根据自己的价值观建立效用函数。

2. 效用函数的确定

1) 效用函数的确定思路

通过与决策者进行问答的方式确定某个损益值的效用数值大小，并以此为依据描绘效用曲线，进而得到效用函数；对决策者进行提问的目的是理解决策者的主观效用。

在实际应用中，对于待选择的方案，用x表示方案的后果，$u(x)$表示x后果值所对应的效用值。假定效用值在 0~1，即$0 \leqslant u(x) \leqslant 1$。

先找到决策者最不满意和最满意的后果值a和b，则$u(a) = 0$，$u(b) = 1$；

然后对于任意x的效用值都可以通过提问的模式来估计："如果实际情况以p的概率出现后果b，以$(1-p)$的概率出现后果a，当p为多少时，才能认为本状态和确定事件(即以概率 1 出现后果x等价)，实际上这是一个等价确定值的估计问题，即$u(x) = pu(a) + (1-p)u(b)$；这样就找到了效用曲线上的三个点。

重复这一步骤，直至找到足够多的点，将它们用平滑曲线连接起来，便可以得到效用曲线，此曲线对应的函数形式即是效用函数。

2) 效用曲线的确定

我们用例子来说明效用曲线确定的具体步骤。

【例 4-5】假定决策者有一幸运机会，可自由选择两种收入方案之一。

方案 A：有 50%的概率得到 300 元，50%的概率得到 0 元。

方案 B：稳拿 50 元。

第一步：确定效用值的范围。

在这两个方案面前，决策者的最大收益是得到 300 元，效用最大，故取$u(300) = 1$；最小的收益是 0 元，效用最小，故取$u(0) = 0$。

先确定两个极端数值：$u(300) = 1$，$u(0) = 0$，如图 4-2 所示。

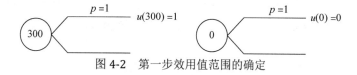

图 4-2　第一步效用值范围的确定

第二步：确定 0 元与 300 元之间一个点的效用值，如图 4-3 所示。

I. 问：你认为方案 B 比方案 A 合理吗？

答：是。

这说明 50 元的效用值大于方案 A 的效用值，即

$$u(50) > u(A)$$

II. 将方案 A 改为以 0.8 的概率得到 300 元，以 0.2 的概率得到 0 元，方案 B 不变。

问：你还愿意选择方案 B 吗？

答：都可以。这意味着此时的 A、B 两方案是等效用的。即 $u(50) = u(A)$，由此得到 50 元的效用值为

$$u(50) = 0.8 \times u(300) + 0.2 \times u(0) = 0.8 \times 1 + 0.2 \times 0 = 0.8$$

上述其实是一个不断用已知收益的效用值来逐渐逼近未知收益的效用值的过程，直到对二者的看法等价为止。

第三步：确定 50 元与 300 元之间一个点的效用值，如图 4-3 所示。

设计以下两个方案，以测定决策者的反应。

方案 A：以 0.5 的概率得到 50 元，0.5 的概率得到 300 元。

方案 B：稳得 100 元。

I. 问 A、B 两个方案，你作何种选择？

答：选 B。

$u(100) > u(A)$，说明 100 元的效用值大于方案 A 的效用值。

II. 将方案 A 改为以 0.4 的概率得到 50 元，0.6 的概率得到 300 元，方案 B 不变，再问决策者。

问：你是选方案 A，还是选方案 B 呢？

答：选 B。

这说明 100 元的效用值仍然大于方案 A 的效用值，即 $u(100) > u(A)$。

III. 继续修改方案 A 以 0.3 的概率得到 50 元，0.7 的概率得到 300 元，方案 B 不变，再问决策者。

答：都一样。

说明此时二者的效用值相等，即 $u(100) = u(A)$，而 A 的效用值等于

$$0.7 \times u(300) + 0.3 \times u(50) = 0.7 \times 1 + 0.3 \times 0.8 = 0.94$$

所以 $\qquad u(100) = 0.94$。

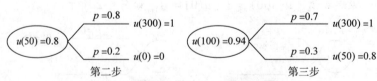

图 4-3　第二步和第三步效用值的确定

第四步：确定 0 元与 50 元之间一个点的效用值，如图 4-4 所示。

对上述两个方案 A、B 进行修改后，再对决策者进行问答式测试。

方案 A：以 0.5 的概率得到 0 元，0.5 的概率得到 50 元。

方案 B：稳得 20 元。

I. A、B 两个方案，你做何种选择？

答：选 B。

$u(20) > u(A)$，说明 20 元的效用值大于方案 A 的效用值。

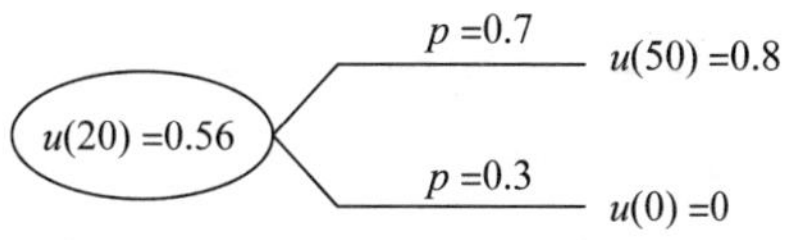

II. 将方案 A 改为以 0.3 的概率得到 0 元，以 0.7 的概率得到 50 元，方案 B 不变，再问决策者。

问：你是选方案 A，还是选方案 B 呢？

答：都一样。

说明此时二者的效用值相等，即 $u(20) = u(A)$，而 A 的效用值等于

$$0.3 \times u(0) + 0.7 \times u(50) = 0.7 \times 0.8 = 0.56$$

所以得到：　$u(20) = 0.56$。

上述对一些特殊点，比如：0，20，50，100，300 测算其效用值，得到：$u(0) = 0$，$u(20) = 0.56$，$u(50) = 0.8$，$u(100) = 0.94$，$u(300) = 1$。

将这些点用平滑的曲线连接起来，就得到这位决策者的效用曲线，如图 4-5 所示。

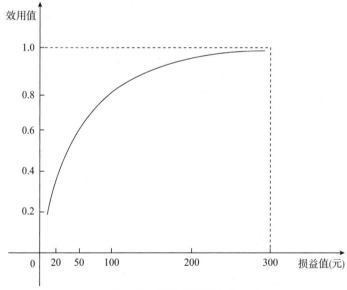

图 4-4　第四步效用值的确定

图 4-5　决策者效用曲线

3) 效用曲线的应用

【例 4-6】厂商 W 有一笔资金可用于A_1、A_2、A_3和A_4 4 个经营项目。其中，A_1为普通机械产品由外商包销，每年可获利 30 万元；A_2、A_3是两种设计有别的既可采矿又可改装它用的设备；A_4为专用采矿设备。这些项目的年获利能力与该地区的矿储量有关，具体资料如表 4-2 所示。

表 4-2 经营项目损益　　　　　　　　　　　　　　单位：万元

经营项目	自然状态及概率		
	矿藏丰富(0.3)	矿藏一般(0.5)	没有矿藏(0.2)
A_1	30	30	30
A_2	50	46	15
A_3	60	42	20
A_4	120	38	-40

解： 本例中最大收益值是 120 万元，最小收益值是-40 万元，故设 $u(120) = 1$，$u(-40) = 0$，得到了效用曲线上两个极端值，再运用心理测试法确定另外几个点，便可绘制出效用曲线。

设想两个方案如下。

B_1 为以 0.5 的概率获利 120 万元，以 0.5 的概率亏损 40 万元。

B_2 为确定获利 x 万元。

提问决策者：当 x 为何值时，方案 B_1 和 B_2 等价。或者先设定 $x = 15$ 万元，请决策者对两个方案的效用值 $u(B_1)$ 和 $u(B_2)$ 的关系进行判定，若 $u(B_1) > u(B_2)$，则增加 x；若 $u(B_1) < u(B_2)$，则减小 x，直至 $u(B_1) \approx u(B_2)$ 时所对应的 x 值，即第一个等价确定值为 20 万元，则有

$$u(20) = 0.5u(120) + 0.5u(-40)$$

已知 $u(120) = 1$，$u(-40) = 0$，则 $u(20) = 0.5$。

这样，便得到效用曲线上的第三个点 $(20，0.5)$。不断重复该过程，可以得到该厂商的效用曲线，如图 4-6 所示。

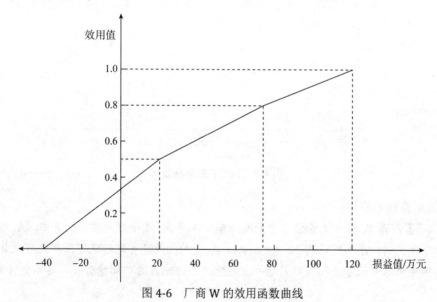

图 4-6　厂商 W 的效用函数曲线

由公式 $E(u) = \sum u(x) p(x)$ 和图 4-6，可以计算出各方案的期望效用值如表 4-3 所示。

表 4-3 经营项目效用值 　　　　　　　　　　　　　　单位：万元

经营项目	自然状态及概率			期望效用值
	矿藏丰富(0.3)	矿藏一般(0.5)	没有矿藏(0.2)	
A_1	0.57	0.57	0.57	0.57
A_2	0.67	0.63	0.41	0.64
A_3	0.73	0.60	0.50	0.65
A_4	1.00	0.61	0.00	0.73

分别计算每种方案的期望效用值：

$$E[u(A_1)] = 0.3 \times 0.57 + 0.5 \times 0.57 + 0.2 \times 0.57 = 0.57$$
$$E[u(A_2)] = 0.3 \times 0.67 + 0.63 \times 0.57 + 0.2 \times 0.41 = 0.64$$
$$E[u(A_3)] = 0.3 \times 0.73 + 0.5 \times 0.60 + 0.2 \times 0.50 = 0.65$$
$$E[u(A_4)] = 0.3 \times 1.00 + 0.5 \times 0.61 + 0.2 \times 0.00 = 0.73$$

可知方案A_4的期望效用值最大，所以，应该选择方案A_4。

4) 效用函数的确定

首先通过简单提问方式了解决策者的效用函数的大致形式，然后运用心理测试法得到特殊的数据点，再依据这些特殊点求出具体的效用函数。

【例 4-7】沿用【例 4-6】资料。如果有信息或者通过简单提问可以确认厂商的效用函数呈现呈上凸型，则可选用典型的对数曲线来直接拟合，即

$$u(x) = \alpha + \beta \ln[u(x + \theta)]$$

已知$u(120) = 1, u(-40) = 0$，只要通过一次提问即可得到另一个点(加入$u(20) = 0.5$)。将此三点代入假设的公式中可得

$$\begin{cases} 1 = \alpha + \beta \ln[u(120 + \theta)] \\ 0.5 = \alpha + \beta \ln[u(20 + \theta)] \\ 0 = \alpha + \beta \ln[u(-40 + \theta)] \end{cases}$$

求解该方程组可得：$\alpha = -4.404$; $\beta = 0.9788$; $\theta = 130$。

故该效用曲线的函数为

$$u(x) = -4.404 + 0.9788 \ln[u(x + 130)]$$

运用此函数可分别求出 4 种方案在不同状态下的效用值及各方案的期望效用值如表 4-4 所示。

表 4-4 经营项目效用值 　　　　　　　　　　　　　　单位：万元

经营项目	自然状态及概率			期望效用值
	矿藏丰富(0.3)	矿藏一般(0.5)	没有矿藏(0.2)	
A_1	0.57	0.57	0.57	0.57
A_2	0.67	0.65	0.47	0.62
A_3	0.73	0.64	0.50	0.64
A_4	1.00	0.61	0.00	0.61

比较不同方案的期望损益值，可见A_3方案的期望效用值最大，所以应该选择A_3。

效用函数或者效用曲线被确定之后，可以通过效用函数或者曲线得到效用值用于决策。收益值可以由相应的效用值代替；然后使用决策树方法，进行分析，计算不同方案的期望效用值；再比较期望效用值的大小，取其最大者为最优方案。

4.1.3　效用曲线的类型

效用曲线类型有三种，即上凸曲线、直线和下凸曲线。

1. 上凸曲线

上凸曲线代表了保守型决策者(风险厌恶型)。他们对于利益反应比较迟缓，而对损失比较敏感。这类决策者对收益的态度是随着收益的增加而递增，但其递增的速度越来越慢；对肯定得到的收益值的效用的反应要大于有风险的同等损益值的效用，大部分人的决策行为均属于保守型，即图 4-7 中 A 曲线。

2. 直线

直线代表了中间型决策者(风险中立型)。他们认为损益值的效用值大小与期望损益值大小成正比，对收益的态度是随着收益的增加而递增，且其递增的速度是常数。此类决策者完全根据期望损益值的高低选择方案，属于循规蹈矩型决策者，认为肯定能得到的收益值与同等收益期望值之间具有同等的效用，即图 4-7 中 B 曲线。

3. 下凸曲线

下凸曲线代表了进取型决策者(风险偏好型)。他们对于损失反应迟缓，而对利益反应比较敏感。对收益的态度是随着收益的增加而递增，而且递增的速度越来越快；宁愿为了得到更大利益承担蒙受损失的风险，也不愿接受肯定得到的相对较小的收益，即图 4-7 中 C 曲线。

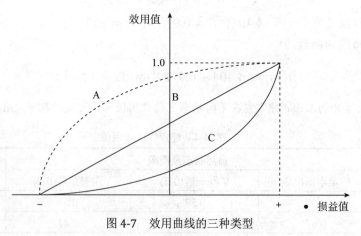

图 4-7　效用曲线的三种类型

上述三种类型决策者对待风险的不同态度，也就决定了决策者对损益值在不同环境下所产生的效用的不同。

4.1.4 效用决策法的应用

效用决策法的决策步骤具体如下。

第一步，画出决策树图，把各种方案的损益值标在各个概率枝的末端；

第二步，绘出决策者的效用曲线；

第三步，找出对应于原决策问题各个损益值的效用值，标在决策树图中各损益值之后；

第四步，计算每一方案的效用期望值。以效用期望值作为评价标准选定最优方案。

【例 4-8】某制药厂欲投产 A、B 两种新药，但受到资金及销路限制，只能投产其中之一。若已知投产新药 A 需要资金 30 万元，投产新药 B 只需资金 16 万元，两种新药生产期均定为 5 年。估计在此期间，两种新药销路好的概率为 0.7，销路差的概率为 0.3。它们的损益值如表 4-5 所示。问究竟投产哪种新药为宜？

表 4-5 药厂 A、B 两种新药损益值

方案	销路好	销路差
	0.7	0.3
A	70	−50
B	24	−6

解：根据表 4-5 绘制决策树，如图 4-8 所示。

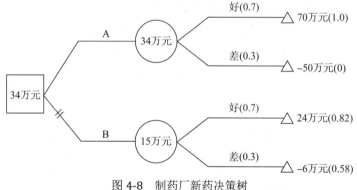

图 4-8 制药厂新药决策树

若用效用值作为决策标准，则分析如下。

第一步，先绘制决策者的效用曲线。设 70 万元的效用值为 1，−50 万元的效用值为 0，然后由决策者经过多次询问过程，找出与损益值相对应的效用值后，就可以画出决策者的效用曲线，如图 4-9 所示。

第二步，根据图 4-9，将表 4-5 中的数据转化成效用数据，如表 4-6 所示。

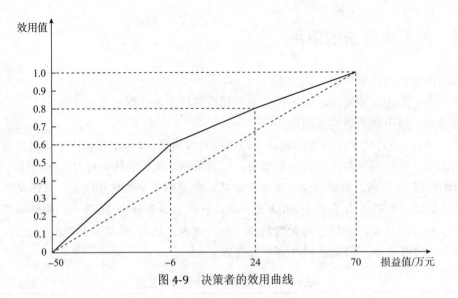

图 4-9　决策者的效用曲线

表 4-6　制药厂 A、B 两种新药效用

方案	销路好	销路差
	0.7	0.3
A	1	0
B	0.86	0.58

第三步，根据表 4-6 分别计算 A 和 B 两种药的期望效用值

$$E(A) = 1 \times 0.7 + 0 \times 0.3 = 0.7$$
$$E(B) = 0.86 \times 0.7 + 0.58 \times 0.3 = 0.776$$

第四步，根据计算结果，可知 B 药的期望效用值大于 A 药，应该选择生产 B 药。

4.2　连续型变量的风险型决策法

对于离散型变量，进行单极决策时可以采用期望值模型，但在实际决策中常常会遇到连续型的变量，或者虽然是离散型的变量，但可能出现的数值很多。比如某超市的顾客数，虽然是离散型变量，但每天的数值都会有差异，而且出现的数值很多。对于连续型变量，罗列所有的备选方案是不现实的；对于取值很多的离散型变量，尽管可以罗列所有的备选方案，但是又太多了。

一般情况下，无论是连续型变量还是取值很多的离散型变量，备选方案的变化是有一定规律的。比如水果、饮料这一类商品，进货量的变化区间较大(即行动方案很多)，每天的销售量变化也较大，进货多则卖不出去会有损失，进货少则没货卖会减少盈利，但销售利润往往会随进货量的增加先增后减，呈现一定的规律性。如果决策变量在该决策问题定义的区间内是单峰的，则其峰值所对应的那一个备选方案，就是该决策问题的最优方案。

这样就可以避开计算每一个备选方案的期望值，从而解决此类问题的决策。

连续型变量的风险型决策方法是解决连续型变量，或者虽然是离散型变量，但可能出现的数值很多的决策问题的方法；目前常用的是边际分析法和标准正态概率分布法。

4.2.1　边际分析法

使用边际分析法进行决策的思想是设法寻找出决策方案效果期望值作为一个变量随备选方案依一定次序的变化而变化的规律性，只要这个效果期望值变量在该决策问题定义的区间内是单峰的，则峰值处所对应的那一个备选方案就是决策问题的最优方案。

由于决策变量(如利润)峰值所对应的方案为最优方案，是源于经济学中的边际成本和边际收入相等时可获得最大利润的原理，因此，这种决策方法也称为增量分析法。

边际分析法是一种寻求最优解的核心工具，它体现了向前看的决策思想。现实中的经济管理问题总是千丝万缕，进行决策时往往要考虑多个变量，这时要争取抓住主要变量，并在各个方向上满足边际法则；但是决策变量与决策结果之间关系一般比较复杂，所以为了确保选取的变量是合适的，必须定量分析与定性分析相结合。

1. 相关概念

1) 边际的含义

边际是指因变量关于自变量的变化率，或者说是自变量变化一个单位时因变量的改变量。在经济管理研究中，经常考虑的边际量有边际收入、边际成本、边际产量、边际利润边际费用等。

2) 边际利润(收入)与边际损失(费用)

边际利润(收入)是指存有并卖出一追加单位产品所得到的利润(收入)值。比如超市多卖出一件商品所得到的利润(收入)。

边际费用是指存有并卖出一追加单位产品需要的费用。比如工厂多生产一件产品所需要增加的原材料费、加工费、工人工资、机器折旧费等，超市多进货一件产品所增加的购货款、运输费、仓储费、人工费等。边际损失则是指由于存有一追加单位产品而卖不出去所造成的损失。

当增加一单位产品获得的收入大于费用时，决策者应该增加该单位产品，以增加利润总额；反之则不能增加。根据西方经济学理论，当边际收入等于边际费用时，利润总额最大。

3) 期望边际利润(收入)与期望边际损失(费用)

期望边际利润(收入)是指边际利润(收入)乘以其中的追加产品能被卖出的概率，期望边际损失(费用)是指边际损失(费用)乘以其中的追加产品卖不出去的概率。如果增加一个单位产品的期望边际利润(收入)大于期望边际损失(费用)，决策者就应该增加生产或存有该单位产品，这样不断增加生产或存有该产品，直到二者相等。如果再增加一个单位产品，其期望边际利润(收入)会小于期望边际损失(费用)，决策者就不会增加生产或存有该单位产品。当期望边际利润(收入)等于期望边际损失(费用)时，期望收益达到最大。

2. 边际分析法的应用

1) 边际分析法的原理

边际分析法即是令期望边际利润(收入)等于期望边际损失(费用)，进而求出转折概率，根据转折概率对应结果进行决策的一种方法。

我们将边际利润(收入)用MP表示，将边际损失(费用)用ML表示，将某产量水平上增加一个单位产品售出概率用p表示，则其不能出售的概率就是$1-p$。这样，边际利润(收入)期望值则是$MP \times p$。边际损失(费用)，期望值$ML \times (1-p)$。

如前所述，当边际利润(收入)期望值大于边际损失(费用)期望值时，属于有利可图，应增加生产或持有该产品；反之，当边际利润(收入)期望值小于边际损失(费用)期望值时，属于无利可图，应减少生产或持有该产品；而当边际利润(收入)期望值等于边际损失(费用)期望值时，增加该单位产品对企业经营利弊相当，我们把这种情况的产量水平称为最佳产量生产水平或最佳订货水平，此时的单位产品售出概率记为p_0，于是有

$$MP\, p_0 = ML(1 - p_0)$$

$$p_0 = \frac{ML}{MP + ML}$$

p_0表示产品能够售出的最低概率，又叫临界概率或转折概率。

2) 边际分析法的步骤

第一步，根据决策问题确定行动方案的边际收益MP和边际损失ML。

第二步，依据历史资料或经验等，预测和确定各种自然状况发生的概率。

第三步，按自然状态的一定顺序(如销售量由大到小)，计算并编制各种自然状态下的累计概率值表。

第四步，根据决策标准，计算出转折概率p_0。其是由增量部分出现盈利到增量部分带来亏损的转折点。

第五步，根据转折概率p_0和各种自然状态下的累计概率值表，观察或计算得出最佳行动方案。

3) 边际分析法的应用

【例 4-9】某外卖店拟订某种食材 4、5 月份的日进货计划。该种食材进货成本为每箱 30 元，使用后可带来销售收入 50 元，当天用后每箱可获利 20 元。但如果当天剩余一箱就要亏损 10 元。现市场需求情况不清楚，但有前两年同期 120 天的日销售量资料如表 4-7 所示，请用边际分析法对本例的进货计划进行决策。

表 4-7 某外卖店 120 天的日销售量资料

日销售量/箱	完成日销售量的天数/日	概率值
100	24	0.2
110	48	0.4
120	36	0.3
130	12	0.1
合计	120	1.0

　　解： 根据题意，明确决策问题的边际收入，即进货每增加一箱，顺利售出可以多得利润 20 元，则边际利润为 20 元，未能售出将会蒙受损失 10 元，即边际损失为 10 元。这样就可计算边际概率

$$p_0 = \frac{\text{ML}}{\text{MP} + \text{ML}} = \frac{10}{20 + 10} \approx 0.33$$

　　市场日销售量至少为 100 箱的售出概率为 1.0，因为日销售量为 110 箱、120 箱、130 箱时，都已把销售 100 箱包括在内，所以至少销售 100 箱的概率为 4 种日销售量的销售概率之和，为 1.0。但至少销售 110 箱的概率，则不包括只销售 100 箱的概率在内，其售出概率为 0.4+0.3+0.1=0.8。依此类推，日销售 120 箱和 130 箱的售出概率分别为 0.4 和 0.1，如表 4-8 所示。

表 4-8　某外卖店售出概率资料

日销售量/箱	概率值	售出概率p_i
100	0.2	1.0
110	0.4	0.8
120	0.3	0.4
130	0.1	0.1

　　观察表 4-8，以 $p_0 = 0.33$ 为标准，最接近大于 p_0 的 $p_i = 0.4$，相应的日销售量为 120 箱。也就是说，选择日进货量为 120 箱的方案为最佳方案。

4.2.2　应用标准正态概率分布进行决策

　　应用标准正态概率分布进行决策的理论依据是概率论的中心极限定理，根据该理论，实际问题中的许多随机变量，只要它们是由大量相互独立的随机因素的综合影响所形成，而其中每一因素在总的影响中所起的作用都很微小，则可以认为这种随机变量近似服从正态分布。

　　假设有一风险型决策问题中的决策变量满足以下两个条件。

　　第一，该决策问题的自然状态(比如市场需求量)为一连续型随机变量 x，设该随机变量的概率密度为 $f(x)$；

　　第二，该决策问题的备选方案 $d_i (i = 1, 2, …, m)$ 表示生产(或进货)数量为 i 单位的某种产品或商品。

　　同时假设该风险型决策取得最大期望利润值的方案为 d_k，其所代表生产(或进货)的单位产品数量 k(最佳方案)由下式决定

$$(a + b) \int_k^{+\infty} f(x)\mathrm{d}_x = b$$

　　即

$$\int_k^{+\infty} f(x)\mathrm{d}_x = \frac{b}{a+b}$$

a 相当于边际利润值MP，即生产并卖出一追加单位产品所获得的利润值；b 相当于边际损失值ML，即存有一追加单位产品而卖不出去所造成的损失值。

将其与离散型变量的边际分析法公式 $p_0 = \dfrac{\mathrm{ML}}{\mathrm{MP}+\mathrm{ML}}$ 对比可发现，二者结构非常相似。

【例 4-10】某大型超市承担了本区居民点的水果供应。每天凌晨由其他地方将新鲜水果运到超市，然后再销售给顾客。近来该店以每 500g 2.00 元的价格进货 15 卡车水果(每卡车 2 000kg)，以每 500g 3.05 元的价格售出。某些时候，当天可将这些水果全部售完，但多数情况下却有剩余。为了保证品质，当天未售完须全部扔掉，于是每剩 500g 水果就损失 2.00 元。该商场经理考虑是否要重新调整进货量，已达到获取最大利润的目标。他根据近期超市的销售记录，计算出该地区水果需求量平均每天为 29 850kg，标准差为 8 800kg。请用决策分析法确定每天的进货量应为多少可获取最大利润。

解： 假设上述居民区每天的水果需求量 x，是大量的个别居民每天需求量的总和，故可以认为其近似服从正态分布，其概率密度为

$$f(x) = \begin{cases} \dfrac{1}{\sqrt{2\pi}\sigma} \mathrm{e}^{-\frac{(x-\mu)^2}{2\sigma^2}}, & x > 0 \\ 0, & x \leqslant 0 \end{cases}$$

其中，$u = 29\ 850\mathrm{kg}$，$\sigma = 8\ 800\mathrm{kg}$。

设 k 为最佳决策，即该商店每天购进的蔬菜数量(单位：kg)

a：卖出每 500g 水果所获得的利润

$$3.05 - 2.00 = 1.05 \ 元$$

b：存有每 500g 蔬菜而卖不出去的损失值

$$2.00 \ 元$$

代入公式有

$$(1.05 + 2.00)\int_k^{+\infty} \frac{1}{\sqrt{2\pi}\sigma}\mathrm{e}^{-\frac{(x-\mu)^2}{2\sigma^2}}\,\mathrm{d}x = 2.00$$

即

$$\int_k^{+\infty} \frac{1}{\sqrt{2\pi}\sigma}\mathrm{e}^{-\frac{(x-\mu)^2}{2\sigma^2}}\,\mathrm{d}x = 0.655\ 7$$

令 $t = \dfrac{x-\mu}{\sigma}$，进行标准化转变，则上式变为

$$\int_{\frac{k-\mu}{\sigma}}^{+\infty} \frac{1}{\sqrt{2\pi}\sigma}\mathrm{e}^{-\frac{t^2}{2}}\,\mathrm{d}t = 0.655\ 7$$

于是查标准正态分布表可得

$$\frac{k - \mu}{\sigma} = -0.39$$

将相应数值代入，解得 $k = 26\,418\text{kg}$。

可见，当进货量为 26 418kg 时，该超市利润最大；目前进货量为 30 000kg，应该减少进货量。

4.3 马尔科夫决策法

在人工智能机器学习领域，"马尔科夫"这个词是避不开的，如马尔科夫链(Markov chain)、马尔科夫随机场(Markov random field)、马尔科夫过程(Markov process)，隐马尔科夫模型(hidden Markov model)等。

马尔科夫(Markov)是一位俄国数学家，他的主要贡献在概率论、数论、函数逼近论和微分方程等方面。在概率论中，他发展了"矩法"，扩大了大数定律和中心极限定理的应用范围。1906—1912 年，他提出并研究了一种能用数学分析方法研究自然过程的一般模型——马尔科夫链(Markov Chain)。马尔科夫的研究方法和重要发现推动了概率论的发展，特别是促进了概率论新分支——随机过程论的发展。为了纪念他所做的卓有成效的工作，他所研究的随机过程被称为马尔科夫过程。

马尔科夫决策方法是把马尔科夫链的基本原理与方法，用来研究分析随机事件未来发展变化的趋势，即利用某一变量的现状和动向去预测该变量未来的状态及动向，以便采取相应的对策，这是一种经典的多阶段决策方法。

4.3.1 马尔科夫决策法的概念

马尔科夫决策法是指用近期资料进行预测和决策，根据某些变量的现在状态及其变化趋向，来预测它在未来某一特定期间可能出现的状态，从而提供某种决策的依据。下面先介绍马尔科夫决策法涉及的几个概念。

1. 状态

所谓"状态"，是指某一事件在某个时刻(或时期)出现的某种结果。一般而言，随着所研究的事件及其预测的目标不同，状态可以有不同的划分方式。比如商品的未来行情，有"畅销""一般""滞销"等状态；天气有"好""不好"等状态；人的血压状况有"正常血压""高血压""危险高血压"等状态。

2. 状态转移过程

在事件的发展过程中，从一种状态转变为另一种状态，称其为"状态转移"。事件的发展，随着时间的变化而变化所做的状态转移，或者说状态转移与时间的关系，就称为"状态转移过程"，简称为"过程"。

3. 马尔科夫过程

在一般情况下，人们要了解事物未来的发展状态，不但要看到事物现在的状态，还要看到事物过去的状态。马尔科夫理论则认为，还存在另外一种情况，人们要了解事物未来的发展状态，只需要知道事物现在的状态，而与事物以前的状态毫无关系。比如一个学生本学期的学习状态只与上学期的学习状态有关，而与往年的学习状态无关。若每次状态的转移都仅与前一时刻的状态有关，而与过去的状态无关，或者说状态转移过程是无后效性的，则这样的状态转移过程就称为"马尔科夫过程"。马尔科夫过程的重要特征是无后效性，是指过去对未来无后效，但是现在对未来是有后效的。

简而言之，马尔科夫过程是一种很有效的简化模型的工具，只要说某过程属于马尔科夫过程，就说明该过程无后效性；也就是说，下一刻的状态只和这一刻的状态有关，和之前的状态是没有关系的。

4. 马尔科夫链的数学定义

设随机序列$\{X(n)$，$n = 0$，1，2，$\cdots\}$满足如下条件：

(1) 对于每一个$n(n = 0$，1，2，$\cdots)$，$X(n)$取整数或它的子集；$X(n)$所有可能的取值构成的集合称为序列的状态空间，记为 I。假定 I 为一个整数集合。

(2) 对于任意$r + 1$个非负整数n_1，n_2，$\ldots$，n_r，$m(0 \leqslant n_1 < n_2 < \cdots < n_r < m)$（和任意正整数$k$，以及状态$i_1$，$i_2$，$\cdots$，$i_r$，$i$，$j \in$ I，有

$$P\{X(n_1) = i_1,\ X(n_2) = i_2,\ \cdots,\ X(n_r) = i_r,\ X(m) = i\} > 0,\ \text{且}$$
$$P\{X(m + k) = j | X(n_1) = i_1,\ X(n_2) = i_2,\ \cdots,\ \mathrm{X}(n_r) = i_r,\ \mathrm{X}(m) = i\}$$
$$= P\{X(m + k) = j | X(m) = i\}$$

则称随机序列$\{X(n)$，$n = 0$，1，2，$\cdots\}$为马尔科夫链，也称为序列$\{X(n)$，$n = 0$，1，2，$\cdots\}$具有马尔科夫性或无后效性。条件概率$P\{X(m + k) = j | X(m) = i\}$称为马尔科夫链$\{X(n)$，$n = 0$，1，2，$\cdots\}$在时刻$m$从状态$i$出发，在时刻$m + k$转移到状态$j$的转移概率，记作$P_{ij}(m,\ m + k)$；即$P_{ij}(m,\ m + k) = P\{X(m + k) = j | X(m) = i\}$。

综上所述，马尔科夫链是指具有无后效性的时间序列。所谓无后效性，是指序列将来处于什么状态只与它现在所处的状态有关，而与它过去处于什么状态无关。

4.3.2 马尔科夫转移概率矩阵模型

1. 一步转移概率矩阵

设马尔科夫链 $\{X(n)$，$n = (0$，1，2，$\cdots)\}$ 状态空间为 I $= \{1$，2，$\cdots$，$n\}$，用P_{ij}表示已知t时刻$X(t)$处于状态i的条件下，$t + 1$时刻$X(t + 1)$处于状态j的条件概率，即$p_{ij} = \{X(t + 1) = j | X(t) = i,\ (i,\ j = 1,\ 2,\ \cdots,\ n)\}$，称$p_{ij}(i,\ j = 1,\ 2,\ \cdots,\ n)$为马尔科夫链的一步转移概率，并称$p_{ij}(i,\ j = 1,\ 2,\ \cdots,\ n)$构成的$n$阶方阵为一步转移概率

矩阵。即

$$\boldsymbol{P} = (p_{ij})_{n \times n} = \begin{bmatrix} p_{11} & p_{12} & \cdots & p_{1n} \\ p_{21} & p_{22} & \cdots & p_{2n} \\ \vdots & \vdots & \vdots & \vdots \\ p_{n1} & p_{n2} & \cdots & p_{nn} \end{bmatrix}$$

一步转移概率矩阵 $\boldsymbol{P} = (p_{ij})_{n \times n}$ 描述了 t 时刻系统内各状态到 $t+1$ 时刻系统内各状态的变化规律性。比如矩阵 $\boldsymbol{P}$ 的第 i 行元素 $p_{ij}(i, j = 1, 2, \cdots, n)$ 描述了 t 时刻状态 i 向 $t+1$ 时刻系统内各状态转移的可能性，如表 4-9 所示。

表 4-9　各状态转移的可能性

项目	$t+1$ 时刻系统内之状态			
t 时刻系统状态 i	1	2	$\cdots$	n
转移概率 p_{ij}	p_{i1}	p_{i2}	$\cdots$	p_{in}

一步转移概率矩阵 $\boldsymbol{P}$ 的第 i 行元素实际上是已知 $X(t) = i$ 的条件下 $X(t+1)$ 的条件分布，因此第 i 行的元素满足如下两个条件。

① $p_{ij} \geqslant 0(j = 1, 2, \cdots, n)$；

② $\sum\limits_{j=1}^{n} p_{ij} = 1$。

2. k 步转移概率矩阵

设马尔科夫链 $\{X(n), n = (0, 1, 2, \cdots)\}$ 状态空间为 $I = \{1, 2, \cdots, n\}$，称 $p_{ij}(k) = P\{X(t+k) = j | X(t) = i, j(i, j = 1, 2, \cdots, n)\}$ 为马尔科夫链的 k 步转移概率矩阵。由 $\{p_{ij}(k), i, j = 1, 2, \cdots, n\}$ 构成的矩阵

$$p(k) = p_{ij}(k)_{n \times n} = \begin{bmatrix} p_{11}(k) & p_{12}(k) & \cdots & p_{1n}(k) \\ p_{21}(k) & p_{22}(k) & \cdots & p_{2n}(k) \\ \vdots & \vdots & \vdots & \vdots \\ p_{n1}(k) & p_{n2}(k) & \cdots & p_{nn}(k) \end{bmatrix}$$

为马尔科夫链的 k 步转移概率矩阵。

$p(k)$ 的第 i 行元素描述的是在 t 时刻 $X(t)$ 处于状态 i 的条件下，$t+k$ 时刻 $X(t+k)$ 处于各状态的概率。

由全概率公式及矩阵的乘法可以得到一步转移概率矩阵 $\boldsymbol{P}$ 和 k 步转移概率矩阵 $p(k)$ 之间的关系

$$p(k) = p^k, \ k = 1, 2, 3, \cdots$$

k 步转移概率矩阵同样具有以下特点。

① $P_{ij} \geqslant 0(j = 1, 2, \cdots, n)$。

② $\sum_{j=1}^{n} P_{ij} = 1$。

3. 转移概率矩阵举例

【例 4-11】某经济系统有三种状态 E_1，E_2，E_3(比如畅销、一般、滞销)。系统状态转移情况如表 4-10 所示。试求系统的二步转移概率矩阵。

表 4-10　系统状态转移情况

系统所处状态	系统下一步所处状态		
	E_1	E_2	E_3
E_1	21	7	14
E_2	16	8	12
E_3	10	8	2

解：据题意，可以得到一步转移概率矩阵

$$p(1) = \begin{bmatrix} 0.500 & 0.167 & 0.333 \\ 0.444 & 0.222 & 0.334 \\ 0.500 & 0.400 & 0.100 \end{bmatrix}$$

于是其二步转移概率矩阵为

$$p(2) = \begin{bmatrix} 0.50 & 0.167 & 0.333 \\ 0.444 & 0.222 & 0.334 \\ 0.50 & 0.4 & 0.1 \end{bmatrix}^2 = \begin{bmatrix} 0.49 & 0.25 & 0.26 \\ 0.49 & 0.26 & 0.25 \\ 0.48 & 0.21 & 0.31 \end{bmatrix}$$

【例 4-12】设马尔科夫链的一步转移概率矩阵为

$$p(1) = \begin{bmatrix} 0 & 0 & 1 \\ 1 & 0 & 0 \\ \frac{1}{3} & \frac{1}{3} & \frac{1}{3} \end{bmatrix}$$

求三步转移概率矩阵 $p(3)$，并写出 t 时刻之状态到 $t+3$ 时刻各状态的转移概率。

解：根据马尔科夫链的性质知 $p(3) = p^3$。

$$p(3) = p^3 = \begin{bmatrix} 0 & 0 & 1 \\ 1 & 0 & 0 \\ \frac{1}{3} & \frac{1}{3} & \frac{1}{3} \end{bmatrix}\begin{bmatrix} 0 & 0 & 1 \\ 1 & 0 & 0 \\ \frac{1}{3} & \frac{1}{3} & \frac{1}{3} \end{bmatrix}\begin{bmatrix} 0 & 0 & 1 \\ 1 & 0 & 0 \\ \frac{1}{3} & \frac{1}{3} & \frac{1}{3} \end{bmatrix}$$

$$= \begin{bmatrix} \frac{1}{3} & \frac{1}{3} & \frac{1}{3} \\ 0 & 0 & 1 \\ \frac{4}{9} & \frac{1}{9} & \frac{4}{9} \end{bmatrix}\begin{bmatrix} 0 & 0 & 1 \\ 1 & 0 & 0 \\ \frac{1}{3} & \frac{1}{3} & \frac{1}{3} \end{bmatrix} = \begin{bmatrix} \frac{4}{9} & \frac{1}{9} & \frac{4}{9} \\ \frac{1}{3} & \frac{1}{3} & \frac{1}{3} \\ \frac{7}{27} & \frac{4}{27} & \frac{16}{27} \end{bmatrix}$$

所以t时刻之状态到$t+3$时刻各状态的转移概率依次为$\dfrac{7}{27}$，$\dfrac{4}{27}$，$\dfrac{16}{27}$。

4.3.3　稳态概率矩阵

在马尔科夫链中，已知系统的初始状态和状态转移概率矩阵，就可推断出系统在任意时刻可能所处的状态。

1. 平稳分布
若存在非零向量$X=(x_1,\ x_2,\ \cdots,\ x_n)$，使得$XP=X$，其中$P$为一概率矩阵，则称 X 为 P 的固定概率向量。

尤其，当$X=(x_1,\ x_2,\ \cdots,\ x_n)$为一状态概率向量，$P$为一状态概率矩阵。若

$$XP = X$$

则称 X 为马尔科夫链的一个平稳分布。若所考察对象某时刻的状态概率向量$p(k)$为平稳分布，则称该过程处于平衡状态。一旦现象处在平衡状态，则过程经过一步或多步转移之后，其状态概率分布将保持不变。也即，一旦现象处在平稳分布状态，其概率将不再发生变化。

2. 稳态概率
对于概率向量$\boldsymbol{\pi}=(\pi_1,\ \pi_2,\ \cdots,\ \pi_n)$，若对任意的$i,\ j\in(1,n)$均有$\boldsymbol{\pi}_j=\lim\limits_{n\to\infty}p_j(n)=\lim\limits_{n\to\infty}p\{x_n=j\}$

此时，不管初始概率向量如何，均有

$$\lim_{n\to\infty}p\{x_n=j|x_0=i\}=\lim_{n\to\infty}p\{x_n=j\}=\pi_j$$

若$\boldsymbol{\pi}$为稳态分布，称$\boldsymbol{\pi}_j$为稳态概率。则$\boldsymbol{\pi}=\boldsymbol{\pi}P$，且$\sum_{i=1}^{n}\boldsymbol{\pi}_i=1$，则此方程为稳态方程。

因此，我们可以从n步转移矩阵的$n\to\infty$极限取得稳态概率分布

$$p^n = p^{n-1}p$$
$$\lim_{n\to\infty}p^n = \lim_{n\to\infty}p^{n-1}p$$

对于非周期的马尔科夫链，稳态分布必然存在。

4.3.4　马尔科夫决策法的应用

1. 马尔科夫决策方法进行决策的特点
(1) 转移概率矩阵中的元素是根据近期市场或顾客的保留与得失流向资料确定的。

(2) 下一期的概率只与上一期的预测结果有关，不取决于更早期的概率。

(3) 利用转移概率矩阵进行决策，其最后结果取决于转移矩阵的组成，不取决于原始条件，即最初占有率。

2. 转移概率矩阵决策的步骤

(1) 建立转移概率矩阵。

(2) 利用转移概率矩阵进行模拟预测。

(3) 求出转移概率矩阵的平衡状态，即稳定状态。

(4) 应用转移概率矩阵进行决策。

【例 4-13】设某城市主要行销 A、B、C 三个产地的味精。对目前市场占有情况的抽样调查表明，购买 A 产地味精的顾客占 40%，购买 B、C 产地味精的顾客各占 30%。顾客流动转移情况如表 4-11 所示。

表 4-11 顾客流动转移情况

产地	购买 A 产地味精顾客占比	购买 B 产地味精顾客占比	购买 C 产地味精顾客占比
A	40%	30%	30%
B	60%	30%	10%
C	60%	10%	30%

今设本月为第 1 个月，试预测第 4 个月味精市场占有率和长期的市场占有率。

解：预测第 4 个月的市场占有率，即求三步转移后的市场占有率。

已知初始状态为 $S^0 = (0.4\ 0.3\ 0.3)$ 及转移概率矩阵 P 为

$$P = \begin{bmatrix} p_{11} & p_{12} & p_{13} \\ p_{21} & p_{22} & p_{23} \\ p_{31} & p_{32} & p_{33} \end{bmatrix} = \begin{bmatrix} 0.4 & 0.3 & 0.3 \\ 0.6 & 0.3 & 0.1 \\ 0.6 & 0.1 & 0.3 \end{bmatrix}$$

三步转移概率矩阵为

$$p(3) = P^3 = \begin{bmatrix} 0.4 & 0.3 & 0.3 \\ 0.6 & 0.3 & 0.1 \\ 0.6 & 0.1 & 0.3 \end{bmatrix}^3 = \begin{bmatrix} 0.496 & 0.252 & 0.252 \\ 0.504 & 0.252 & 0.244 \\ 0.504 & 0.244 & 0.252 \end{bmatrix}$$

于是，第 4 个月市场占有率 S^4 为

$$S^4 = S^0 \times P^3 = (0.4\ 0.3\ 0.3) \begin{bmatrix} 0.496 & 0.252 & 0.252 \\ 0.504 & 0.252 & 0.244 \\ 0.504 & 0.244 & 0.252 \end{bmatrix}$$

$$= (0.500\ 8\quad 0.249\ 6\quad 0.249\ 6)$$

即预测第 4 个月，A 产地味精的市场占有份额为 50.08%，B 产地、C 产地各为 24.96%。

【例 4-14】对某城市 2019 年居民的出行方式进行了调查，结果如表 4-12 所示。

表 4-12 某城市 2019 年居民出行方式调查情况

	公交车占比	私家车占比	自行车占比	其他占比
比率	19%	14%	56%	11%

与 2018 年相比，2019 年各种出行方式之间的转移情况如表 4-13 所示。

表 4-13　某城市 2018—2019 年居民出行方式转移概率

		2019			
		公交车占比	私家车占比	自行车占比	其他占比
2018	公交车	90%	4%	2%	4%
	私家车	7%	86%	1%	6%
	自行车	8%	7%	80%	5%
	其他	10%	2%	3%	85%

假设 2023 年该城市居民平均每天出行的总人次数为 468 万，试预测 2023 年该城市公交的平均日客运量。

解： 令 $n=0$ 代表 2019 年，$n=1$ 代表 2020 年，$n=2$ 代表 2021 年，$n=3$ 代表 2022 年，$n=4$ 代表 2023 年，依此递推。又令 $\{X(n), n=0, 1, 2, 3, 4\}$ 表示该城市居民自 2019 年到 2023 年的各年度的出行方式，显然这是一个马尔科夫链。根据表 4-12，可计算它的初始概率分布为

$$\overline{p}=(p_1, p_2, p_3, p_4)=(0.19, 0.14, 0.56, 0.11)$$

其中 p_1, p_2, p_3, p_4 分别代表该城市居民 2018 年乘坐公交车、私家车、自行车，选择其他出行方式的出行次数频率。

根据表 4-13，可计算它的进一步转移概率矩阵为

$$\overline{p}=\overline{p}(i)=\begin{bmatrix} 0.90 & 0.04 & 0.02 & 0.04 \\ 0.07 & 0.86 & 0.01 & 0.06 \\ 0.08 & 0.07 & 0.80 & 0.05 \\ 0.10 & 0.02 & 0.03 & 0.85 \end{bmatrix}$$

则该城市 2023 年居民的各种出行方式比率分布预测值即上述马尔科夫链在时刻 4 上的概率分布为

$$\overline{p}(4)=\{p_1(4), p_2(4), p_3(4), p_4(4)\}$$
$$=(0.19, 0.14, 0.56, 0.11)\begin{bmatrix} 0.697\,5 & 0.120\,7 & 0.057\,3 & 0.124\,5 \\ 0.225\,0 & 0.570\,1 & 0.037\,6 & 0.167\,4 \\ 0.245\,1 & 0.181\,3 & 0.426\,7 & 0.146\,9 \\ 0.289\,5 & 0.078\,6 & 0.078\,1 & 0.553\,8 \end{bmatrix}$$
$$=(0.333\,1, 0.212\,9, 0.263\,7, 0.190\,3)$$

所以，该城市 2023 年公交的平均日客运量为

$$468 \times p_4(4)=468 \times 0.333\,1=155.89 \approx 156(\text{万人次})。$$

思考与练习题

1. 什么是效用曲线？效用曲线有哪几种类型？
2. 什么叫边际分析法？其原理是什么？
3. 如何解决连续型变量风险型决策问题？
4. 转移概率矩阵决策有什么特点？
5. 什么叫状态转移过程？稳态概率的含义是什么？

6. 某副食品商场在当季购进新鲜枇杷，进价为 15 元/千克，售价为 20 元/千克，每千克销售可获利 5 元；如果当日不能售出，由于变质，每千克只能收回 8 元。现市场情况尚不明确，但有上年同期销售资料，如表 4-14 所示。试用边际决策法为该商场做出最佳进货量决策。

表 4-14　上年同期枇杷销售资料

日销售量/kg	完成日销售量的天数
400	12
450	24
500	38
550	16
合计	90

7. 某日化公司的某款洗发水在当前市场份额为 20%。该厂通过市场调查发现，顾客中有 10% 下一个销售季会转向购买其他品牌；与此同时，原先购买其他洗发水的消费者每个季度会有 5% 转向购买该品牌洗发水。

(1) 请写出转移概率矩阵。
(2) 预测该公司下个销售季的市场占有率。
(3) 计算市场占有率变化趋于稳定后该公司洗发水的长期占有率。

8. 假定某大学有 15 000 名在校学生，每人每月用一支牙膏，并且只使用 A 品牌牙膏和 B 品牌牙膏二者之一。9 月的调查结果显示，10 000 人使用 A 品牌牙膏，5 000 人使用 B 品牌牙膏；使用 A 品牌牙膏的 10 000 人中，有 60% 的人下月将继续使用 A 品牌，40% 的人改用 B 品牌；使用 B 品牌牙膏的 5 000 人中，有 70% 继续使用 B 品牌，30% 的人改用 A 品牌。

(1) 请写出该校学生使用牙膏的转移概率矩阵。
(2) 预测 11 月这两种品牌牙膏在该校的市场占有率。

9. 某厂为生产某种产品设计了两个建厂方案：一个是建大厂，一个是建小厂。建大厂需投资 500 万元，建小厂需投资 280 万元，两者使用期都是 10 年。在此期间预测到产品销售好的概率为 0.8，销售差的概率为 0.2，两个方案的年度损益值如表 4-15 所示。试分别以期望损益决策法和期望效用决策法选择决策方案。

表 4-15　两个方案的年度损益情况

市场情况	概率	建大厂年度损益/万元	建小厂年度损益/万元
销路好	0.8	150	60
销路差	0.2	−30	25

第 5 章

贝叶斯决策法

用亏损的概率乘以可能亏损的金额，再用盈利的概率乘以可能盈利的金额，最后用后者减去前者。这就是我们一直试图做的方法。这种算法并不完美，但事情就这么简单。

——沃伦·巴菲特

学习目标与要求
1. 掌握贝叶斯决策的概念；
2. 掌握信息的类别；
3. 熟悉贝叶斯定理；
4. 熟练掌握先验分析和后验分析的方法及应用；
5. 理解序贯分析原理；
6. 掌握风险函数的内容及贝叶斯函数的应用。

人工智能、机器学习及大数据技术的迅猛发展，使得"贝叶斯"这个词炙手可热。许多学者认为，人工智能和大数据技术背后最重要、最核心的公式就是贝叶斯定理，可以说如果没有贝叶斯定理，机器学习、人工智能技术也就失去了灵魂。

贝叶斯是 18 世纪的一位数学家，1742 年成为英国皇家学会会员。贝叶斯首先将归纳推理法运用于概率论基础理论，并创立了贝叶斯统计理论。经过 200 多年的研究与应用，贝叶斯的统计思想得到了很大的发展，目前已自成体系，称为统计学中的贝叶斯学派，与古典统计学派并驾齐驱，称为统计学的两大主流学派。

贝叶斯决策理论是主观贝叶斯学派归纳理论的重要组成部分，是指在具备不完全信息的情况下，首先应根据已有经验和知识推断一个先验概率，然后在新信息不断增加的情况下运用贝叶斯定理调整这个概率，再依据修正概率做出最优决策的科学。随着科技进步，贝叶斯决策理论已被广泛应用于工程技术、管理科学、系统运筹、医疗诊断等自然和社会科学领域，并被不断发展完善，形成了各具学科特色的专门领域贝叶斯决策理论。

5.1　贝叶斯决策法概述

今天，一场轰轰烈烈的"贝叶斯革命"正在人工智能领域发生，贝叶斯公式已经渗入工程师的骨子里。在很多人眼中，贝叶斯定理就是人工智能进化论的基石。

风险型决策问题的关键是设定自然状态的概率分布和后果的期望损益值函数；自然状态的概率分布信息一般是依据历史资料和决策者的主观判断，其准确程度存在不确定性；而自然状态概率的变化又直接影响期望损益值的计算，影响到决策方案的取舍，进而影响到决策的准确性。又由于我们往往可以通过多种途径获得关于决策问题的信息，那么如何将这些信息进行综合？贝叶斯决策法将贝叶斯定理应用于决策，其意义在于不仅提供了运用后续信息修正之前信息的方法，更是提供了不同渠道获得信息合成的途径。

5.1.1　贝叶斯决策法原理

风险型决策问题用到的先验概率存在先天不足，为了更符合实际，减少风险，实践中我们可以通过抽样调查、科学试验和统计分析等途径获得更为准确的情报信息，我们可以将这些信息进行综合，并利用这些综合信息对先验概率加以修正得到新的概率，这样的概率叫作后验概率，根据后验概率确定各个方案的期望值，协助决策者做出正确的选择，这就是贝叶斯决策法的原理。

贝叶斯决策法既充分利用了人们的经验和历史资料提供的信息——先验概率，又不局限于先验概率，而是结合调查、试验等途径提供的及时可靠的抽样信息，形成后验概率，再据以决策。一般情况下，贝叶斯决策法比仅应用先验概率进行期望值决策的方法准确程度要高，因为它考虑了样本的信息，也比仅应用样本信息进行推断的方法要准确，因为它充分挖掘了经验和历史资料所能提供的信息。

5.1.2　信息的类型及其价值

贝叶斯决策法的一项重要工作就是处理从不同途径获取的信息，运用这些信息调整先验概率。为了做出最优的决策，决策者会尽量从自然界和社会收集各种有用信息，以获得对事物的充分认识。

1. 信息的类型

统计学家耐曼(Lehmann)高度概括了用于统计问题的信息种类，即总体信息、抽样信息和先验信息。

1) 总体信息

总体信息是指反映总体资料和总体分布的信息。总体信息很重要，依据总体信息进行风险型决策，能够取得决策标准(如期望值)下的最佳方案。但是获取真正意义上的总体信息是很困难的；一是因为获取总体信息往往要耗费大量的人力、物力，比如想要了解浙江省人口的文化素质，需要对浙江省全部人口进行普查，代价很大；二是即使有关于总体的全面调查资料，但由于是不断发展变化的，也不一定能反映变化了的总体。依然以了解浙江省人口的文化素质为例，就算进行了浙江省人口普查，当收据汇总完毕时，人口的状况已经和我们手里的数据不一样了。

2) 样本信息

样本信息是指反映样本的信息，通过各种调查、试验获得的信息在某种程度上都可以认为是样本信息。实践中，我们常常利用样本信息解决问题。比如企业想了解某种产品或劳务的市场行情，进行全国或世界范围的全面市场调查是不可能的，但可以选择几个主要市场进行抽样调查获得样本信息。

由于数据的时效性，样本信息通常是"最新鲜"的信息，更加贴近实际；样本信息的获取比总体信息的获取简单得多，可以更具目的性和针对性，耗费的时间和费用也比较少。

决策者可以根据具体情况自行决定是否收集样本信息，如何得到样本信息及怎样利用样本信息，合理收集和利用各种样本信息也是决定决策效果的一个重要方面。

3) 先验信息

先验信息即在抽样之前有关统计推断的一些信息。比如，在了解某商品的销售情况时，假如商场保存了过去该产品的销售数据，这些历史数据对于估计该产品的销售情况是很有帮助的，那么这些资料所提供的信息就是一种先验信息。又如某服装设计师根据自己多年积累的经验对正在设计的某款服装的销售情况做出的估计也是一种先验信息。由于这种信息在"试验之前"就存在，故称其为先验信息。

2. 信息的价值

利用补充信息来修正先验概率，可以使决策的准确度提高，从而提高决策的科学性和效益性。因此，信息本身是有价值的——能带来收益。但获得的信息越多，花费也越多，所以在决定收集信息之前应该估计是否有必要获取补充信息，即信息的收益与成本的比较。下面将介绍如何衡量信息的价值。

1) 完全信息值 H_i

第 3 章中曾介绍过完全信息的概念，即指能够提供状态变量真实情况的补充信息。也即在获得补充情报后就完全消除了风险情况，风险决策就转化为确定型决策。

设 H_i 为补充信息值，若存在状态值 θ_0，使得条件概率 $P(\theta_0|H_i) = 1$，或者当状态值 $\theta \neq \theta_0$ 时，总有 $P(\theta_0|H_i) = 0$，则称信息值 H_i 为完全信息值(假设补充信息可靠性为100%)。实际工作中取得完全信息是非常困难的。

2) 完全信息值 H_i 的价值

设决策问题的收益函数为 $Q = Q(\alpha, \theta)$，其中 α 为行动方案，θ 为状态变量。若 H_i 为完全信息值，掌握了 H_i 最满意的行动方案为 $\alpha(H_i)$，其收益值为 $Q[\alpha(H_i), \theta] = \max Q(\alpha, \theta)$。

假设验后最满意行动方案为 α_0，其收益值为 $Q(\alpha_0, \theta)$，则掌握了完全信息值 H_i 前后的收益值 $\max_\alpha Q(\alpha, \theta) = Q(\alpha_0, \theta)$ 为在状态变量为 θ 时的完全信息值 H_i 的价值。

3) 完全信息价值

若补充信息值H_i对每一个状态值θ都是完全信息值，则完全信息值H_i对状态θ的期望收益值称为完全信息价值的期望值(expected value of perfect information)，简称完全信息价值，记作 EVPI。

$$\text{EVPI} = E[\max_{\alpha} Q(\alpha, \theta) - Q(\alpha_0, \theta)] = E\{\max_{\alpha}[Q(\alpha, \theta)]\} - E[Q(\alpha_0, \theta)]$$

4) 补充信息的价值

这里涉及两个概念。补充信息值H_i的价值和补充信息价值。

(1) 补充信息值H_i的价值。补充信息值H_i的价值指的是决策者掌握了补充信息值H_i前后期望收益值的增加量(或期望损失值的减少量)。

(2) 补充信息价值。补充信息价值指的是全部补充信息值H_i价值的期望值，称为补充信息价值的期望值，简称补充信息价值，记做 EVAI(expected value of additional information)。补充信息价值的计算有如下三种方法：

方法 1：$\text{EVAI} = E_{\tau}\{E_{(\tau|\theta)}[Q(\alpha(\tau), \theta)] - Q(\alpha_0, \theta)\}$，其中：$\alpha(\tau)$表示在信息值$\tau$下的最满意方案，$E_{(\tau|\theta)}$表示在信息值$\tau$的条件下对状态值$\theta$求收益期望值。

方法 2：$\text{EVAI} = E_{\tau}\{E_{(\tau|\theta)}[Q(\alpha(\tau), \theta)]\} - E[Q(\alpha_0, \theta)]$。

方法 3：$\text{EVAI} = E[R(\alpha_0, \theta)] = E_{\tau}\{E_{(\tau|\theta)}[R(\alpha(\tau), \theta)]\}$，其中$R(\alpha, \theta)$表示决策问题的损失函数。

这里假定任何补充信息的价值都是非负的，且不超过完全信息的价值；补充信息不会降低决策方案的经济效益。

5.1.3　贝叶斯决策法的基本步骤

一个完整的贝叶斯决策法由以下几个步骤构成。

1. 预验分析

预验分析，或称验前分析，即判断是否有必要收集后验信息。经过进一步调查和试验，可以获取更翔实的样本资料和信息，对先验概率进行修正，这样可以提高决策的准确度。但这种调查、试验信息的取得是需要付出费用的，只有提高信息量带来的收益大于为此付出的费用时，进一步收集信息的工作才有意义；反之，补充信息则没有必要。

2. 收集补充资料

首先收集历史概率并对其加以检验，辨明是否适合用来计算后验概率；然后获取各种自然状态(先验概率所对应的自然状态)下出现某一调查信息的概率，即条件概率的资料。这里实际上有两个问题，一个是要了解所有先验概率对应的自然状态下出现该调查信息的概率，另一个是条件概率确定的准确性。

3. 计算后验概率

依据先验概率和条件概率，计算出联合概率和边际概率，然后应用贝叶斯定理计算后验概率。

4. 利用后验概率进行决策

根据后验概率算出期望值进行决策分析。决策的依据仍然是期望值，不过这里的期望值是用后验概率来计算的。也就是说，综合了调查、试验的样本信息和先验信息，提高了决策的准确性和效率。对信息的价值和成本进行对比分析，对决策分析的经济效益情况做出合理的说明。

5. 序贯分析(主要针对多阶段决策)

序贯分析是指把复杂决策问题的决策分析全过程划分为若干阶段，每一阶段都包括预验分析、先验分析、和验后分析等步骤，每个阶段前后相连，形成决策分析全过程。

5.1.4　贝叶斯决策法的优缺点

1. 优点

贝叶斯决策法从产生开始，经过不断的研究和完善，已广泛应用于工业、经济、管理、医学等领域，取得了很大的成功。应用贝叶斯决策主要有如下优点。

(1) 贝叶斯决策法能够综合先验概率和调查信息，充分利用历史资料、主观经验和调查信息，可以提高决策的准确性。并且由于综合了主观和客观、历史和现实的数据，形成更为可靠的后验信息，从而使决策更加有效。

(2) 使用贝叶斯决策法科学评价调查结果，正确判断调查信息价值。一般决策方法，对调查结果或者是完全相信，或者是完全不相信，而贝叶斯决策法对调查结果的准确性加以数量化的评价，据以得到的信息也会更加准确、更加符合实际，这样就可以对是否采集新信息、组织调查试验，做出科学的判断。

(3) 如果说任何调查结果都不可能完全准确，先验知识或主观概率也不是完全可以相信的，那么贝叶斯决策则可以巧妙地将这两种信息有机地结合起来。

(4) 在决策过程中，贝叶斯决策法可以根据新情况、新信息，连续不断地使用，并不断地修正、不断地接近实际情况，使决策逐步完善，更加科学。

2. 局限性

利用抽样调查、科学试验等信息进行贝叶斯决策，会提高决策的科学性，但也有局限性，主要表现在以下几个方面。

(1) 分析过程比较复杂。在实际决策问题中，自然状态比较多，行动方案也比较多。这对于期望损益值模型影响不大，即使是最复杂的多阶段决策树模型，也可以通过剪枝减少方案，逐渐简化决策树，计算量并没有因此而增加。对于贝叶斯决策情况就不同了，后验概率的数量是自然状态数和调查出现状态数的乘积和，再加上联合概率和边际概率的计算，计算量就更大了；而如果是连续的贝叶斯决策，即序贯分析，仅这种概率计算量的增长就已经十分惊人了，更不要说还需要同时应用期望损益值模型和决策树模型进行决策。这使得贝叶斯决策方法在解决复杂问题时的分析过于复杂，在一定程度上限制了这种方法的应用。

(2) 时效性和费用。使用贝叶斯决策法进行进一步的调查，不仅要花费人力、物力、财力，还要推迟决策的时间。如果市场变化较大，不仅会影响调查结果的有效性，可能还会使决策者错失机会。

(3) 贝叶斯决策需要的信息比较多，不仅要确定先验概率，还需要确定条件概率，而条件概率的确定有时会采用主观概率的方法，不同的人可能会给出不同的概率，这在一定程度上也影响了贝叶斯决策方法的应用。

(4) 有些数据必须使用主观概率，有些人不太相信，这也妨碍了贝叶斯决策方法的使用。

5.2 贝叶斯定理及其分布

前文介绍贝叶斯决策法曾提到要通过新收集到的信息调整先验概率分布得到后验概率分布，然后再依据后验分布进行决策；这里用到的调整方法就是贝叶斯定理，可以说贝叶斯定理是贝叶斯决策法的理论基础。

5.2.1 贝叶斯定理

贝叶斯定理(Bayes theorem)是关于两个随机事件A与B之间的条件概率及边缘概率分布有关的一则定理，贝叶斯定理给我们提供了利用新证据修改已有结论的思路。一般认为事件A在事件B发生的条件下的概率与事件B在事件A发生的条件下的概率是不一样的，贝叶斯定理就是关于这种关系的陈述。

1. 贝叶斯定理的离散变量形式

设S为试验E的样本空间，β_1，β_2，$\cdots$，β_n为E的一组事件，若β_1，β_2，$\cdots$，β_n满足如下两个条件

$$\bigcup_{i=1}^{n}\beta_i = S$$
$$\beta_i\beta_j = \varnothing \ (i \neq j)$$

对于每次试验，β_1，β_2，$\cdots$，β_n必有且仅有一个发生，则称事件组β_1，β_2，$\cdots$，β_n是样本空间S的一个划分。

设事件A为E的子事件，且$P(\beta_i) > 0 (i = 1, 2, \cdots, n)$，全概率公式为

$$P(A) = P(A|\beta_1)P(\beta_1) + P(A|\beta_2)P(\beta_2) + \cdots + P(A|\beta_n)P(\beta_n)$$

我们可以得到贝叶斯定理的离散变量形式为

$$P(\beta_i|A) = \frac{P(A|\beta_i)P(\beta_i)}{\sum_{i=1}^{n} p(A|\beta_i)P(\beta_i)}$$

【例 5-1】 伊索寓言"孩子与狼"讲的是一个小孩每天到山上放羊，山里有狼出没。第一天，他在山上喊"狼来了，狼来了"，山下的村民闻声便去打狼，可到山上，发现狼没来；第二天仍是如此；第三天，狼真的来了，可无论小孩怎么喊叫，也没有人来救他，因为前两次他说了谎，人们不再相信他。

设事件 $A=\{$小孩说谎$\}$、$B=\{$小孩可信$\}$，假设村民们过去对这个小孩的印象为知 $P(B)=0.8$，$P(\bar{B})=0.2$，$P(A|B)=0.1$，$P(A|\bar{B})=0.5$。请用贝叶斯定理来分析一下这个问题。

解： 第一次村民山上打狼，发现狼没来，即小孩说了谎(A)，村民根据这个信息，对这个小孩的可信程度由贝叶斯定理调整为

$$P(B|A) = \frac{P(A|B)P(B)}{P(A|B)P(B) + P(A|\bar{B})P(\bar{B})}$$

$$= \frac{0.8 \times 0.1}{0.8 \times 0.1 + 0.2 \times 0.5} \approx 0.444$$

这表明村民上了一次当之后，对这个小孩的可信程度由原来的 0.8 调整为 0.444，在此基础上调整 $P(B|A) = 0.444$，$P(\bar{B}|A) = 0.556$。

根据调整后的信息，我们再一次运用贝叶斯公式来计算，亦即这个小孩第二次说谎后，村民对他的可信程度改变为

$$P(B|AA) = \frac{0.444 \times 0.1}{0.444 \times 0.1 + 0.556 \times 0.5} \approx 0.138$$

这说明村民在经过两次上当后，对这个孩子的信任程度已经从 0.8 下降到 0.138。

2. 贝叶斯定理的连续变量密度函数形式

初等概率论关于贝叶斯定理的表述是基于离散变量的应用场景，是以事件概率的形式表达的；现实中我们常常会遇到连续变量的情况，这时，就要应用贝叶斯定理的密度函数形式，下面结合贝叶斯统计学的基本观点来引出其密度函数形式。

1) 用 $p(x|\theta)$ 表示在随机变量 θ 给定某个具体值时总体 X 的条件分布

在经典统计学中，依赖于参数 θ 的随机变量 X 的密度函数记为 $p(x;\theta)$ 或者 $p_\theta(x)$，表示的是 θ 不同时，随机变量 X 的密度函数也随之不同；从贝叶斯统计学观点看，$p(x;\theta)$ 是在给定 θ 后的条件密度函数，因此记为 $p(x|\theta)$ 更恰当。$p(x|\theta)$ 反映了在参数 θ 给定某个值时随机变量 X 的条件分布。

2) 根据参数 θ 的先验信息确定先验分布 $\pi(\theta)$

我们对参数 θ 已经积累了很多资料，经过分析、整理和加工，可以获得一些有关 θ 的有用信息，这种信息就是先验信息。参数 θ 不是永远固定在一个值上，而是一个事先不能确定的量。从贝叶斯观点来看，未知参数 θ 是一个随机变量。而描述这个随机变量的分布可从先验信息中归纳出来，这个分布称为先验分布，其密度函数用 $\pi(\theta)$ 表示。

3) 通过抽样得到样本 x 和参数 θ 的联合概率分布

抽取样本 $X = \{x_1, x_2, \cdots, x_n\}$，这里要分两步：首先从先验分布 $\pi(\theta)$ 中产生一个样本 θ'，当给定 θ 后，从总体 $p(x|\theta')$ 中随机抽取一个样本 $X = \{x_1, x_2, \cdots, x_n\}$，根据概率论，该样本 X

发生的概率与 $p(x|\theta') = \prod_{i=1}^{n} p(x_i|\theta')$ 成正比。这样就可以得到样本 X 和参数 θ 的联合概率分布为 $h(x,\theta) = p(x|\theta)\pi(\theta)$。

4) 得出贝叶斯定理的函数形式

我们的目的是在得到样本 x 的情况下，对 θ 进行统计推断。在没有样本信息的情况，人们只能根据先验分布做出估计。在有了样本 $X = \{x_1, x_2, \cdots, x_n\}$ 后，应该根据 $h(X,\theta)$ 进行推断，根据概率论中的乘法定理，$h(x,\theta)$ 可以进行分解：$h(x,\theta) = \pi(x|\theta)m(x)$；其中 $m(x)$ 表示 x 的边缘概率密度函数：$m(x) = \int p(x|\theta)\pi(\theta)\,\mathrm{d}\theta$，$m(x)$ 与参数 θ 无关，因此可以用来对 θ 做出尽是条件分布的统计推断，推断公式为

$$\pi(\theta|x) = \frac{h(x,\theta)}{m(x)} = \frac{p(x|\theta)\pi(\theta)}{\int p(x|\theta)\pi(\theta)\,\mathrm{d}\theta}$$

这个公式是在样本 X 给定的条件下得到的关于 θ 的条件分布，该条件分布被称为 θ 的后验分布，相对于先验分布，它包含了更多的信息，故一般认为基于该分布进行与 θ 有关的决策将更为准确。

5.2.2　贝叶斯分布

1. 先验分布

将总体中的未知参数 $\theta \in \Theta$ 看成一个取值于 Θ 的随机变量，它有一个概率分布，记为 $\pi(\theta)$，称为参数 θ 的先验分布。一般称为先验概率分布。先验分布通常分为客观的先验分布和主观的先验分布。

1) 客观的先验分布

概率是反映在一次试验中随机事件发生可能性大小的概念，它的数值要靠理论分析才能得到。比如抛掷一枚骰子，假定这枚骰子是匀称的，则所有可能的试验结果有 6 个，而且这 6 个结果具有不相容性、完备性和等可能性；所以根据古典概率理论可以求出 1 点，2 点，$\cdots$，6 点的概率各是 $\frac{1}{6}$。

而频率是指在若干次试验中某一随机事件发生的次数与试验总次数之比，频率不是从理论上分析出来的，它是试验的结果，是可以观察的。

通过试验得出频率，用它来代替概率，这样得出的概率估计称为客观概率。例如，为了估计某种新产品的销售情况，在正式投产前，先生产少量产品，在几个试销点试销，观察应归为畅销或滞销的试销点各有多少个，由此计算出畅销和滞销的频率，从而得出这种新产品畅销、滞销的客观概率。

对这些自然状态的先验概率的估计或指定，是根据某些客观的情报或证据得出的，故称其为客观先验分布。

2) 主观的先验分布

决策者的知识、经验及建立在这些基础上的判断，定量地反映在状态参数的概率分布中，这样得到的概率称为主观概率，对于确定先验概率分布是有帮助的。

由于主观概率不像客观概率那样受到许多限制，使用起来灵活方便，故应用十分广泛。它的缺点是直接依赖于决策者的知识和经验，缺乏客观性。同一事件不同的决策者估计出

来的概率一般说来是不一样的，甚至差别可能很大。尽管如此，在没有适当的客观概率可以应用的情况下，主观概率仍不失为人们经常采用的一种估计方法。

主观先验分布的确定具体分以下两种情况。

(1) 有信息主观先验概率的确定。所谓有信息，是指决策者已经积累了处理类似决策问题的经验，或者通过对有关专家的咨询获得了对自然状态的某些认识。

(2) 无信息主观先验概率的确定。所谓无信息，是指对自然状态的先验信息掌握甚少或者完全没有信息。

2. 后验分布

根据试验或调查所获得的资料，对先前确定的先验概率分布加以修正，而得到的关于自然状态新的概率分布，称为后验分布。

在贝叶斯统计学中，将前文提到的总体信息、样本信息和先验信息归纳起来的办法就是通过在总体分布基础上获取样本 $\{x_1, x_2, \cdots, x_n\}$ 信息。我们知道参数的联合密度函数是 $p(x_1, x_2, \cdots, x_n; \theta) = p(x_1, x_2, \cdots, x_n | \theta) \pi(\theta)$，在这个联合密度函数中，当样本 $\{x_1, x_2, \cdots, x_n\}$ 给定之后，未知的仅是参数 θ 了，我们关心的是样本给定后，θ 的条件密度函数。依据密度的计算公式，容易获得这个条件密度函数为

$$\pi(\theta | x_1, x_2, \cdots, x_n) = \frac{p(x_1, x_2, \cdots, x_n; \theta)}{p(x_1, x_2, \cdots, x_n)} = \frac{p(x_1, x_2, \cdots, x_n | \theta) \pi(\theta)}{\int p(x_1, x_2, \cdots, x_n | \theta) \pi(\theta) \, d\theta}$$

其中 $\pi(\theta | x_1, x_2, \cdots, x_n)$ 称为 θ 的后验密度函数，或称后验分布。

前面的分析总结如下：人们根据先验信息对参数 θ 已有一个认识，这个认识就是先验分布 $\pi(\theta)$。通过试验，获得样本。从而对 θ 的先验分布进行调整，调整的方法就是使用贝叶斯定理的密度函数形式，调整的结果就是后验分布 $\pi(\theta | x_1, x_2, \cdots, x_n)$。后验分布是三种信息的综合。获得后验分布使人们对 θ 的认识又前进一步，可看出，获得样本的效果是把我们对 θ 的认识由 $\pi(\theta)$ 调整到 $\pi(\theta | x_1, x_2, \cdots, x_n)$。所以对 θ 的统计推断就应建立在后验分布 $\pi(\theta | x_1, x_2, \cdots, x_n)$ 的基础上。

贝叶斯定理的意义在于，能在出现一个新的补充事件的条件下，重新修正对原有事件概率的估计，即计算出后验概率分布。这一修正的概率比没有补充信息条件下的概率估计更为准确。

5.3　贝叶斯决策法的分析类型及应用

5.3.1　先验分析

先验分析是基于先验分布提出来的，指决策者详细列出各种自然状态及其概率、各种备选行动方案与自然状态的损益值，并根据这些信息对备选方案选出最佳行动方案的决策过程。

在贝叶斯决策中，必须先进行先验分析，它是进行深入分析的基础和必要条件；在通过预后验分析确定没有必要收集和分析追加信息的情况下，它也是决策选择的最终分析方法。但在一般情况下，完整的贝叶斯决策过程不会止于先验分析，而是通过先验分析—预后验分析—后验分析的过程来进行决策。

【例 5-2】 某工厂生产某种机器，决策者可选择生产 10 台、20 台和 30 台。实际需求可能是 10 台、20 台和 30 台，其概率分别为 0.5、0.3、0.2。假设卖出 1 台利润为 10 万元，1 台没有卖出则损失 2 万元。问该工厂应生产多少台机器？

解： 根据题意，可知工厂的策略有三种：生产 10 台、20 台和 30 台。

Ⅰ. 当策略为生产 10 台时，需求分别为 10 台、20 台和 30 台时的收益都为 100 万元。

Ⅱ. 当策略为生产 20 台需求为 10 台时收益为 $10 \times 10 - 10 \times 2 = 80$(万元)；因为只能卖出 10 台，其余的 10 台则形成了损失；如果需求为 20 台或 30 台，则收益都为 200 万元。

Ⅲ. 策略为生产 30 台而需求为 10 台时收益为 $10 \times 10 - 20 \times 2 = 60$(万元)；需求为 20 台时，收益为 $20 \times 10 - 10 \times 2 = 180$(万元)；此时若需求是 30 台，则收益为 300 万元。

整理以上信息如表 5-1 所示，称为收益矩阵。

表 5-1　生产机器收益矩阵　　　　单位：万元

生产数量	10(0.5)	20(0.3)	30(0.2)	期望
10	100	100	100	100
20	80	200	200	140
30	60	180	300	144

可根据最大期望收益准则法分别求出采取三种策略的期望收益，应该选择生产 30 台。这就是先验分析。

5.3.2　预后验分析

所谓预后验分析，实际上是后验概率决策分析方法的一种特殊形式的演算。在先验概率一定的情况下，根据情况确定条件概率，运用贝叶斯定理计算后验概率，再用后验概率对多种行动策略组合进行演算，这就是预后验分析。

预后验分析有两种形式：一是扩大型的预后验分析，实际上是一种反推决策树分析方法，解决的问题是收集追加信息对决策者的价值，如果试验，要采取什么策略；二是常规型的预后验分析，常用表格形式进行正向分析，解决的问题是"如果试验，要采取什么策略"。由于两种分析方法得出的结论是一致的，在此我们只讨论扩大型预后验分析。

如果决策十分重要，在不会丧失机会的情况下，多花费一些时间进行深入调查，决策者会考虑是否有必要组织调查、进行试验、收集和分析新的信息。首先，获取和分析这些信息需要付出额外的费用；其次，这些信息也不可能完全准确，无论是组织良好的抽样调查、严谨的小规模试验，还是小范围试销，得到的结论都不能保证和实际完全吻合。

在确定条件概率时一定要注意，必须涵盖自然状态下的所有调查结果和试验结果，而且其概率值之和为 1。有了先验概率和各类条件概率，就可以依据贝叶斯定理计算出后验概率。后验概率实际上也是一种条件概率，是在追加信息已知，各种调查结果、试验结果确定的条件下，各种自然状态出现的概率。得到追加信息后，实际情况也仍然存在多种可能。可见，有必要对追加信息下各种自然状况出现的可能性给出一定的评价，这实际上就是后验概率的确定。

确定了各类后验概率，才能实施预后验分析，对后验分析进行演算。这种预后验分析主要解决两个问题，一是要不要追加信息；二是确定追加信息对决策者有多大价值。如果追加信息的价值大于收集信息的花费，那么追加信息就是可行的，否则就不应该进行。可见，预后验分析也是对信息价值的测算，不过测算的基础是依据后验概率计算的期望值。

【例 5-3】某厂在考虑是否大批量投产一种新产品。根据以往经验，预计该产品大批量投入市场后有三种销售远景，具体如表 5-2 所示。因亏损的先验概率较大，故该厂还在考虑是否要采用"试销法"进行市场调查。经财务部门预算，进行一次试销调查需花费 60 万元，而试销所得到的调查信息的可靠性是有限的，这有过去的销售资料可供借鉴，数据如表 5-3 所示。

试问该厂是否值得采用试销的方式进行市场调查？

表 5-2　大批量生产的销售估计

销售状态 θ_i	概率 $P(\theta_i)$	盈亏值/万元
θ_1(盈)	0.25	1 500
θ_2(平)	0.30	100
θ_3(亏)	0.45	−600

表 5-3　过去销售资料记录

试销结果	实际销售状态概率 $P(Z_j|\theta_i)$		
	Z_1(盈)	Z_2(平)	Z_3(亏)
θ_1(盈)	0.65	0.25	0.10
θ_2(平)	0.25	0.45	0.30
θ_3(亏)	0.10	0.15	0.75

解：

I. 根据表 5-2 的数据，我们可以计算出不进行试销，直接大批量生产的收益的期望值为

$$R_1 = 1\,500 \times 0.25 + 100 \times 0.30 + (-600) \times 0.45 = 135(万元)$$

II. 根据表 5-3 的数据，利用全概率公式，我们可以分别计算进行试销调查时，实际销售状态为盈(用Z_1表示)、平(用Z_2表示)和亏(用Z_3表示)的概率

$$P(Z_1) = \sum_{i=1}^{n} P(\theta_i)P(Z_1|\theta_i) = 0.25 \times 0.65 + 0.30 \times 0.25 + 0.45 \times 0.10 = 0.282\,5$$

$$P(Z_2) = \sum_{i=1}^{n} P(\theta_i)P(Z_1|\theta_i) = 0.25 \times 0.25 + 0.30 \times 0.45 + 0.45 \times 0.15 = 0.265\,0$$

$$P(Z_3) = \sum_{i=1}^{n} P(\theta_i)P(Z_1|\theta_i) = 0.25 \times 0.10 + 0.30 \times 0.30 + 0.45 \times 0.75 = 0.452\,5$$

III. 利用贝叶斯公式，可求得

$$P(\theta_1|Z_1) = \frac{P(\theta_1)P(Z_1|\theta_1)}{P(z_1)} = \frac{0.25 \times 0.65}{0.282\,5} \approx 0.575$$

同理，可将全部计算结果求出，整理如表 5-4 所示。

表 5-4　计算数据

	θ_1(盈)	θ_2(平)	θ_3(亏)
$P(\theta_i|Z_1)$	0.575	0.266	0.159
$P(\theta_i|Z_2)$	0.236	0.509	0.255
$P(\theta_i|Z_3)$	0.055	0.199	0.746

这样我们可以计算期望值，并利用决策树来选择方案，如图 5-1 所示。

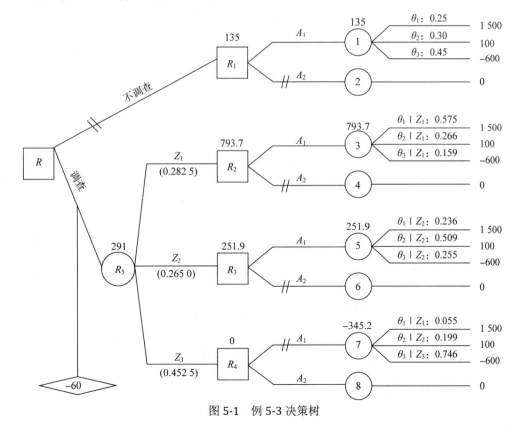

图 5-1　例 5-3 决策树

其中，A_1 代表"大批量"方案，A_2 代表"不投产"方案。R_1 指的是不进行试销调查直接进行大批量生产的期望收益，前文已经计算过为 135 万元。R_2、R_3 和 R_4 表示的是试销调查结果为盈、平和亏的情况下的期望收益，对其进行计算，可得

$$R_2 = 0.575 \times 1\,500 + 0.266 \times 100 + 0.159 \times (-600) = 793.7$$
$$R_3 = 0.236 \times 1\,500 + 0.509 \times 100 + 0.255 \times (-600) = 251.9$$
$$R_4 = 0$$

由以上数据可以计算试销后进行市场调查的期望收益为

$$0.282\,5 \times 793.7 + 0.265 \times 251.9 = 291(万元)$$

扣除市场调查费用 60 万元，还余期望值 231 万元，高于不调查直接进行大批量生产的期望收益值 135 万元，因此应该采用试销后进行市场调查这一方案。

例 5-3 所做的分析就是在正式进行调查前进行的，所以称为预后验分析。

5.3.3　后验分析

决策者为了对决策问题的自然状态有更多的了解而进行统计调查，我们把通过调查而获得的信息称为补充信息，利用贝叶斯定理将补充信息和先验分布结合起来，便产生了一种综合信息，即后验信息。利用后验信息进行的决策称为后验分析。

【例 5-4】某自动生产设备在生产过程中可能正常，亦可能不正常。正常时产品的合格率为 80%，不正常时产品的合格率为 30%。从某时刻生产的产品中抽取一件进行检验，要求我们根据这件产品的情况来判断设备是否正常。

解：该问题的自然状态有两种，即设备正常和设备不正常，分别用 θ_1 和 θ_2 表示。假设我们对该设备以往的生产情况一无所知，那么可以设定设备正常与不正常的可能性相等，即先验概率都为 0.5。

由于两者的概率相等，实际上无法判断设备究竟是否正常。但如果我们从某时刻生产的产品中抽取一件，若发现为合格品，令抽样的结果 A="合格品"，$\bar{A}$="次品"，根据题意可得补充信息，即

$$P(A|\theta_1) = 0.8; \quad P(A|\theta_2) = 0.3$$

利用贝叶斯定理，可得

$$P(\theta_1|A) = \frac{P(A|\theta_1)\,P(\theta_1)}{P(A|\theta_1)\,P(\theta_1) + P(A|\theta_2)\,P(\theta_2)} = \frac{0.8 \times 0.5}{0.8 \times 0.5 + 0.3 \times 0.5} \approx 0.73$$

$$P(\theta_2|A) = \frac{P(A|\theta_2)\,P(\theta_2)}{P(A|\theta_1)\,P(\theta_1) + P(A|\theta_2)\,P(\theta_2)} = \frac{0.3 \times 0.5}{0.8 \times 0.5 + 0.3 \times 0.5} \approx 0.27$$

即抽出一件产品为合格品后，计算得设备为正常的概率是 0.73，设备不正常的概率是 0.27，设备正常的概率远高于不正常的概率，故应判断此时设备正常。

在后验分析中，也要进行调查，不过，这时进行的调查一般都是抽样调查，获取抽样信息。广义上讲，各种非抽样信息和非调查信息也可以认为是样本信息或抽样信息。比如，对试验得到的各类数据、小范围试点得到的信息等进行调查、检验后，会得到一种确定的结果，如小范围试点销售，发现该产品畅销；通过抽样调查发现某产品的市场前景很差等。在进行后验分析时，还要依据历史资料或主观判断等确定其条件概率。后验分析是在得到确切的调查结果之后进行的决策，但要注意，这些条件概率仍然发挥作用。决策者仍然是运用贝叶斯定理计算后验概率，依据后验概率计算各种行动方案的期望值，然后选择期望收益值最高或期望损失值最小的方案。

【例 5-5】某企业为开发某种新产品需要更新设备，有三种方案可供选择：引进超先进设备(d_1)、引进先进设备(d_2)、引进一般先进设备(d_3)。面对的宏观经济形势也大体是三种状态：繁荣(θ_1)，一般(θ_2)和收缩(θ_3)。根据历年资料，这三种状态的概率分别为$P(\theta_1)=0.3$，$P(\theta_2)=0.4$，$P(\theta_3)=0.3$。通过测算，得到收益矩阵如表 5-5 所示。

表 5-5 投资损益矩阵 单位：万元

可行方案	θ_1	θ_2	θ_n
	$P(\theta_1)=0.3$	$P(\theta_2)=0.4$	$P(\theta_3)=0.3$
d_1	50	20	-20
d_2	30	25	-10
d_3	10	10	10

为了使新产品开发符合市场需求，该公司拟进行试销并做市场调查，试销的结果有三种：需求量大(H_1)，需求量一般(H_2)和需求量小(H_3)。调查结果的可靠程度如表 5-6 所示。

表 5-6 调查结果可靠程度

$P(H_i|\theta_j)$	θ_1	θ_2	θ_n
H_1	0.6	0.2	0.2
H_2	0.3	0.5	0.2
H_3	0.1	0.3	0.6

试用贝叶斯决策法对本案例进行方案选择。

解：

I. 验前分析

根据期望值收益准则法，分别计算三种方案的期望收益值，即

$$E(d_1) = 0.3 \times 50 + 0.4 \times 20 + 0.3 \times (-20) = 17$$
$$E(d_2) = 0.3 \times 30 + 0.4 \times 25 + 0.3 \times (-10) = 16$$
$$E(d_3) = 0.3 \times 10 + 0.4 \times 10 + 0.3 \times 10 = 10$$

因此验前分析后的决策为引进超先进设备d_1。

II. 验前分析

由全概率公式$P(H_i) = P(H_i|\theta_1)P(\theta_1) + P(H_i|\theta_2)P(\theta_2) + P(H_i|\theta_3)P(\theta_3)$得

$$\begin{bmatrix} P(H_1) \\ P(H_2) \\ P(H_3) \end{bmatrix} = \begin{bmatrix} 0.6 & 0.2 & 0.2 \\ 0.3 & 0.5 & 0.2 \\ 0.1 & 0.3 & 0.6 \end{bmatrix} \cdot \begin{bmatrix} 0.3 \\ 0.4 \\ 0.3 \end{bmatrix} = \begin{bmatrix} 0.32 \\ 0.35 \\ 0.33 \end{bmatrix}$$

再由贝叶斯公式得

$$P(\theta_1|H_1) = \frac{P(H_1|\theta_1)P(\theta_1)}{P(H_1)} = \frac{0.6 \times 0.3}{0.32} = 0.562\,5$$

$$P(\theta_2|H_1) = \frac{P(H_1|\theta_2)P(\theta_2)}{P(H_1)} = \frac{0.2 \times 0.4}{0.32} = 0.25$$

$$P(\theta_3|H_1) = \frac{P(H_1|\theta_3)P(\theta_3)}{P(H_1)} = \frac{0.2 \times 0.3}{0.32} = 0.187\,5$$

以此类推，结果如表 5-7 所示。

表 5-7　后验概率计算数据

$P(\theta_j|H_i)$	θ_1	θ_2	θ_n
H_1	0.562 5	0.25	0.187 5
H_2	0.257 1	0.571 4	0.171 5
H_3	0.090 9	0.363 6	0.545 5

用后验分布概率替代先验分别，分别计算各方案的期望收益值。

当市场需求量为 H_1 时，即

$$\begin{bmatrix} E(\theta_1|H_1) \\ E(\theta_2|H_1) \\ E(\theta_3|H_1) \end{bmatrix} = \begin{bmatrix} 50 & 20 & -20 \\ 30 & 25 & -20 \\ 10 & 10 & 10 \end{bmatrix} \cdot \begin{bmatrix} 0.562\,5 \\ 0.25 \\ 0.187\,5 \end{bmatrix} = \begin{bmatrix} 29.375 \\ 21.25 \\ 10 \end{bmatrix}$$

所以当试销参考为需求量大时，应该选择方案 θ_1。

当市场需求量为 H_2 时，即

$$\begin{bmatrix} E(\theta_1|H_2) \\ E(\theta_2|H_2) \\ E(\theta_3|H_2) \end{bmatrix} = \begin{bmatrix} 50 & 20 & -20 \\ 30 & 25 & -20 \\ 10 & 10 & 10 \end{bmatrix} \cdot \begin{bmatrix} 0.257\,1 \\ 0.571\,4 \\ 0.171\,5 \end{bmatrix} = \begin{bmatrix} 20.853 \\ 20.283 \\ 10 \end{bmatrix}$$

所以当试销参考为需求量一般时，也应该选择方案 θ_1。

当市场需求量为 H_3 时，即

$$\begin{bmatrix} E(\theta_1|H_3) \\ E(\theta_2|H_3) \\ E(\theta_3|H_3) \end{bmatrix} = \begin{bmatrix} 50 & 20 & -20 \\ 30 & 25 & -20 \\ 10 & 10 & 10 \end{bmatrix} \cdot \begin{bmatrix} 0.090\,9 \\ 0.363\,6 \\ 0.545\,5 \end{bmatrix} = \begin{bmatrix} 0.907 \\ 6.362 \\ 10 \end{bmatrix}$$

所以当试销参考为需求量小时，也应该选择方案 θ_3。

Ⅲ. 验后分析

假设试销后不同情况下的最佳方案是 θ_0，那么通过试销，该公司可获得的收益期望值为

$$E(\theta_0) = \begin{bmatrix} E(\theta_0|H_1) \\ E(\theta_0|H_2) \\ E(\theta_0|H_3) \end{bmatrix} \cdot [P(H_1) \quad P(H_2) \quad P(H_3)]$$

$$= \begin{bmatrix} 29.375 \\ 20.853 \\ 10 \end{bmatrix} \cdot [0.32 \quad 0.35 \quad 0.33] = 20(万元)$$

可见该公司可以通过试验调查，期望收益值增加 3 万元。

在试销费用不超过 3 万元的情况下，进行试销，能使该企业新产品开发决策取得较好的经济效益；若试销费用不超过 3 万元，则不应进行试销。若试销结果是该产品需求量大或一般，则应该选择方案θ_1，即引进大型设备；若调查结果是该产品需求量小，则应该选择方案θ_3，即引进小型设备。

5.3.4 序贯分析

序贯分析又称为多阶段分析，即收集信息不是一次完成，而是多次完成。

【例 5-6】仍以例 5-5 的工厂为例，现在将情况改变一下。如果从某时刻生产的产品中连续抽取两件产品，并检查它们是否合格，然后再判断设备此时是否正常。若抽样的结果为$AA=$"合•合"，即两件产品皆为合格品，容易算出

$$P(AA|\theta_1) = P(A|\theta_1) \times P(A|\theta_1) = 0.8 \times 0.8 = 0.64$$
$$P(AA|\theta_2) = P(A|\theta_2) \times P(A|\theta_2) = 0.3 \times 0.3 = 0.09$$

由贝叶斯定理得

$$P(\theta_1|AA) = \frac{P(AA|\theta_1) P(\theta_1)}{P(AA|\theta_1) P(\theta_1) + P(AA|\theta_2) P(\theta_2)}$$

$$= \frac{0.64 \times 0.5}{0.64 \times 0.5 + 0.09 \times 0.5} \approx 0.877$$

利用概率可得

$$P(\theta_2|AA) = 1 - P(\theta_1|AA) = 0.123$$

可见设备正常的概率为 0.877，设备工作不正常的概率为 0.123。若抽样的结果为"合•不"，用符号$A\bar{A}$表示。则

$$P(A\bar{A}|\theta_1) = P(A|\theta_1) \times P(\bar{A}|\theta_1) = 0.8 \times 0.2 = 0.16$$
$$P(A\bar{A}|\theta_2) = P(A|\theta_2) \times P(\bar{A}|\theta_2)0.3 \times 0.7 = 0.21$$

由贝叶斯定理得

$$P(\theta_1|A\bar{A}) = \frac{P(A\bar{A}|\theta_1) P(\theta_1)}{P(A\bar{A}|\theta_1) P(\theta_1) + P(A\bar{A}|\theta_2) P(\theta_2)}$$

$$= \frac{0.16 \times 0.5}{0.16 \times 0.5 + 0.21 \times 0.5} \approx 0.432$$

$$P(\theta_2 \mid A\bar{A}) = 1 - P(\theta_2 \mid A\bar{A}) = 1 - 0.432 = 0.568$$

因此，该设备正常的概率为 0.432，不正常的概率为 0.568。

5.4　贝叶斯风险函数

5.4.1　决策法则

　　一般来说，所谓决策法则，就是由所有可能信息值集合到所有可能行动集合的一个映射。换句话说，决策法则是这样一个规则δ，按照这个规则，对于每一个信息值x均有唯一确定的可行行动方案$\alpha = \delta(x)$与之对应。

　　这里所讲的决策法则与前面所讲的决策原则不是一回事。决策原则是判别各种行动方案间优劣关系的标准，它所指明的是什么叫一个行动方案优于另一个行动方案，据此可以选出最优行动方案；而决策法则是信息值与所采取的行动之间的对应关系，它所指明的是如何根据信息值选择行动方案。在利用补充信息决策时，一般来说，有许多决策法则可供选用，其中(按预先规定好的标准)最佳者，称为最佳决策法则。

　　既然决策法则可以有很多，那么这些法则中孰优孰劣？根据什么原则比较？像前面那样用预后验分析方法所得到的决策法则的优劣程度如何呢？解决办法就是计算决策法则的风险函数，风险函数里比较常用就是贝叶斯风险函数。我们先了解风险函数的概念，再来介绍贝叶斯风险函数及其应用办法。

5.4.2　风险函数

　　在任一给定自然状态θ下，当采取决策法则$\delta(x)$时，假定其损失函数为$R[\theta, \delta(x)]$。则该损失函数对随机试验结果x的期望值$\rho(\theta, \delta)$称为风险函数。

　　当信息值X确定后，它所对应的行动$\delta(x)$也就确定了，从而决策法则$\delta(x)$的损失值$R[\theta, \delta(x)]$也就随之确定了。所谓好的决策法则，也就是其损失函数$R[\theta, \delta(x)]$较其他决策法则小。但是，一个决策法则会出现一系列的结果，所以评价一个决策法则的好坏，不能只凭信息一次所取之值，而应当用各信息值下的平均效果来综合衡量。

　　因此，在状态θ下，决策法则的好坏应以$R[\theta, \delta(x)]$对信息值x的数学期望的大小为标准。为此，定义决策法则$\delta(x)$的风险函数为

$$\rho(\theta, \delta) = E_{x \mid \theta}\{R[\theta, \delta(x)]\}$$

　　简单说来，风险函数就是指按某决策法则进行行动时，在固定自然状态下出现各种不

同信息值时的平均损失。

5.4.3 贝叶斯风险函数的应用

1. 贝叶斯风险

需要注意的是，风险函数中还含有状态参数 θ。如果存在一个决策法则 $\delta(x)$，在任何状态 θ 下，它的风险函数值 $\rho(\theta, \delta)$ 都比其他任何决策法则在同一状态下的风险函数值小，我们自然认为这个决策法则为最佳的。但是，一般说来，这是不易做到的。多数情况我们只能要求对于某一个(或某些) θ 值，决策法则的风险函数值最小。

对于某一个(或某组) θ 值，决策法则 $\delta_1(x)$ 的风险函数值 $\rho(\theta, \delta_1)$ 最小；而对于另一个(或某组)值，另一个决策法则 $\delta_2(x)$ 的风险函数 $\rho(\theta, \delta_2)$ 最小。因此，一个决策法则的好坏，只能用在各种不同状态下其风险函数值的平均值来衡量。为此，定义决策法则的贝叶斯风险为

$$B(\delta) = E_\theta[\rho(\theta, \delta)]$$

贝叶斯风险 $B(\delta)$ 是一个常数，表示决策法则 δ，对一切补充信息值 τ 和状态值 θ 的平均损失值。

2. 贝叶斯原则

由以上分析可知，衡量一个决策法则的好坏，应以其贝叶斯风险函数值为标准。贝叶斯风险函数值最小的决策法则为最佳决策法则，这就是贝叶斯原则。

【例 5-7】某工厂计划生产一种新产品，产品的销售情况有畅销 θ_1 和滞销 θ_2 两种。据以往的经验，估计两种情况发生的概率分布和利润如表 5-8 所示。

表 5-8 产品销售数据

	畅销 (θ_1)	滞销 (θ_2)
概率 $P(\theta_i)$	0.8	0.2
利润/万元	1.5	-0.5

为了进一步摸清市场对这种产品的需求情况，拟聘请某咨询公司进行市场调查和分析。该公司对销售情况预测也有畅销 H_1 和滞销 H_2 两种，对畅销预测的准确率为 0.95，对滞销预测的准确率为 0.9，具体如表 5-9 所示。

表 5-9 产品销售数据

$P(H_i|\theta_j)$	畅销 (θ_1)	滞销 (θ_2)
H_1	0.95	0.1
H_2	0.05	0.9

请运用贝叶斯决策法确定是否需要进行市场调查。

解：

(1) 验前分析。记方案 α_0 为最优方案，α_1 为生产该新产品，方案 α_2 为不生产。利润用 L 表

示，L_1 表示畅销时的利润，L_2 表示滞销时的利润，则此时生产新产品的期望收益 $E_{\alpha_1}(L)$ 和不生产新产品的期望收益 $E_{\alpha_2}(L)$ 分别为 1.1 万元和 0 元。

记验前分析不做市场调查的最大期望收益值为 L_0，则有 $L_0 = \max\{E_{\alpha_1}(L),\ E_{\alpha_2}(L)\} = 1.1$(万元)

因此验前分析的决策为生产新产品。

(2) 预验分析。由全概率公式

$$P(H_i) = \sum_{j=1}^{n} P(H_i|\theta_j) \cdot P(\theta_j)$$

得：$\begin{bmatrix} P(H_1) \\ P(H_2) \end{bmatrix} = \begin{bmatrix} 0.95 & 0.1 \\ 0.05 & 0.9 \end{bmatrix}\begin{bmatrix} 0.8 \\ 0.2 \end{bmatrix} = \begin{bmatrix} 0.78 \\ 0.22 \end{bmatrix}$

再由贝叶斯公式 $P(\theta_j|H_i) = \dfrac{P(H_i|\theta_j) \cdot P(\theta_j)}{P(H_i)}$，得

$$\begin{cases} P(\theta_1|H_1) = \dfrac{P(H_1|\theta_1) \cdot P(\theta_1)}{P(H_1)} = \dfrac{0.95 \times 0.8}{0.78} \approx 0.974\,4 \\[2mm] P(\theta_2|H_1) = \dfrac{P(H_1|\theta_2) \cdot P(\theta_2)}{P(H_1)} = \dfrac{0.1 \times 0.2}{0.78} \approx 0.025\,6 \\[2mm] P(\theta_1|H_2) = \dfrac{P(H_2|\theta_1) \cdot P(\theta_1)}{P(H_2)} = \dfrac{0.05 \times 0.8}{0.22} \approx 0.181\,8 \\[2mm] P(\theta_2|H_2) = \dfrac{P(H_2|\theta_2) \cdot P(\theta_2)}{P(H_2)} = \dfrac{0.9 \times 0.2}{0.22} \approx 0.818\,2 \end{cases}$$

用后验分布代替先验分布，计算各方案的期望收益值。

① 当市场调查值为 H_1(产品畅销)时

$$\begin{aligned} L(\alpha_1|H_1) = E_{\alpha_1|H_1}(L) &= L_1 P(\theta_1|H_1) + L_2 P(\theta_2|H_1) \\ &= 1.5 \times 0.974\,4 + (-0.5) \times 0.025\,6 = 1.448\,8(万元) \end{aligned}$$
$$L(\alpha_2|H_1) = E_{\alpha_2|H_1}L(\alpha_2|H_1) = 0(万元)$$

说明市场调查畅销时，最优方案是生产该新产品，即 $\alpha_0 = \alpha_1$。

② 当市场调查值为 H_2(产品滞销)时

$$\begin{aligned} L(\alpha_1|H_2) = E_{\alpha_1|H_2}(L) &= L_1 P(\theta_1|H_2) + L_2 P(\theta_2|H_2) \\ &= 1.5 \times 0.181\,8 + (-0.5) \times 0.818\,2 = -0.134\,6(万元) \end{aligned}$$
$$L(\alpha_2|H_2) = E_{\alpha_2|H_2}(L) = 0(万元)$$

说明市场调查滞销时，最优方案是不生产该新产品，即 $\alpha_0 = \alpha_2$。

通过调查，该企业可获得的收益期望值 $E_{调查}(L)$ 为

$$\begin{aligned} E_{调查}(L) &= L(\alpha_0|H_1)P(H_1) + L(\alpha_0|H_2)P(H_2) \\ &= 1.448\,8 \times 0.78 + 0 \times 0.22 \approx 1.130\,1(万元) \end{aligned}$$

通过调查，该企业收益期望值能增加

$$E_{调查}(L) - L_0 = 1.130\,1 - 1.1 = 0.130\,1(万元)$$

所以，如果调查的费用小于 0.130 1 万元，则可以进行市场调查，否则就没有必要进行市场调查。

【例 5-8】继续应用【例 5-7】的数据，假设其损失矩阵为 $\boldsymbol{R} = \begin{bmatrix} 0 & 0.5 \\ 1.5 & 0 \end{bmatrix}$，求其风险函数值与贝叶斯风险函数值。

解： 根据损失矩阵，可知其对应于 4 种决策法则，用 δ_1、δ_2、δ_3 和 δ_4 表示，δ_1 为 (0,0) 和 (0.5,0.5)，δ_2 为 (0,1.5) 和 (0.5,0)，δ_3 为 (1.5,0) 和 (0,0.5)，δ_4 为 (1.5,1.5) 和 (0,0)。

根据表 5-8、表 5-9 中数据，分别计算 4 种决策法则对应的风险函数值如下。

(1) 决策法则 $\delta_1(H) = \alpha_1$ 的风险函数值为

$$\begin{aligned} \rho(\delta_1, \theta_1) &= 0 \times P(H_1|\theta_1) + 0 \times P(H_2|\theta_1) \\ &= 0 \times 0.95 + 0 \times 0.05 = 0(万元) \\ \rho(\delta_1, \theta_2) &= 0.5 \times P(H_1|\theta_2) + 0.5 \times P(H_2|\theta_2) \\ &= 0.5 \times 0.1 + 0.5 \times 0.9 = 0.5(万元) \end{aligned}$$

决策法则 $\delta_2(H) = \alpha_2$ 的风险函数值为

$$\begin{aligned} \rho(\delta_2, \theta_1) &= 0 \times P(H_1|\theta_1) + 1.5 \times P(H_2|\theta_1) \\ &= 0 \times 0.95 + 1.5 \times 0.05 = 0.075(万元) \\ \rho(\delta_2, \theta_2) &= 0.5 \times P(H_1|\theta_2) + 0 \times P(H_2|\theta_2) \\ &= 0.5 \times 0.1 + 0 \times 0.9 = 0.05(万元) \end{aligned}$$

同理可得

$$\begin{aligned} \rho(\delta_3, \theta_1) &= 1.425 \ (万元) \\ \rho(\delta_3, \theta_2) &= 0.45 \ (万元) \\ \rho(\delta_4, \theta_1) &= 1.5 \ (万元) \\ \rho(\delta_4, \theta_2) &= 0 \ (万元) \end{aligned}$$

(2) 所以 4 种决策法则的贝叶斯风险函数值分别为

$$\begin{aligned} B(\delta_1) &= \rho(\delta_1, \theta_1) \times \rho(\theta_1) + \rho(\delta_1, \theta_2) \times \rho(\theta_2) \\ &= 0 \times 0.8 + 0.5 \times 0.2 = 0.1(万元) \end{aligned}$$

同理可得：$B(\delta_2) = 0.07(万元)$；$B(\delta_3) = 1.23(万元)$；$B(\delta_4) = 1.2(万元)$。

根据计算结果可知 δ_2 贝叶斯风险函数值最小，所以 δ_2 是最佳决策法则。

再举一个例子说明当 θ 是连续型变量时，贝叶斯法则的应用。

【例 5-9】某工厂的产品每 100 件装成一箱运交顾客，交货前有如下两个行动方案供选择。

α_1：一箱中逐一检查；

α_2：一箱中都不检查。

若选择α_1，可保证交货时每件都是合格品。但每件产品的检查费为 0.8 元，为此要支付检查费 80 元/箱。若选择α_2，可免付每箱检查费 80 元，但按合同约定，当顾客发现有不合格品时，不仅允许更换，而且每件还要支付 12.5 元的赔偿费。

因此，若一箱中不合格品不超过 6 件，赔偿费不超过 75 元，此时应选择α_2；若一箱中不合格品不少于 7 件，赔偿费不低于 87.5 元，那选择行动α_1有利；

所以工厂决定先在每箱中抽取两件进行检查，了解一箱的不合格品率θ，再来决定行动方案。

根据以上资料，结合抽样结果，运用贝叶斯决策函数，确定如何使得工厂的支付费用最少？

解：很显然这是一个决策问题。

用X表示一箱中不合格品的件数，由于抽取的是两件，则X的可能取值有 0、1 和 2。根据题意，可知工厂的支付函数为

$$W(\theta,\ \alpha)=\begin{cases}80 & \alpha=\alpha_1\\1.6+1\,250\theta, & \alpha=\alpha_2\end{cases}$$

由此可见，要解决的问题就是从$X=\{0，1，2\}$到$\Delta=\{\alpha_1,\ \alpha_2\}$的变换，这个变换关系就是该统计决策问题的决策函数，我们可以得到 8 个决策函数，用$\delta_i(x)$表示，如表 5-10 所示。

表 5-10　8 个决策函数数据

x	0	1	2
$\delta_1(x)$	α_1	α_1	α_1
$\delta_2(x)$	α_1	α_1	α_2
$\delta_3(x)$	α_1	α_2	α_1
$\delta_4(x)$	α_1	α_2	α_2
$\delta_5(x)$	α_2	α_1	α_1
$\delta_6(x)$	α_2	α_1	α_2
$\delta_7(x)$	α_2	α_2	α_1
$\delta_8(x)$	α_2	α_2	α_2

以$\delta_5(x)$为例，其表示当$x=0$(即所抽两件产品全是合格品)时采取行动α_2(一件都不查)，而x在为 1 或 2 时采取行动α_1(逐一检查)，或者写为

$$\delta_5(x)=\begin{cases}\alpha_1,\ x=1,2\\\alpha_2,\ x=0\end{cases}$$

在抽检两件产品后，结合每箱的支付函数$W(\theta,\ \alpha)$，可以得出损失函数如下

$$R(\theta,\ \alpha_1)=\begin{cases}78.4-1\,250\theta, & \theta\leqslant\theta_0\\0, & \theta>\theta_0\end{cases}$$

$$R(\theta,\ \alpha_2)=\begin{cases}0, & \theta\leqslant\theta_0\\-78.4+1\,250\theta, & \theta>\theta_0\end{cases}$$

可求得：$\theta_0 = 0.062\,72$。

同时可知，则 X 服从二项分布 $b(2, \theta)$，即

$$P(X = x) = \binom{2}{x}\theta^x(1-\theta)^{2-x}, \quad x = 0, 1, 2$$

由此可算得 8 个决策函数的风险函数。如 $\delta_5(x)$ 的风险函数为

$$\rho(\theta, \delta_5(x)) = E_{x|\theta}R(\theta, \delta_5(x))$$

$$= R(\theta, \delta_5(0))P_\theta(X=0) + R(\theta, \delta_5(1))\,P_\theta(X=1) + R(\theta, \delta_5(2))P_\theta(X=2)$$
$$= R(\theta, \alpha_2)(1-\theta)^2 + R(\theta, \alpha_1)\cdot 2\theta(1-\theta) + R(\theta, \alpha_1)\theta^2$$

把损失函数代入可得

$$\begin{cases} \rho(\theta, \delta_5(x)) = (78.4 - 1\,250\theta)[1 - (1-\theta)^2], & \theta \leqslant \theta_0 \\ \rho(\theta, \delta_5(x)) = (-78.4 + 1\,250\theta)[1 - (1-\theta)^2], & \theta > \theta_0 \end{cases}$$

同理可得其他几个决策法则的风险函数，令 $\theta = 0, 0.02, 0.04, \cdots, 0.12$ 时，这些风险函数的取值如表 5-11 所示。

表 5-11　θ 不同取值情形下所对应的风险函数值

$\rho(\theta, \delta_i x)$	θ						
	0	0.02	0.04	0.06	0.08	0.10	0.12
$\rho(\theta, \delta_1(x))$	78.4	53.40	28.40	3.40	0	0	0
$\rho(\theta, \delta_2(x))$	78.4	53.38	28.35	3.39	0.14	0.47	1.03
$\rho(\theta, \delta_3(x))$	78.4	51.31	26.22	3.02	3.14	8.39	15.12
$\rho(\theta, \delta_4(x))$	78.4	51.29	26.17	3.00	3.32	8.85	16.15
$\rho(\theta, \delta_5(x))$	0	2.11	2.23	0.40	18.68	37.75	55.45
$\rho(\theta, \delta_6(x))$	0	2.09	2.18	0.38	18.42	38.21	56.48
$\rho(\theta, \delta_7(x))$	0	0.02	0.05	0.01	21.46	46.13	70.57
$\rho(\theta, \delta_8(x))$	0	0	0	0	21.60	46.60	71.60

如果单纯看这些值，得到的结论比较武断，所以我们将 θ 设定在一个连续变量的背景下，假设根据该厂的历史资料整理，其不合格率 θ 不会超过 0.12，而位于区间 (0.04, 0.08) 内占 80%，而低于 0.04 或高于 0.08 的各占 10%，这样一来我们就得到 θ 的先验分布 $\pi(\theta)$。

$$\pi(\theta) = \begin{cases} 2.5, & 0 < \theta \leqslant 0.04 \\ 20.0, & 0.04 < \theta \leqslant 0.08 \\ 2.5, & 0.08 < \theta \leqslant 0.12 \\ 0, & \text{其他} \end{cases}$$

可以逐一计算对此先验分布的贝叶斯风险函数值。如 $\delta_1(x)$ 和 $\delta_2(x)$ 的贝叶斯风险函数值分别为

$$B_\pi(\delta_1) = \int_0^{\theta_0} (78.4 - 1\,250\theta)\pi(\theta)\mathrm{d}\theta = 11.792\,5$$

$$B_\pi(\delta_2) = \int_0^{\theta_0} (78.4 - 1\,250\theta - 78.4\theta^2 + 1\,250\theta^3)\pi(\theta)\mathrm{d}\theta +$$

$$\int_{\theta_0}^{0.12} (-78.4\theta^2 + 1\,250\theta^3)\pi(\theta)\mathrm{d}\theta \approx 11.846\,7$$

其中 $\theta_0 = 0.06272$，类似地可计算另外 6 个贝叶斯风险函数值，可得

$$B_\pi(\delta_3) \approx 12.409\,2 \qquad\qquad B_\pi(\delta_4) \approx 12.463\,4$$
$$B_\pi(\delta_5) \approx 7.721\,5 \qquad\qquad B_\pi(\delta_6) \approx 7.775\,8$$
$$B_\pi(\delta_7) \approx 8.338\,2 \qquad\qquad B_\pi(\delta_8) \approx 8.392\,5$$

比较这 8 个贝叶斯风险函数值，可以看出 $\delta_5(x)$ 的贝叶斯风险函数值最小，$\delta_5(x)$ 的是在此先验分布下最佳决策法则。

思考与练习题

1. 名词解释：贝叶斯决策、先验分析、预后验分析、后验分析、序贯分析。

2. 简述 n 个事件的贝叶斯定理。

3. 简述贝叶斯决策的步骤，并说明贝叶斯决策有哪些优点。

4. 与其他风险型决策方法相比，贝叶斯决策方法有什么不足？

5. 简要说明如何进行预后验分析。

6. 某公司准备经营某种新产品，可以采取的行动有：小批生产试销、中批生产及大批生产。可能出现的销售状态有：畅销、一般及滞销。如大批生产，在畅销时可获利 100 万元，一般时可获利 30 万元，滞销时亏损 60 万元；如中批生产，在前两种情况下分别获利 50 万元、40 万元，滞销时则亏损 20 万元；如小批生产，则在三种情况下分别获利 10 万元、9 万元、6 万元。又根据长期经验，同类产品为畅销、一般及滞销的概率分别是 0.2、0.5 和 0.3，这对于现在正在考虑的新产品来说，可以作为先验分布。从某些迹象看来，这种新产品的市场需求情况似有变化，为了弄清这点，进行了市场预测。预测的准确程度如表 5-12 所示。

表 5-12 对产品销售预测的准确程度

θ	$P(\theta)$	$P(H_1\|\theta)$	$P(H_2\|\theta)$	$P(H_3\|\theta)$
θ_1(畅销)	0.2	0.80	0.15	0.05
θ_2(一般)	0.5	0.20	0.70	0.10
θ_3(滞销)	0.3	0.02	0.08	0.90

其中 H_1，H_2，H_3 分别表示预测结果为畅销、一般、滞销。

(1) 如果预测结果为畅销，试进行后验分析，并根据后验分布求出该公司的最优决策方案。

(2) 如果预测结果为一般或滞销，最优行动又是什么？写出最优决策方案。

7. 某企业试制一种新产品，决定是否将该产品投入生产。如果生产该产品并投放市场，那么市场销路好时，该企业可获利 10 万元，销路差则亏损 2 万元。根据市场调查，估计该产品市场销路好的概率是 0.3。如果企业不将该产品投入生产，资金可以用作其他稳健投资，企业收益为 1 万元。企业打算采取试生产销售确定产品销路，但其费用为 3 000 元。过去的经验表明，试生产销售所提供的市场情报不一定百分之百准确，销路好的可靠性为 0.8，销路差的可靠性为 0.7，问企业是否值得进行试生产销售？

第6章

不确定型决策

为了在动荡不定的世界上求得生存，就必须做出精明的决策。

——基恩·P.弗莱彻

学习目标与要求
1. 掌握不确定型决策的概念；
2. 熟悉不确定型决策的5种决策准则，掌握其基本思想和具体决策步骤；
3. 熟悉风险型决策与严格不确定型决策的区别和联系；
4. 掌握5种不确定型决策的区别和适用条件；
5. 掌握5种不确定型决策准则的运用方法。

有些情况下，决策者只能掌握可能出现的各种自然状态，而各种自然状态发生的概率无从可知，以致不同方案对应的损益出现的概率无法估算，因此决策者只能根据自己的主观倾向进行决策；主观倾向有乐观型、理智型和悲观型，不同的主观倾向导致筛选与评价决策的准则也不同，进而导致选出的最优方案也不相同。这类决策就称为不确定型决策，或者非确定型决策。

具体来说，非确定型决策是指决策者对未来虽然有一定程度的了解，知道可能出现的各种自然状态，但又无法确定各种自然状态可能发生的概率时的决策。这种决策，由于有关因素难以计算，因此完全取决于决策者的经验、判断和估计，其决策准则带有某种程度的主观随意性。本章将提供此类决策问题的解决方案。

6.1　乐观准则决策法

6.1.1　乐观准则决策法的概念及决策步骤

1. 乐观准则决策法的概念

乐观准则决策法又叫"好中求好"决策法，或者赫威兹(Hurwicz)决策法，这种决策法的基本思想就是决策者对客观自然状态持乐观态度，有信心取得每一个决策方案的最佳结果，并据此选择其最满意的方案。

对于以收益最大为目标的决策者来说，首先要找出各行动方案的最大收益值，然后再从这些最大值中选出最大的一个，则该值所对应的方案为最优方案。所以我们又把乐观准则决策法称为最大收益值决策法；对于损失而言，则是要找出各个行动方案的最小损失值，然后从中选出最小的一个，则该值所对应的方案即为最优方案，所以我们又可以称其为最小损失值决策法。

乐观准则决策法将事件的进展估计得比较顺利，反映了决策者乐观、冒进的态度。

2. 乐观准则决策法的决策步骤

设未来事件可能出现 n 个自然状态 $\theta_j(j = 1, 2, \cdots, n)$，决策者针对该决策问题可有 m 个行动方案 $d_i(i = 1, 2, \cdots m)$；当采取行动方案 d_i 时，若出现自然状态 θ_j，则可以得到损益值 $L_{ij}(i = 1, 2, \cdots, m; j = 1, 2, \cdots, n)$，结合乐观准则决策法，可以得到乐观准则决策矩阵，如表 6-1 所示。

表 6-1　乐观准则决策矩阵

		自然状态分类				$f(d_i)$
		θ_1	θ_2	$\cdots$	θ_n	
行动方案	d_1	L_{11}	L_{12}	$\cdots$	L_{1n}	$f(d_1) = \max(L_{1j})$
	d_2	L_{21}	L_{22}	$\cdots$	L_{2n}	$f(d_2) = \max(L_{2j})$
	$\cdots$	$\cdots$	$\cdots$	$\cdots$	$\cdots$	$\cdots$
	d_m	L_{m1}	L_{m2}	$\cdots$	L_{mn}	$f(d_m) = \max(L_{mj})$
决策结果		$f(d_*) = \max[f(d_{12}), f(d_2), \cdots, f(d_m)]$				

乐观准则决策法的决策步骤如下。

(1) 确定决策问题将面临的各种自然状态 $\theta_j(j = 1, 2, \cdots, n)$。

(2) 确定解决决策问题的所有可行方案 $d_i(i = 1, 2, \cdots m)$。

(3) 计算每种可行方案在对应自然状态下的损益值 L_{ij}，并逐一罗列于决策矩阵表中。

(4) 求出每种方案在每一个自然状态下的最大损益值：

$$f(d_1) = \max(L_{11}, L_{12}, \cdots, L_{1n})$$
$$f(d_2) = \max(L_{21}, L_{22}, \cdots, L_{2n})$$
$$\vdots$$
$$f(d_m) = \max(L_{m1}, L_{m2}, \cdots, L_{mn})$$

(5) 取 $f(d_i)$ 中的最大值 $f(d_*) = \max[f(d_1), f(d_2), \cdots, f(d_m)]$，其所对应的方案 d_* 即为乐观准则法所选择的最佳决策方案。如果决策矩阵表是损失矩阵，则应采取最小损失值准则确定最佳决策方案。

3. 乐观准则决策法的适用范围

(1) 高收益值诱导。决策者运用有可能实现的高期望值目标，激励、调动人们奋进的积极性。实际结果如何并不重要，关键是重视决策目标的激励作用。

(2) 绝处逢生。企业处于绝境，运用其他较稳妥的决策方法难以摆脱困境。此时，与其等着破产，还不如采用最大期望值决策方案，通过拼搏，以求获得最后一线生机。

(3) 前景看好。决策者对企业的前景充满信心，应当采取积极进取的方案，否则就会贻误最佳时机。

(4) 实力雄厚。企业实力雄厚，如果过于稳妥、保守，企业往往会无所作为，甚至削弱市场地位。因此，还不如凭借其强大的风险抵御力勇于开拓、积极发展。

6.1.2 乐观准则决策法的应用

【例6-1】某企业营销某种产品，未来面临的产品销售状态划分为 4 类：θ_1，滞销；θ_2，与现在持平；θ_3，略好于现在；θ_4，畅销。该公司可能采取的行动方案有三种：d_1、d_2和d_3，不同方案在不同销售状态下所产生的收益值(万元)如表 6-2 所示，请运用乐观准则决策法选取最佳方案。

表 6-2 企业营销决策矩阵　　　　单位：万元

行动方案	自然状态分类			
	θ_1	θ_2	θ_3	θ_4
d_1	-20	88	151	120
d_2	-18	84	135	230
d_3	-55	56	103	180

解： 根据表 6-2 中的数据计算如下。

(1) 先从各方案中选取一个收益最大的值。

d_1中最大收益值为：max(-20，88，151，120) = 151(万元)

d_2中最大收益值为：max(-18，84，135，230) = 230(万元)

d_3中最大收益值为：max(-55，56，103，180) = 180(万元)

(2) 选出上述收益最大值中的最大值。

$$max(151，230，180) = 230(万元)$$

最大收益值 230 万元对应的方案为d_2，故d_2为最优方案。

例 6-1 实质上是一种收益矩阵的决策，但如果是损失矩阵，就应采用最小损失值决策准则。

【例6-2】某公司打算改建仓库。有 4 个可供选择的行动方案d_1，d_2，d_3和d_4，并有 4 个自然状态θ_1，θ_2，θ_3和θ_4与其对应，但这 4 个自然状态的概率却无法得知。相应的改建费用如表 6-3 所示，试进行决策。

表 6-3 仓库改建费用情况   单位：百万元

行动方案	自然状态分类			
	θ_1	θ_2	θ_3	θ_4
d_1	11	8	8	5
d_2	9	10	7	11
d_3	6	12	10	9
d_4	7	6	12	10

解：可以编制损失矩阵表，并得出各方案在各自然状态下的最小费用，具体如表 6-4 所示。

表 6-4 仓库改建损失矩阵   单位：百万元

		自然状态分类				$f(d_i)=\min(L_{ij})$
		θ_1	θ_2	θ_3	θ_4	
可行方案	d_1	11	8	8	5	5
	d_2	9	10	7	11	7
	d_3	6	12	10	9	6
	d_4	7	6	12	10	6
决策结果		$f(d_*) = \max[f(d_i)]$				5

由表 6-4 可知，最小损失值 500 万元所对应的行动方案 d_1 为最佳决策方案。

乐观准则是把各个方案的最大收益值对应的自然状态作为必然出现的状态来看待，从而把不确定型问题转化为确定型问题来解决。大中取大的乐观准则忽略了一些有价值的信息，只关心最大收益，其他所有收益都被忽略，最坏的损失无论多大都不考虑。这种方法是最乐观的，也是最冒险的，反映了决策者的冒进乐观态度。这类决策者在进行决策时需要尽可能多地理解事物的本质，预测事物的发展规律，三思而后行。

6.2 悲观准则决策法

6.2.1 悲观准则决策法的概念及决策步骤

1. 悲观准则决策法的概念

悲观准则决策法又称为 Wald 决策准则法，或者"小中取大"决策法，或者"坏中求好"决策法，其基本思想是决策者对客观情况持悲观态度，认为在未来发生的各种自然状态中，最坏状态出现的可能性最大，形势非常严峻，故其进行决策时设想对于每种方案均是以收益最小的状态发生。决策者从最差的情况着眼，从各个行动方案的最小收益中选取收益值最大的方案。

这种决策法的出发点是决策者对未来状态持悲观态度，决策者担心由于决策失误可能造成较大的经济损失，在进行决策分析时，比较小心谨慎，所以假定未来是最不理想的状态占优势，从最不理想的结果中选择最理想的结果。

2. 悲观准则决策法的决策步骤

设某一不确定型决策问题有 n 个自然状态 $\theta_j(j = 1, 2, \cdots, n)$，决策者有 m 个行动方案 $d_i(i = 1, 2, \cdots m)$，损益值 $L_{ij}(i = 1, 2, \cdots, m; j = 1, 2, \cdots, n)$，则悲观决策矩阵如表 6-5 所示。

表 6-5　悲观准则决策矩阵

行动方案		自然状态				$f(d_i)$
		θ_1	θ_2	...	θ_n	
	d_1	L_{11}	L_{12}	...	L_{1n}	$f(d_1) = \min(L_{1j})$
	d_2	L_{21}	L_{22}	...	L_{2n}	$f(d_2) = \min(L_{2j})$
	...	...	...	...	...	...
	d_m	L_{m1}	L_{m2}	...	L_{mn}	$f(d_m) = \min(L_{mj})$
决策结果		$f(d_*) = \max[f(d_1), f(d_2), \cdots, f(d_m)]$				

依据悲观准则决策法进行决策的步骤如下。

(1) 确定决策问题将面临的各种自然状态 $\theta_j(j = 1, 2, \cdots, n)$。

(2) 确定解决决策问题的所有可行方案 $d_i(i = 1, 2, \cdots m)$。

(3) 计算每种可行方案在对应自然状态下的损益值 L_{ij}，并逐一罗列于决策矩阵表中。

(4) 求出每种方案在每一个自然状态下的最小收益值。

$$f(d_1) = \min(L_{11}, L_{12}, \cdots, L_{1n})$$
$$f(d_2) = \min(L_{21}, L_{22}, \cdots, L_{2n})$$
$$\vdots$$
$$f(d_m) = \min(L_{m1}, L_{m2}, \cdots, L_{mn})$$

(5) 比较各方案的最收益小值，再从中选出最大收益值。

$$f(d_*) = \max[f(d_1), f(d_2), \cdots, f(d_m)]$$

这里方案 d_* 即为悲观准则决策法所选择的最佳方案。如果决策矩阵表为损失矩阵，则应采取最大最小的方法选出最优方案。

3. 悲观准则决策法的适用范围

悲观准则虽具有保守的特质，但也考虑在最不利中选取最有利的方案，不乏稳健可靠的特点。因此，该方法也有其适用的范围。例如，在竞争激烈的市场中，资金薄弱、规模较小或刚刚成立的企业，担心经不起经济大潮的冲击，决定从最坏的角度进行生产决策。另外，在某些行动中，人们已经遭受了重大的损失，如人员伤亡、天灾人祸需要恢复元气，往往也采用这一较为稳妥的准则进行决策。总的来说，对于那些把握很小、损失很大的决策问题可以考虑采用悲观准则决策法。

6.2.2　悲观准则决策法的应用

【例 6-3】某企业拟开发新产品，有三种设计方案可供选择。因不同设计方案的制造成本、产品性能各不相同，在不同市场状态下的损益值也各异。有关资料如表 6-6 所示，试用悲观准则决策法做出决策。

表 6-6　新产品收益情况　　　　　　　　　　单位：万元

设计方案	市场状态		
	畅销	一般	滞销
d_1	50	40	20
d_2	70	50	0
d_3	100	30	-20

解：根据题意，可以编制该企业悲观准则决策矩阵如表 6-7 所示。

表 6-7　新产品收益悲观准则决策矩阵　　　　单位：万元

		市场状态			$f(d_i)=\min(L_{ij})$
		畅销	一般	滞销	
方案	d_1	50	40	20	20
	d_2	70	50	0	0
	d_3	100	30	-20	-20
决策结果		$f(\mathrm{d}_*) = \max[f(d_1),\ f(d_2),\ \cdots,\ f(d_m)]$			20

可见，收益值 20 万元所对应的设计方案 d_1 是最佳决策方案。

悲观准则是把各个方案的最小收益值对应的自然状态作为最有可能出现的状态来看待，类似于乐观准则也是把不确定型问题转化为确定型问题来解决。使用悲观准则的决策者较多考虑的是自己能否承受失败带来的打击，所以首先考虑最糟糕的情况。这充分体现了决策者态度谨慎、性格稳重及对未来缺乏信心的特点。

6.3　乐观系数准则决策法

乐观系数准则决策法也称为赫威茨乐观系数准则法，或者叫折中准则决策法。乐观系数准则决策法是介于乐观决策准则和悲观决策准则之间的一种决策准则。单纯的乐观准则和悲观准则对自然状态的假设过于极端，乐观准则认为总会出现最好的状态，过于乐观、冒进；而悲观准则认为总会出现最坏的状态，过于谨慎、保守。决策者在决策时对未来不应过分地悲观、保守，也不应过分地乐观、冒进，应该结合决策者的经验和对未来的估计，在最好与最坏的情形之间进行一个平衡。鉴于此，赫威茨建议采取二者的折中，为此他提出了"乐观系数"的概念。基于乐观系数的决策法就称为乐观系数准则决策法。

6.3.1 乐观系数准则决策法的概念及决策步骤

1. 乐观系数准则决策法的概念

乐观系数准则又叫折中准则或者α系数准则，其是对乐观准则和悲观准则进行折中的一种决策准则。α系数依决策者认定情况是乐观还是悲观而取不同的值。若 $\alpha = 1$，则认定情况完全乐观；$\alpha = 0$，则认定情况完全悲观；一般情况下，则$0 < \alpha < 1$。α越大，越乐观；反之，则越悲观。

2. 乐观系数准则决策法的决策原理与决策矩阵表

设未来事件可能出现n个自然状态$\theta_j(j = 1，2，\cdots，n)$，决策者针对该决策问题可有$m$个行动方案$d_i(i = 1，2，\cdots m)$；当采取行动方案$d_i$时，若出现自然状态$\theta_j$，则可以得到损益值$L_{ij}(i = 1，2，\cdots，m；j = 1，2，\cdots，n)$，若所讨论的矩阵为收益矩阵，令

$$f(d_i) = \alpha[\max(L_{ij})] + (1 - \alpha)[\min(L_{ij})]$$

其中，$0 \leqslant \alpha \leqslant 1$，$f(d_*) = \max[f(d_i)]$。

若所讨论的决策问题属于损失矩阵，令

$$f(d_i) = \alpha[\min(L_{ij})] + (1 - \alpha)[\max(L_{ij})]$$

则

$$f(d_*) = \min[f(d_i)]$$

方案d_*就是乐观系数准则决策法所选取的最优决策方案。根据以上原理，可得乐观系数决策矩阵，如表 6-8 所示。

表 6-8　乐观系数决策矩阵

		自然状态				$f(d_i)$
		θ_1	θ_2	...	θ_n	
行动方案	d_1	L_{11}	L_{12}	...	L_{1n}	$f(d_1) = \alpha[\max(L_{1j})] + (1 - \alpha)[\min(L_{1j})]$
	d_2	L_{21}	L_{22}	...	L_{2n}	$f(d_2) = \alpha[\max(L_{2j})] + (1 - \alpha)[\min(L_{2j})]$
	...	...	...	...	...	...
	d_m	L_{m1}	L_{m2}	...	L_{mn}	$f(d_m) = \alpha[\max(L_{mj})] + (1 - \alpha)[\min(L_{mj})]$
决策结果		$f(d_*) = \max[f(d_1)，f(d_2)，\cdots，f(d_m)]$				

3. 乐观系数准则决策法的步骤

依据乐观系数进行决策的一般步骤如下。

(1) 判断决策问题可能出现的几种自然状态$\theta_1，\theta_2，\cdots，\theta_n$。

(2) 拟订决策问题的备选方案$d_1，d_2，\cdots，d_m$。

(3) 推测出各个方案在各种自然状态下的收益值$L_{ij}(i=1，2，\cdots，m；j=1，2，\cdots，n)$。

(4) 分别计算出各个方案在不同自然状态下的最大收益值和最小收益值。

$$\min(L_{ij}) = \min(L_{i1}, L_{i2}, \cdots, L_{in}) (i = 1, 2, \cdots, m)$$

$$\max(L_{ij}) = \max(L_{i1}, L_{i2}, \cdots, L_{in}) (i = 1, 2, \cdots, m)$$

(5) 根据具体情况确定乐观系数α，$0 < \alpha < 1$，α越大，表明决策者越乐观；α值越小，表明决策者越悲观。

(6) 计算各个方案的折中值$f(d_i)$。

$$f(d_i) = \alpha[\max(L_{ij})] + (1 - \alpha)[\min(L_{ij})] \qquad (i = 1, 2, \cdots, m)$$

(7) 比较各方案的折中值$f(d_i)$，再从中选取最大值$f(d_*)$，该值所对应的方案d_*即为乐观系数准则决策法选取的最优方案。

$$f(d_*) = \max[f(d_1), f(d_2), \cdots, f(d_m)]$$

6.3.2 乐观系数准则决策法的应用

【例 6-4】某企业准备生产一种全新的产品，预测人员对该产品的市场需求只能大致估计为销路好、销路较好、销路一般和销路差 4 种情况，对每种情况发生的概率也无法预知。生产该产品有 4 种方案：①改建原生产线；②新建一条生产线；③利用原生产线生产部件，不能生产的由外协解决；④与有关企业联合生产。4 种方案在各种状态下的收益值如表 6-9 所示。假定决策者根据市场情况的判断认为市场需求情况较好，因而确定乐观系数为$\alpha = 0.6$，请使用乐观系数准则法帮助该企业做出合理的选择。

表 6-9 企业收益情况　　　　　　　　　　　　　　单位：万元

方案	销路好	销路较好	销路一般	销路差
d_1	600	550	400	200
d_2	800	600	-100	-300
d_3	300	200	50	-100
d_4	450	260	100	70

解：根据题意，先分别确定每个方案对应的最大值与最小值，假设取乐观系数$\alpha = 0.6$，运用折中值计算公式$f(d_i) = \alpha[\max(L_{ij})] + (1 - \alpha)[\min(L_{ij})]$ 得出各个方案的折中值。

$$f(d_1) = 0.6 \times 600 + 0.4 \times 200 = 440$$
$$f(d_2) = 0.6 \times 800 + 0.4 \times (-300) = 360$$
$$f(d_3) = 0.6 \times 300 + 0.4 \times (-100) = 140$$
$$f(d_4) = 0.6 \times 450 + 0.4 \times 70 = 298$$

计算结果如表 6-10 所示。

表 6-10　企业收益乐观系数决策矩阵　　　　　　　　　　　单位：万元

方案	销路好	销路较好	销路一般	销路差	$\max(L_{ij})$	$\min(L_{ij})$	$f(d_i)$
d_1	600	550	400	200	600	200	440
d_2	800	600	−100	−300	800	−300	360
d_3	300	200	50	−100	300	−100	140
d_4	450	260	100	70	450	70	298

根据表 6-10，可知 $f(d_1)$ 最大为 440，其所对应的方案 d_1 即为最优的决策方案。

乐观系数准则决策法采用了折中的方式克服了乐观准则和悲观准则的两种极端倾向，运用乐观系数平衡了行动方案的最大收益值和最小收益值，使得决策者在做决策时不会过于激进也不会过于保守，但它也存在一些缺陷。

(1) 乐观系数准则决策法仅注意到最大收益值和最小收益值，忽略了其他值，以及它们出现的次数，依然不能充分利用决策矩阵的信息。

(2) 乐观系数 α 不易确定，运用不同方法得到的乐观系数均有可能不同，其决策方法仍然具有很大的主观性。

6.4　后悔值准则决策法

6.4.1　后悔值准则决策法的概念及决策步骤

1. 后悔值准则决策法的概念

后悔值准则决策法也称萨维奇准则决策法，后悔值准则是指通过计算各种方案的后悔值来选择决策方案的一种决策准则。

由于自然状态的不确定性，决策者在做决策时，选定的方案有可能是最优方案，也有可能不是最优方案。如果决策者可以确定自然状态，必然首先选择收益值最大的方案，此时决策者不会感到后悔；但如果决策者由于决策失误选定的不是这一方案，而是其他方案，就会感到后悔。两个方案的收益值之差称为后悔值。也即将每种自然状态的最高值(指的是收益矩阵，若为损失矩阵则应取最低值)定为该状态的理想目标，并将该状态中的其他值与最高值相减，两者之差即为未达到理想之后悔值。

后悔值表示的是决策者在一定自然状态下因没有选择最好的方案所造成的机会损失，反映了决策者的后悔程度，后悔值越大，决策者就越后悔。决策者不希望后悔，所以应选取后悔值最小的决策方案，这就是后悔值决策法的基本思想。

2. 后悔值准则决策法的基本原理

后悔值准则决策法的基本原理是决策者先计算出各方案在不同自然状态下的后悔值，然后分别找出各方案对应不同自然状态下后悔值中的最大值，最后从这些最大后悔值中找出最小的一个后悔值，将其对应的方案作为最优方案。

设某一不确定型决策问题有 n 个自然状态 $\theta_j (j = 1,2, \cdots, n)$，决策者有 m 个行动方案 $d_i (i = 1,2, \cdots, m)$，损益值 $L_{ij} (i = 1,2, \cdots, m; j = 1,2, \cdots, n)$。在 θ_j 自然状态下，必有一个方案的收益值最大，用 $f(j)$ 表示最大收益值，则

$$f(j) = \max_{i=1,2,\cdots,m}(L_{ij}) = \max_{i=1,2,\cdots,m}(L_{1j}, L_{2j}, \cdots, L_{mj}) \quad (j = 1,2, \cdots, n)$$

则在这一状态下各方案的后悔值为

$$g_{ij} = f(j) - L_{ij} (i = 1,2, \cdots, m; j = 1,2, \cdots, n)$$

各备选方案与自然状态对应都分别有一个后悔值，n 种自然状态，则每个行动方案有 n 个后悔值。某一方案 d_i 的 n 个后悔值中的最大者，即为该方案的最大后悔值。

在这些最大后悔值中，选取后悔值最小的方案，该方案就是最优方案。

3. 后悔值准则决策方法的步骤

假设各行动方案总是出现后悔值最大的情况，从中选择出后悔值最小的方案作为最满意方案。具体步骤如下。

(1) 分别找出 θ_j 自然状态下的最大收益值 $f(j)$。

(2) 根据 $f(j)$ 计算各方案 d_i 在每种自然状态 θ_j 下的后悔值 g_{ij} (即机会损失值)，得到后悔值矩阵，如表 6-11 所示。

表 6-11　后悔值矩阵

行动方案	θ_1	θ_2	$\cdots$	θ_n	$g_i = \max(g_{ij})$
d_1	g_{11}	g_{12}	$\cdots$	g_{1n}	$\max(g_{1j})$
d_2	g_{21}	g_{22}	$\cdots$	g_{2n}	$\max(g_{2j})$
$\cdots$	$\cdots$	$\cdots$	$\cdots$	$\cdots$	$\cdots$
d_m	g_{m1}	g_{m2}	$\cdots$	g_{mn}	$\max(g_{mn})$
决策	$\min(g_i)$				

(3) 找出各方案的最大后悔值，即

$$g(d_i) = \max(g_{ij}) = \max_{j=1,2,\cdots,n}[g_{i1}, g_{i2}, \cdots, g_{ij}, \cdots, g_{in}] \quad (i = 1,2, \cdots, m)$$

(4) 在各方案的最大后悔值中取最小值，其对应的方案为最满意方案。

$$g(d_*) = \min[g(d_1), g(d_2), \cdots, g(d_m)]$$

方案 d_* 即为按后悔值准则决策法进行决策的最佳方案。

4. 后悔值准则决策方法的适用范围

后悔准则决策法一般适用于有一定基础的中小企业。因为这类企业一方面能承担一定风险，因而可以不必太保守；另一方面，又不能抵挡大的灾难，又不能像乐观准则决策那样过于冒进。对这类企业来讲，采用最小最大后悔值准则决策法进行决策属于一种稳中求发展的决策。

6.4.2　后悔值准则决策法的应用

【例6-5】某企业准备投资一个新项目，拟订要比较分析的备选方案有三个，分别是A、B、C三种不同的项目，预计将来可能出现的经营形势有好、一般和差三种情况。现无法把握每种情况出现的概率，但可预测出计划期内各方案的利润总额如表6-12所示。请用后悔值准则决策法选择最佳方案。

表6-12　企业预测利润　　　　　　　　　　单位：万元

经营项目	市场状态		
	好	一般	差
A	90	80	30
B	120	60	−10
C	80	50	40

解：第一步，确定每种自然状态的最大值。

由表6-12中的数据，可得每种自然状态的最大值分别是120万元、80万元、40万元。

第二步，计算后悔值，得后悔值矩阵如表6-13所示。

表6-13　计划期利润后悔值　　　　　　　　单位：万元

经营项目	市场状态			最大后悔值
	好	一般	差	
A	30	0	10	30
B	0	20	50	50
C	40	30	40	40

在经营好的情况下，项目B利润最高，不会后悔，即后悔值为0；若选项目A，后悔值为120−90=30万元；若选项目C，后悔值为120−80=40万元。

在经营一般的情况下，项目A的利润最高，说明选项目A不会后悔，即后悔值为0；若选项目B，后悔值为80−60=20万元；若选项目C，后悔值为80−50=30万元。

在经营状况差的情况下，只有选择项目C才不会后悔。否则，若选项目A，后悔值为40−30=10万元；若选B项目，后悔值为40−(−10)=50万元。

第三步，确定各方案的最大后悔值。

项目A在三种自然状态下的后悔值分别为30万元、0和10万元，则最大后悔值为30万元。

项目B在三种自然状态下的后悔值分别为0、20万元和50万元，则最大后悔值为50万元。

项目C在三种自然状态下的后悔值分别为40万元、30万元和0，则最大后悔值为40万元。

第四步，确定决策方案。

项目A、B和C的最大后悔值分别30万元，40万元和50万元，其中项目A的最大后悔值30万元最小，因此，应选择项目A为最佳决策方案。

【例6-6】某商店根据市场供求关系的变化及生产的现实可能性，拟定A、B、C、D 4个备选方案来满足需求。市场需求未来可出现高、中、低三种自然状态。经过对三种自然状态下商店可能达到的销售额及有关财务指标核算，各备选方案不同自然状态下的收益值如表 6-14 所示。

表 6-14　各备选方案不同市场状态下的销售额　　单位：百万元

方　案	市场状态		
	高需求	中需求	低需求
A	5	3	1
B	7	3	-1
C	10	5	-4
D	15	0	-6

试用后悔值准则决策法进行决策。

解：由后悔值准则决策法的计算原理可知，先计算各种状态在每种方案下的最大销售额，则 A、B、C、D 4 种方案在高、中、低三种需求状态下的最大销售额分别为 15 万元、5 万元和 1 万元；计算得到后悔值准则决策矩阵，如表 6-15 所示。

表 6-15　最小后悔值决策矩阵　　单位：百万元

		市场状态			最大后悔值
		高需求	中需求	低需求	
方案	A	10	2	0	10
	B	8	2	2	8
	C	5	0	5	5
	D	0	5	7	7
决策		最小的最大后悔值			5

由表 6-15 可知，方案 C 是最优决策方案。

若原来的行动方案中再增加一个方案，则后悔值可能改变。

从某些方面而言，后悔值准则与悲观准则属同一种类型，只是考虑问题的出发点有所不同。由于它是从避免失误的角度决策问题，使此准则在某种意义上比悲观准则合乎情理一些，相对而言是一个稳妥的决策原则。

6.5　等概率准则决策法

6.5.1　等概率准则决策法的概念及决策步骤

1. 等概率准则决策法的概念

等概率准则决策法是 19 世纪法国数学家拉普拉斯提出的，因此又称

作拉普拉斯准则。在缺乏准确信息的情况下，各种自然状态出现的概率是未知的。因此可认为这些状态出现的概率是相等的，即等概率的。在这种假定条件下计算各个行动方案的期望值，而其中具有最大收益值的方案，就是最优方案。

2. 等概率准则决策法的原理

决策者不能肯定哪种状态会出现，故而采取一视同仁的态度，认为出现的可能性相等，如果有n个状态，则每种状态出现的概率均为$1/n$，然后计算各方案的最大期望收益值，从中选取最大的即可。

3. 等概率决策准则法的步骤

等概率决策准则法的一般步骤如下。

(1) 判断决策问题可能出现的几种自然状态θ_1，θ_2，$\cdots$，θ_n。

(2) 拟订决策问题的备选方案d_1，d_2，$\cdots$，d_m。

(3) 计算出各个行动方案在各种自然状态下的收益值$L_{ij}(i = 1，2，\cdots，m；j = 1，2，\cdots，n)$。

(4) 计算各行动方案的等概率收益值。

$$f(d_i) = \frac{1}{n}\sum_{j=1}^{n} L_{ij}\,(i = 1，2，\cdots，m)$$

(5) 比较各行动方案的等概率收益值，从中选出最大值，其所对应的方案d_*即最佳行动方案。

$$f(d_*) = \max[f(d_i)]$$

等概率准则是将不确定型决策问题转化为风险型决策问题来处理，决策者将概率引入决策问题，把各种自然状态发生的概率假定为一个相等的值，不是只考虑最好或者最坏的状态，又不丢掉任何一种状态下的收益信息，是一种相对而言考虑全面的决策方法。但是该准则同样存在缺陷，其认为各种状态出现的概率是相同的，实际上各种状态等概率发生的可能性很小，这样考虑问题未免过于简单。

6.5.2　等概率准则决策法的应用

【例 6-6】西瓜进货方案。西瓜的购进方案与未来的气温数据如表 6-16 所示。

表 6-16　西瓜销售利润数据　　　　　　　　　　　单位：万元

方案	气温状态		
	30℃以下	30℃～35℃	35℃以上
购进西瓜 2 000kg	600	800	800
购进西瓜 5 000kg	150	2 000	2 000
购进西瓜 8 000kg	-300	1 550	3 200

解：计算得到等概率决策矩阵如表 6-17 所示。

表 6-17　等概率决策矩阵　　　　　　　　　　　单位：万元

	气温状态			各方案期望
	30℃以下	30℃～35℃	35℃以上	收益值
购进西瓜 2 000kg	600	800	800	733.3
购进西瓜 5 000kg	150	2 000	2 000	1 383.3
购进西瓜 8 000kg	-300	1 550	3 200	1 483.3
决策	最优收益值			1 483.3

可见，购进西瓜 8 000kg 所对应的收益期望值最大，所以应该选择购进西瓜 8 000kg 的方案。

6.6　不确定型决策案例分析

【例 6-7】某公司拟对是否进行一项新工艺进行决策。根据市场可能对产品的反应把自然状态划分为 4 类：P_1，需求降低；P_2，需求保持不变；P_3，需求比目前好；P_4，需求大好。该公司可能采取的行动方案有三种：A_1，以抓新工艺研究开发为主，并维持现有产品生产；A_2，一方面抓新工艺研究，另一方面扩大现有产品的产量并提高产品质量，保证占有一定市场份额；A_3，不搞新工艺研究开发，全力扩大现有产品的产量并提高产品质量，扩大市场占有份额。不同方案在不同价格状态下所产生的收益或损失，如表 6-18 所示，请问采取哪种方案收益最大。

表 6-18　新产品决策数据　　　　　　　　　　　单位：万元

方案	自然状态分类			
	P_1	P_2	P_3	P_4
A_1	-36	98	131	160
A_2	-23	64	162	210
A_3	-15	33	73	110

下面我们分别使用乐观准则决策法、悲观准则决策法、乐观系数准则决策法、后悔值准则决策法和等概率准则决策法进行，具体步骤如下。

1. 乐观准则决策法
(1) 先从各方案中选取一个收益最大的值。

A_1 中最大收益值为：max(-36，98，131，160) = 160(万元)

A_2 中最大收益值为：max(-23，64，162，210) = 210(万元)

A_3 中最大收益值为：max(-15，33，73，110) = 110(万元)

(2) 选出最大值收益中的最大值：max(160，210，110) = 210(万元)

最大值 210 万元对应的方案为 A_2，则 A_2 为最优方案。

根据乐观准则进行决策，该公司应一面抓新产品研究开发，一面扩大现有产品的产量并提高质量，保证占有一定市场份额。

2. 悲观准则决策法

(1) 先选出各种自然状态下每个方案的最小收益值。

A_1中最小收益值为：$\min(-36，98，131，160) = -36$(万元)

A_2中最小收益值为：$\min(-23，64，162，210) = -23$(万元)

A_3中最小收益值为：$\min(-15，33，73，110) = -15$(万元)

(2) 选出最小值中最大值$\max(-36，-23，-15) = -15$(万元)。最大值-15 万元所对应的方案为A_3，则A_3为最优方案。

根据悲观准则进行决策，该公司应全力扩大现有产品的产量并提高质量，不搞新产品研究开发。

3. 乐观系数准则决策法(取$\alpha = 0.6$)

(1) 选出每一方案的最大值与最小值。

$$A_1: \max(-36，98，131，160) = 160(\text{万元})$$
$$\min(-36，98，131，160) = -36(\text{万元})$$
$$A_2: \max(-23，64，162，210) = 210(\text{万元})$$
$$\min(-23，64，162，210) = -23(\text{万元})$$
$$A_3: \max(-15，33，73，110) = 110(\text{万元})$$
$$\min(-15，33，73，110) = -15(\text{万元})$$

(2) 取乐观系数$\alpha = 0.6$，计算各方案的收益期望值。

$$E(A_1) = 0.6 \times 160 + (1 - 0.6) \times (-36) = 81.6(\text{万元})$$
$$E(A_2) = 0.6 \times 210 + (1 - 0.6) \times (-23) = 116.8(\text{万元})$$
$$E(A_3) = 0.6 \times 110 + (1 - 0.6) \times (-15) = 60(\text{万元})$$

方案A_2的收益值期望最大，因此该公司应选择方案A_2，即一方面抓新产品研究开发，另一方面扩大现有的产品产量并提高产品质量，保证占有一定市场份额。

4. 后悔值准则决策法

(1) 首先从决策收益表中确定各种自然状态下的最大收益值，得到

$$\max(P_1) = \max(-36，-23，-15) = -15(\text{万元})$$
$$\max(P_2) = \max(98，64，33) = 98(\text{万元})$$
$$\max(P_3) = \max(131，162，73) = 162(\text{万元})$$
$$\max(P_4) = \max(160，210，110) = 210(\text{万元})$$

(2) 用每列的最大收益值减去该自然状态下各方案的收益值，得到后悔值，如表 6-19 所示。

表 6-19　后悔值矩阵

可选方案	后悔值				$\max(p_{ij})$
	P_1	P_2	P_3	P_4	
A_1	21	0	31	50	50
A_2	8	34	0	0	34
A_3	0	65	89	100	100

(3) 选出每个方案的最大后悔值，即

方案A_1的最大后悔值：$\max(p_{1j})=\max(21,\ 0,\ 31,\ 150)=50$(万元)

方案A_2的最大后悔值：$\max(p_{2j})=\max(8,\ 34,\ 0,\ 0)=34$(万元)

方案A_3的最大后悔值：$\max(p_{3j})=\max(0,\ 65,\ 89,\ 100)=100$(万元)

三个最大后悔值中的最小值为 34 万元，则方案A_2为最优方案。

5. 等概率准则决策法

先计算各方案的等概率收益值，即

$$E(A_1) = \frac{1}{4}(-36 + 98 + 131 + 160) = 88.25(万元)$$

$$E(A_2) = \frac{1}{4}(-23 + 64 + 162 + 210) = 103.25(万元)$$

$$E(A_3) = \frac{1}{4}(-15 + 33 + 73 + 110) = 50.25(万元)$$

根据计算结果，方案A_2的平均收益最大，所以应选择方案A_2，即一方面抓新产品研究开发，另一方面扩大现有产品的产量并提高产品质量，保证占有一定市场份额。

6. 不同决策准则的选择与比较

由例 6-7 可知，对于同一问题，采取不同的决策准则，得到的方案不同。在理论上，不能证明哪种方案更合理；在实际中，方案的选择还要根据决策者对自然状态的看法而定。

乐观决策准则法适合对未来发展形势乐观，有充分的信心取得理想结果的决策者。

悲观准则决策法适合企业规模小，承担风险的能力弱，对未来信心不足，比较保守的决策者。

乐观系数准则决策法适合对未来的形势保持中性的看法时采用。

后悔值准则决策法通常适用于那些对决策失误的后果看得比较重的决策者。

等概率准则决策法适用于未来形势不明朗的决策者。

思考与练习题

1. 名词解释：乐观准则决策法，悲观准则决策法，乐观系数准则决策法。

2. 不确定型决策方法有哪些？

3. 简述乐观准则决策方法的一般步骤。

4. 简述乐观系数准则决策法的决策公式。

5. 简要说明后悔值准则决策法如何实施。

6. 简要说明在解决不确定型决策问题时应如何选择最佳决策方法。

7. 不确定型决策与风险型决策有什么不同？

8. 某企业为了适应市场的需要，决定投产一种新产品。为此，提出了三种备选方案：d_1，引进国外生产线；d_2，对原生产线进行技术改造；d_3，与国内某同类企业进行合作生产。但该企业对新产品的投产又感到不能盲目乐观，决定以 $\alpha = 0.65$ 的乐观系数进行乐观系数准则进行决策。该企业估算以上三种方案在市场出现高需求、中等需求、低需求的情况下 10 年之内所获利润(单位：万元)如表 6-20 所示。问该企业应该选择哪一种方案为最优方案？分别按不同的准则进行决策。

表 6-20 三种方案在不同需求情况下所获利润　　　　　单位：万元

方案	市场情况		
	高需求	中等需求	低需求
d_1	650	200	−150
d_2	400	180	100
d_3	350	270	5

9. 某公司经过测算，估计在各种经营方式及不同市场状态下的年收益值如表 6-21 所示。

表 6-21 各种经营方式及不同市场状态下的年收益值

方案	市场情况		
	高需求	一般	滞销
经营方式 1	9	7	4
经营方式 2	12	8	−1
经营方式 3	10	6	3

试按乐观准则、悲观准则、乐观系数准则($\alpha = 0.7$)和后悔值准则分别选择相应的方案。

第**7**章

灰色理论决策

一个领导人重要的素质是方向、节奏。他的水平就是合适的灰度。坚定不移的正确方向来自灰度、妥协与宽容。一个清晰的方向，是在混沌中产生的，是从灰度中脱颖而出的，方向是随时间与空间而变的，它常常又会变得不清晰。并不是非白即黑、非此即彼。

——任正非

学习目标与要求

1. 掌握灰色系统的概念，理解灰色理论的内容；
2. 了解灰数的概念、种类及白化方法；
3. 熟练掌握灰色关联分析法解决实际问题的步骤；
4. 掌握关联度的计算，了解关联度的性质；
5. 掌握灰色系统建模原理；
6. 掌握灰色决策的三种方法；
7. 熟练使用灰色决策的理论与方法解决实际问题。

客观世界既是物质的世界，也是信息的世界，社会经济活动一刻也离不开信息。无论研究的是社会系统还是自然系统，无生命系统还是有生命系统，宏观系统还是微观系统，很难做到一个系统的内部参数是完全的；也就是说，系统内部参数不完全的情形具有极为普遍的意义，灰色系统理论也就应运而生了。

1982 年，我国学者邓聚龙教授在《系统与控制通讯》期刊上发表了一篇关于灰色系统理论的论文《灰色系统的控制问题》，文章的发表引起了学术界高度重视；同年，《华中工学院学报》发表了邓教授的另一篇灰色系统理论论文《灰色控制系统》，这两篇文章标志着灰色系统这一学科的诞生。1985 年，国际灰色系统研究会成立。目前，国内外已经有 300多种期刊发表过灰色系统论文，许多国际会议将灰色系统理论列为讨论专题，随着灰色系统理论研究的不断深入和发展，该理论已成功应用到工业、农业、社会、经济等众多领域，解决了生产、生活和科学研究中的大量实际问题，取得了丰富的应用成果。灰色系统理论经过这么多年的发展，已基本建立了较为完备的知识体系，内容涉及灰色系统的建模理论、灰色因素的关联分析理论、灰色预测理论和决策理论、灰色系统分析和控制理论及灰色系统的优化理论等。本章将主要介绍灰色系统理论在统计决策上的应用，目前灰色理论决策的常用方法包括灰关联决策法、灰局势决策法与灰发展决策法。

7.1 灰色理论决策概述

灰色系统理论起源于对控制论的研究，是一门新兴学科，这门学科为处理信息不完备、不确定及数据较少的预测、决策问题，提供了很好的决策方法。灰色系统理论的研究对象即是灰色系统，其以灰色系统的白化、淡化、量化、模型化、最优化为核心，达到对各种灰色系统发展的预测和决策。

7.1.1 灰色系统的概念

在灰色系统理论被提出之前，"黑箱"理论已经得到了广泛应用。"黑箱"概念是英国生物学家艾什比提出的，后来被广泛应用于系统控制论；简单地说，"黑箱"理论指的是不直接对研究对象内部结构及其相互作用的细节进行研究，而是将研究对象看成"黑箱"，通过对研究对象外部行为的分析来探究其内部结构，或者说是从研究对象的输入和输出状况去描述和把握研究对象的行为。黑箱方法对于研究复杂系统特别有效，比如一个社会系统总是由许多人组成的，他们在血缘、经济、政治、文化等各个方面又有着千丝万缕难以辨明的关系，如果运用传统分析方法，即通过了解每一种联系从而认识总体，工作量极大，甚至不可能做到；黑箱方法则只需要观察、研究有限的输入和输出变量，就有可能对它做出有效的研究了。

如果将"黑箱"打开，直接考察并把握研究对象的内部结构及其联系，这种打开了的"黑箱"，也即可以直接观测其内部结构的"黑箱"，艾什比称它为"全知的黑箱"，后被称为"白箱"；是指在认识了系统的结构之后，可以完全地把握与预测此系统以后的行为。比如电子计算机，其运输程序是事先设计好的，就是一个"白箱"。居于"黑箱"与"白箱"之间状态的系统则是所谓的"灰箱"。

1. 灰色系统

"白箱"和"黑箱"代表了对研究对象的信息掌握的两种极端情况，全知或者一无所知。这两个概念提出以后，人们便开始用颜色深浅表示系统的信息完备程度，于是将系统分为三种类型：信息完全明确的系统称为白色系统，信息完全不明确的系统称为黑色系统，信息部分明确、部分不明确的系统则称为灰色系统。灰色系统的研究对象是信息不完备、不确定、部分信息未知的"贫信息"系统，灰色系统具有"外延明确、内涵不明确"的特点。

2. 灰色系统的基本原理

理解灰色系统须基于以下几个原理。

1) 差异信息原理

差异即信息，凡信息必有差异。我们说两件事物不同，即含有一事物对另一事物之特殊性有关信息。客观世界中万事万物之间的差异为我们提供了认识世界的基本信息。

2) 解的非唯一性原理

灰色系统的解是非唯一的。由于灰色系统信息是不完全、不确定的，所以就不可能存在精确的唯一解。该原理是灰色系统理论解决实际问题所遵循的基本法则。

3) 最少信息原理

最少信息原理是"少"与"多"的辩证统一，所获得的信息量是判断灰与非灰的分水岭。灰色系统理论的特点是充分利用已占有的"最少信息"，研究小样本、贫信息不确定性问题。

4) 认知根据原理

信息是认知的根据。认知必须以信息为依据，没有信息，无以认知，以完全、确定的信息为根据，可以获得完全确定的认知，以不完全、不确定的信息为根据，则只能获得不完全确定的认知。

5) 新信息优先原理

新信息对认知的作用大于旧信息。新信息直接影响系统未来趋势，对系统未来发展起主要作用的是基于现实的新信息。

6) 灰性不灭原理

信息不完全、不确定具有普遍性，是绝对的，信息完全是相对的、暂时的。人类对客观世界的认识，通过信息的不断补充而一次又一次地升华；可以这样说，信息是无穷尽的，认知也是无穷尽的，进而可以说客观世界的灰性永不灭。

3. 灰色决策

灰色决策是指在决策模型中含有灰元或一般决策模型与灰色模型相结合的情况下进行的决策；简单地说，就是运用灰色系统理论进行决策。

7.1.2　灰数概念及其分类

1. 灰数的概念

灰色系统一般用灰数、灰色模型和灰色矩阵等来描述，其中灰数是灰色系统的基本"单元"或"细胞"，灰数是灰色理论的一个重要概念。所谓灰数，是指只知道大概范围而不知道确切取值的实数，在实践中，灰数通常是指在某一个区间或某个一般的数集内取值的不确定数，通常用"$\otimes$"表示。

某市 2020 年居民储蓄存款余额预计 500 亿～600 亿元，居民储蓄存款余额便是灰数。若年底结算存款余额为 585 亿元，则该灰数的真值是 585 亿元。

2. 灰数的分类

1) 从灰数取值的特征来分类

(1) 仅有下界的灰数、仅有上界的灰数和区间灰数。仅有下界的灰数，记为 $\otimes \in [\underline{a}, \infty]$，$\underline{a}$ 为该灰数的下界，即最小值。例如，大海中一只游来游去的虎头鲸，其重量便是有下界的灰数，因为虎头鲸的重量一定大于零，但却不容易获得其准确的重量。

仅有上界的灰数，记为$\otimes \in [-\infty, \bar{a}]$，$\bar{a}$为该灰数的上界，即最大值。例如，上级指派一项工作任务，一般都有时间限制；完成工作的时间就是有上界的灰数。

区间灰数，记为$\otimes \in [\underline{a}, \bar{a}]$，指的是既有上界又有下界的灰数。例如，某人的月收入为 5 000～6 000 元。

(2) 连续灰数与离散灰数。取值连续地充满某一区间的灰数称为连续灰数，比如人的身高、体重。

在某一区间内取有限个值或可数个值的灰数称为离散灰数，比如某班级人数，人数一定取整，叫作离散灰数。

(3) 黑数与白数。当$\otimes \in [\otimes_1, \otimes_2]$或$\otimes \in [-\infty, \infty]$，即当$\otimes$的上、下界皆为无穷或灰数时，称其为黑数。当$\otimes \in [\underline{a}, \bar{a}]$且$\underline{a} = \bar{a}$时，称其为白数。

为方便研究问题，我们将黑数与白数看作是灰数的一种特殊情况。

(4) 本征灰数与非本征灰数。本征灰数是指不能或暂时不能找到一个白数作为其"代表"的灰数。比如，某项资金投入股市，投资期 3 个月，其收益便是本征灰数。

非本征灰数是指凭先验信息或某种手段，可以找到一个白数作为其代表的灰数。例如，某人的托福考试成绩在 600 分左右，可将 600 作为该考生托福成绩的白化数，记为$\tilde{\otimes}(600) = 600$。

2) 根据灰数的本质分类

(1) 信息型灰数。指因暂时缺乏信息而不能确定其取值的灰数。例如，预计某地区 2020 年小麦产量在 500 万吨以上，预计杭州市 2020 年 10 月的最高气温不超过 35℃。

(2) 概念型灰数。指由人们的某种观念、意愿形成的灰数。例如，某科研机构承担一项国家重点科技攻关课题，希望科研经费投入不低于 5 000 万元，并且越多越好；某制造企业的废品率为 0.5%，希望大幅度降低，且越小越好。

(3) 层次型灰数。指由层次改变形成的灰数。有的数，从系统的高层次，即宏观层次、整体层次或认识的概括层次上看是白的，可到低层次上，则可能是灰的。例如，一个码头上的堆场面积，以平方米度量是白的，若精确到万分之一平方毫米就成灰色的了。

7.1.3　灰数的运算及其白化

1. 区间灰数的运算法则

设有灰数$\otimes_1 \in [a, b]$，$a < b$；$\otimes_2 \in [c, d]$，$c < d$；用符号*表示$\otimes_1$与$\otimes_2$间的运算。若$\otimes_3 = \otimes_1 * \otimes_2$，则$\otimes_3$应为区间灰数，因此应有$\otimes_3 \in [e, f]$，$e < f$，且对任意$\tilde{\otimes}_1$和$\tilde{\otimes}_2$，$\tilde{\otimes}_1 * \tilde{\otimes}_2 \in [e, f]$。

法则 1：　加运算

设$\otimes_1 \in [a, b]$，$a < b$；$\otimes_2 \in [c, d]$，$c < d$；则$\otimes_1$与$\otimes_2$的和记为$\otimes_1 + \otimes_2$，且$\otimes_1 + \otimes_2 \in [a + c, b + d]$。

法则 2：负运算

设 $\otimes \in [a, b]$，$a < b$；则 $-\otimes \in [-b, -a]$。

法则 3：减运算

设 $\otimes_1 \in [a, b]$，$a < b$；$\otimes_2 \in [c, d]$，$c < d$；则 $\otimes_1 - \otimes_2 \in [a - d, b - c]$。

法则 4：逆运算

设 $\otimes \in [a, b]$，$a < b$；$a \neq 0$，$b \neq 0$，$ab > 0$，则 $\dfrac{1}{\otimes} \in \left[\dfrac{1}{b}, \dfrac{1}{a}\right]$。

法则 5：乘运算

设 $\otimes_1 \in [a, b]$，$a < b$；$\otimes_2 \in [c, d]$，$c < d$；则

$$\otimes_1 \times \otimes_2 \in [\min(ac, ad, bc, bd), \max(ac, ad, bc, bd)]。$$

法则 6：除运算

设 $\otimes_1 \in [a, b]$，$a < b$；$\otimes_2 \in [c, d]$，$c < d$，$c \neq 0$，$d \neq 0$，$cd > 0$，$\dfrac{\otimes_1}{\otimes_2} = \otimes_1 \times \otimes_2^{-1}$，即 $\dfrac{\otimes_1}{\otimes_2} \in \left[\min\left(\dfrac{a}{c}, \dfrac{a}{d}, \dfrac{b}{c}, \dfrac{b}{d}\right), \max\left(\dfrac{a}{c}, \dfrac{a}{d}, \dfrac{b}{c}, \dfrac{b}{d}\right)\right]。$

法则 7：倍运算

设 $\otimes \in [a, b]$，k 为正实数，则 $k \cdot \otimes \in [ka, kb]$。

2. 灰数的白化

有一类灰数是在某个基本值附近变动的，在系统分析过程中，由于灰数信息缺乏，通常人们以此基本值代替灰数进行系统分析，此基本值即称为该类灰数的白化值，求解白化值的过程称为灰数的白化。比如某公司今年盈利在 50 万元左右，可表示为 $\otimes(500\,000) = 500\,000 + \delta$，或 $\otimes(500\,000) \in [-\infty, 5\,000\,000, \infty]$，它的白化值为 $500\,000$。

对于一般的区间灰数 $\otimes \in [a, b]$，我们将其白化值记为 $\widetilde{\otimes} = \alpha a + (1 - \alpha)b$

(1) 等权白化。形如 $\widetilde{\otimes} = \alpha a + (1 - \alpha)b$，当 $\alpha \in [0, 1]$ 时的白化值称为等权白化。

(2) 等权均值白化。在等权白化中，取 $\alpha = \dfrac{1}{2}$ 而得到的白化值称为等权均值白化。当区间灰数取值的分布信息缺乏时，常采用等权均值白化。

一般来说，一个灰数的白化权函数是研究者根据已知信息设计的，没有固定的程式。函数曲线的起点和终点一般应有其含义。如在外贸谈判中，就有一个由灰变白的过程。开始谈判时，甲方说"我的出口额至少要 3 亿元"，乙方说"我的进口额不高于 5 亿元"，则成交额这一灰数将在 3 亿元至 5 亿元间取值，其白化权函数可将起点定为 3 亿元，终点定为 5 亿元。在实际应用中，我们会遇到大量的白化权函数未知的灰数，例如由一般灰色系统之行为特征预测值构成的灰数，就难以给出其白化权函数。

3. 灰度

灰度是指黑到白之间亮度范围，灰数的灰度在一定程度上反映了人们对灰色系统行为特征的未知程度。如果不了解灰数产生的背景及其表征的灰色系统，也就无法讨论该灰数的灰度大小。灰度主要与相应定义信息域的长度及其基本值有关。如果考虑一个 200 左右

的灰数,给出其估计值的两个灰数:$\otimes_1 \in [198,202]$, $\otimes_2 \in [190,210]$,则认为$\otimes_1$比$\otimes_2$更有价值,也即$\otimes_1$比$\otimes_2$灰度小。

7.2 灰关联决策法

以灰色理论为基础,通过运用灰色关联度分析法,计算灰色关联度系数,发现存在于大量数据集中的关联性或相关性,从而描述事物中某些属性同时出现的规律和模式,达到决策的目的,叫作灰色关联决策法,简称灰关联决策法。

7.2.1 灰关联决策法的几个概念

1. 灰色关联度分析法

因为系统是在不断发展变化的,灰色关联度分析事实上是对系统发展变化态势的量化比较,也即系统历年来有关统计数列的几何关系比较。其基本思想是根据序列曲线几何形状的相似程度来判断其联系是否紧密。曲线越接近,相应序列之间的关联度就越大,反之就越小。简单来说,灰色关联度分析法就是根据因素之间发展趋势的相似或相异程度来衡量因素间关联程度的方法。

灰色关联度分析法,从系统分析的角度对样本量的多少和样本有无规律都同样适用,而且计算量小,十分方便,更不会出现量化结果与定性分析结果不符的情况。

2. 灰色关联因素和关联算子

对系统进行灰色关联分析前,需要对系统行为特征映射量和各有效因素进行适当处理,通过算子作用,使之转化为数量级大体相近的无量纲数据,并将负相关因素转化为正相关因素。

1) 灰色关联因素

灰色关联因素指的是用来进行灰色关联分析的信息。

设X_i为系统因素,其在序号k上的观测数据为$x_i(k)$,$k=1,2,\cdots,n$。即$X_i = (x_i(1), x_i(2), \cdots, x_i(n))$

(1) 行为序列。当k表示单纯序号时,则称$X_i = (x_i(1), x_i(2), \cdots, x_i(n))$为系统因素$X_i$的行为序列。

(2) 行为时间序列。当k表示时间时,称$X_i = (x_i(1), x_i(2), \cdots, x_i(n))$为系统因素$X_i$的行为时间序列。

(3) 行为指标序列。当k表示指标序号时,则称$X_i = (x_i(1), x_i(2), \cdots, x_i(n))$为系统因素$X_i$的行为指标序列。

(4) 行为横向序列。当k为表示观测对象序号时,则称$X_i = (x_i(1), x_i(2), \cdots, x_i(n))$为系统因素$X_i$的行为横向序列。

以上与灰色系统有关的数据都可以用来进行灰色关联度分析。

2) 关联算子

关联算子的作用是对关联因素进行无量纲化处理。

若 $X_i = (x_i(1), x_i(2), \cdots, x_i(n))$ 为系统因素 X_i 的序列，D_j 为序列算子，且 $X_iD_j = (x_i(1)d_j, x_i(2)d_j, \cdots, x_i(n)d_j)$，这样就实现了对系统因素的无量纲化。

目前常用的算子主要有以下几种。

(1) 初值化算子。若 $x_i(1) \neq 0$，$d_1 = \frac{1}{x_i(1)}$，$X_iD_1 = \left(1, \frac{x_i(2)}{x_i(1)}, \cdots, \frac{x_i(n)}{x_i(1)}\right)$，则称 D_1 为初值化算子，X_iD_1 为 X_i 在初值化算子 D_1 下的像，简称初值像。

【例 7-1】设有一组原始数据 $X_i = (5, 6, 10, 12, 16, 19, 26)$，如表 7-1 所示。

表 7-1　初值化算子计算

原始数据	5	6	10	12	16	19	26
初值像	1	1.2	2	2.4	3.2	3.8	5.2

(2) 均值化算子。若 $d_2 = \frac{1}{\overline{X}} = \frac{1}{\frac{1}{n}\sum_{k=1}^{n} x_i(k)}$，$X_iD_2 = (x_i(1)d_2, x_i(2)d_2, \cdots, x_i(n)d_2)$，则称 D_2 为均值化算子，X_iD_2 在均值化算子 D_2 下的像，简称均值像。

【例 7-2】仍以例 7-1 中的数据，计算其均值像。

解：计算均值 $\overline{X}$ 为 13.43，代入均值算子公式，其均值像计算如表 7-2 所示(小数点后保留两位有效数字)。

表 7-2　均值化算子计算

原始数据	5	6	10	12	16	19	26
均值像	0.37	0.45	0.74	0.89	1.19	1.41	1.94

(3) 区间值化算子。若 $X_iD_3 = (x_i(1)d_3, x_i(2)d_3, \cdots, x_i(n)d_3)$，且

$$x_i(k)d_3 = \frac{x_i(k) - \min_k x_i(k)}{\max_k x_i(k) - \min_k x_i(k)} \qquad k = 1, 2, \cdots, n$$

则称 D_3 为区间值化算子，X_iD_3 简称区间值像。

【例 7-3】设有一组原始数据 $X_i = (3, 6, 7, 11, 13)$，请计算其区间值像。

解：易知 $\min_k x_i(k) = 3$，$\max_k x_i(k) = 13$。代入区间值化算子计算公式，求得 X_i 的区间值如表 7-3 所示。

表 7-3　区间值算子计算

原始数据	3	6	7	11	13
区间值像	0	0.3	0.4	0.8	1

(4) 逆化算子。若 $X_iD_4 = (x_i(1)d_4, x_i(2)d_4, \cdots, x_i(n)d_4)$，且 $x_i(k)d_4 = 1 - x_i(k)$，

其中$k = 1$，2，$\cdots$，n。则称D_4为逆化算子，$X_i D_4$简称逆化像。

【例7-4】设有一组原始数据$X_i = (0.3$，0.4，0.6，0.5，$0.7)$，请计算其逆化像。

解：运用逆化值公式，计算如表7-4所示。

表7-4　逆化算子计算

原始数据	0.3	0.4	0.6	0.5	0.7
逆化像	0.7	0.6	0.4	0.5	0.3

(5) 倒数化算子。若$X_i D_5 = \left(x_i(1)d_5，x_i(2)d_5，\cdots，x_i(n)d_5\right)$，且$x_i(k)d_5 = \dfrac{1}{x_i(k)}$，

其中$k = 1$，2，$\cdots$，n。则称D_5为倒数化算子，$X_i D_5$简称倒数像。

【例7-5】设有一组原始数据$X_i = (2$，4，5，8，$10)$，请计算其倒数像。

解：运用倒数化数算子计算公式，计算如表7-5所示。

表7-5　倒数化算子计算

原始数据	2	4	5	8	10
倒数化像	0.5	0.25	0.2	0.125	0.1

3. 灰色关联公理和关联度

设$X_0 = (x_0(1)，x_0(2)，\cdots，x_0(n))$为系统特征序列，且

$$X_1 = (x_1(1)，x_1(2)，\cdots，x_1(n))$$
$$X_2 = (x_2(1)，x_2(2)，\cdots，x_2(n))$$
$$\vdots$$
$$X_i = (x_i(1)，x_i(2)，\cdots，x_i(n))$$
$$\vdots$$
$$X_m = \left(x_m(1)，x_m(2)，\cdots，x_m(n)\right)$$

为相关因素序列。给定实数$r\left(x_0(k)，x_i(k)\right)$，且实数

$$r\left(X_0，X_i\right) = \frac{1}{n}\sum_{k=1}^{n} r(x_0(k)，x_i(k))$$

1) 灰色关联度

记$r\left(x_0(k)，x_i(k)\right)$为$r_{0i}(k)$，令

$$r\left(x_0(k)，x_i(k)\right) = \frac{\min\limits_{i}\min\limits_{k}|x_0(k) - x_i(k)| + \rho \cdot \max\limits_{i}\max\limits_{k}|x_0(k) - x_i(k)|}{|x_0(k) - x_i(k)| + \rho \cdot \max\limits_{i}\max\limits_{k}|x_0(k) - x_i(k)|}$$

$$r(X_0,\ X_i) = \frac{1}{n}\sum_{k=1}^{n} r\big(x_0(k),\ x_i(k)\big) = \frac{1}{n}\sum_{k=1}^{n} r_{0i}(k)$$

若 $r(X_0,\ X_i)$ 满足灰色关联公理，则称 $r(X_0,\ X_i)$ 为 X_0 与 X_i 的灰色关联度，记为 r_{0i}；其中 $r\big(x_0(k),\ x_i(k)\big)$ 为 X_i 和 X_0 在 k 点的关联系数。ρ 称为分辨系数，一般情况下，ρ 取值在 $0.1\sim0.5$，ρ 的作用是消除 $\Delta_{\max}$ 值过大从而使计算的关联系数 r_{0i} 值失真的影响，ρ 常常取 0.5。

2) 灰色关联公理

对于某灰色关联因素序列，$r(X_0,\ X_i)=\frac{1}{n}\sum_{k=1}^{n}r(x_0(k)，x_i(k))$ 表示 X_0，X_i 的灰色关联度，则其必须满足以下 4 个条件。

(1) 规范性。$0 < r(X_0,\ X_i)\leqslant1$，$r(X_0,\ X_i)=1 \Longleftarrow X_0=X_i$。表明系统中任何两个行为序列都不可能严格无关联。

(2) 整体性。对于 $X_i,\ X_j \in X=\{X_s|s=1,\ 2\cdots,\ m,\ m\geqslant2\}$ 有 $r(X_i,\ X_j) \neq r(X_j,\ X_i)$，$i \neq j$。体现了环境对灰色关联比较的影响，环境不同，灰色关联度也随之变化。

(3) 偶对称性。对于 $X_i,\ X_j \in X$，有 $r(X_i,\ X_j)=r(X_j,\ X_i) \Longleftrightarrow X=\{X_i,\ X_j\}$。表明当灰色关联因子集中只有两个序列时，满足对称性。

(4) 接近性。$|x_0(k)-x_i(k)|$ 越小，$r\big(x_0(k),\ x_i(k)\big)$ 越大，接近性是对关联量化的约束。

以上 4 个条件称为灰色关联四公理。

7.2.2　灰色关联度分析法

假设有 m 个数据序列，每个数据序列有 n 项指标，形成如下矩阵：

$$(X_1,\ X_2,\ \cdots,\ \chi_m) = \begin{bmatrix} x_1(1) & x_2(1) & \cdots & x_m(1) \\ x_1(2) & x_2(2) & \cdots & x_m(2) \\ \vdots & \vdots & \vdots & \vdots \\ x_1(n) & x_2(n) & \cdots & x_m(n) \end{bmatrix}$$

1. 灰色关联度分析法的步骤

1) 确定参考数据列

参考数据列应该是一个理想的比较标准，可以以各指标的最优值(或最劣值)构成参考数据列，也可以根据评价目的选择其他参照值，记作 X_0。

$$X_0 = \{x_0(1),\ x_0(2),\ \cdots,\ x_0(n)\}$$

2) 原始数据的无量纲化

前文介绍了五种关联算子，可以采用任何一种关联算子对原始数据进行无量纲化处理，假设依然用之前的符号表示，则形成新的矩阵如下：

$$(X_0, \ X_1, \ \cdots, \ X_m) = \begin{bmatrix} x_0(1) & x_1(1) & \cdots & x_m(1) \\ x_0(2) & x_1(2) & \cdots & x_m(2) \\ \vdots & \vdots & \vdots & \vdots \\ x_0(n) & x_1(n) & \cdots & x_m(n) \end{bmatrix}$$

3) 求差序列

逐个计算每个被评价对象指标序列与参考序列对应元素的绝对差值。

$$\Delta_i(k) = |x_0(k) - x_i(k)| \quad (i = 1, \ 2, \ \cdots, \ m; \ k = 1, \ 2, \ \cdots, \ n)$$

4) 求两极的最大差与最小差

若将各个节点的最大差值记为$\Delta_{\max}$，最小差值记为$\Delta_{\min}$，即

$$\Delta_{\max} = \max_i \max_k |x_0(k) - x_i(k)|$$

$$\Delta_{\min} = \min_i \min_k |x_0(k) - x_i(k)|$$

5) 计算灰色关联系数

分别计算每个比较序列X_i与参考序列X_0对应元素的关联系数。

$$r_{0i}(k) = r\left(x_0(k), \ x_i(k)\right) = \frac{\Delta_{\min} + \rho \Delta_{\max}}{\Delta_i(k) + \rho \Delta_{\max}}$$

其中Δ_i为i时刻两比较序列的绝对差；ρ为分辨系数。

6) 计算灰色关联度

两个序列的关联度借助于几何图形比较，如果两个几何图形在任一节点的绝对差值都相等，则两个序列的关联度一定等于 1。因此，两序列的关联度是两个序列各个节点关联系数的算术平均数，用r_{0i}表示，则

$$r_{0i} = \frac{1}{n} \sum_{k=1}^{n} r_{0i}(k) \ (i = 1, \ 2, \ \cdots, \ m; \ k = 1, \ 2, \ \cdots, \ n)$$

2. 灰色关联度分析法的应用

【例 7-6】设有四组时间序列$(X_0, \ X_1, \ X_2, \ X_3) = \begin{bmatrix} 39.5 & 40.3 & 42.1 & 44.9 \\ 46.7 & 47.3 & 48.2 & 47.5 \\ 5.4 & 5.8 & 6.1 & 6.3 \\ 6.1 & 6.0 & 5.8 & 6.4 \end{bmatrix}$，以$X_0$为

参考序列，其余序列为比较序列，令分辨系数ρ=0.5，请对这些数据进行灰色关联分析。

解：

(1) 将原始数据作初值化处理得初值矩阵为

$$
(X_0', \ X_1', \ X_2', \ X_3') = \begin{bmatrix} \dfrac{39.5}{39.5} & \dfrac{40.3}{39.5} & \dfrac{42.1}{39.5} & \dfrac{44.9}{39.5} \\[2mm] \dfrac{46.7}{46.7} & \dfrac{47.3}{46.7} & \dfrac{48.2}{46.7} & \dfrac{47.5}{46.7} \\[2mm] \dfrac{5.4}{5.4} & \dfrac{5.8}{5.4} & \dfrac{6.1}{5.4} & \dfrac{6.3}{5.4} \\[2mm] \dfrac{6.1}{6.1} & \dfrac{6.0}{6.1} & \dfrac{5.8}{6.1} & \dfrac{6.4}{6.1} \end{bmatrix}
$$

$$
= \begin{bmatrix} 1 & 1.02 & 1.07 & 1.14 \\ 1 & 1.01 & 1.03 & 1.02 \\ 1 & 1.07 & 1.13 & 1.17 \\ 1 & 0.98 & 0.95 & 1.05 \end{bmatrix}
$$

(2) 计算各子序列同母序列在同一时刻的绝对差，计算公式为

$$
\Delta_{0i} = |x_0(k) - x_i(k)| \quad (i = 1, \ 2, \ 3; \ k = 1, \ 2, \ 3, \ 4)
$$

计算结果如表 7-6 所示。

表 7-6 绝对差计算

Δ_{0i}	$\Delta_{01}(k)$	$\Delta_{02}(k)$	$\Delta_{03}(k)$
$k=1$	0.02	0.07	0.14
$k=2$	0.01	0.03	0.02
$k=3$	0.07	0.13	0.17
$k=4$	0.02	0.05	0.05

从表中找出最小值和最大值，即

$$
\Delta_{\min} = 0; \quad \Delta_{\max} = 0.17
$$

(3) 计算灰色关联系数。

$$
r_{0i} = \frac{\Delta_{\min} + \rho \Delta_{\max}}{\Delta_{0i}(k) + \rho \Delta_{\max}} (i = 1, \ 2, \ 3)
$$

计算关联系数的结果如表 7-7 所示。

表 7-7 关联系数计算

r_{0i}	$r_{01}(k)$	$r_{02}(k)$	$r_{03}(k)$
$k=1$	0.81	0.55	0.38
$k=2$	0.89	0.74	0.81
$k=3$	0.55	0.40	0.33
$k=4$	0.81	0.63	0.63

(4) 计算灰色关联度。

$$r_{01} = \frac{1}{4}\sum_{k=1}^{4} r_{01}(k) = \frac{0.81 + 0.89 + 0.55 + 0.81}{4} \approx 0.77$$

$$r_{02} = \frac{1}{4}\sum_{k=1}^{4} r_{02}(k) = \frac{0.55 + 0.74 + 0.40 + 0.63}{4} = 0.58$$

$$r_{03} = \frac{1}{4}\sum_{k=1}^{4} r_{03}(k) = \frac{0.38 + 0.81 + 0.33 + 0.63}{4} \approx 0.54$$

则对各序列 $\{x_i(0)\}$ 之间的关联度有：$r_{01} > r_{02} > r_{03}$。

7.2.3 灰关联决策法的应用

灰关联决策法，就是将灰色关联度分析法应用于决策方案的选择。它的思路是，将决策目标看作参考序列，将各个备选方案的预期收益作为比较序列，分别计算每个备选方案与决策目标之间的灰色关联度，然后对这些关联度进行比较排序，选出最优的决策。

前文已经详细介绍了灰色关联度分析法，这里直接用简单的例子来说明灰关联决策法。

【例 7-7】某市道路改建有 6 种方案。X_1：分车道，X_2：快速轨道，X_3：混行双层，X_4：地铁，X_5：现道假设轨道，X_6：高架桥分层。经调查与测算，各方案的指标如表 7-8 所示，请选择最佳方案。

表 7-8　道路改建方案指标

	功能	造价	拆迁费	交通量	车速	线路标准	公害	安全	综合系数	施工易度
k	1	2	3	4	5	6	7	8	9	10
X_1	88	26 550	17 700	2 200	25	0.51	0.50	0.33	2.25	0.8
X_2	36	46 880	2 620	800	60	0.75	0.67	0.67	3.00	0.4
X_3	62	33 430	11 880	2 000	30	0.58	0.33	0.50	2.50	0.6
X_4	36	46 160	495	800	80	0.70	0.33	0.83	3.25	0.2
X_5	36	44 760	495	800	60	0.75	0.33	0.50	3.00	0.4
X_6	62	25 490	11 800	3 500	50	0.63	0.50	0.67	3.00	0.6

解：

(1) 分析各指标的正逆性，功能、交通量、车速、线路标准、安全、综合系数和施工易度属于正指标，越大越好；造价、拆迁费、公害属于逆指标，取值越小越好。由此，将各项指标的最佳表现值作为决策参考序列，用 X_0 表示。则

$$X_0 = \{88,\ 25\ 490,\ 495,\ 3\ 500,\ 80,\ 0.75,\ 0.33,\ 0.83,\ 3.25,\ 0.8\}$$

(2) 运用灰色关联度分析法，分别计算各种方案与决策参考序列 X_0 之间的灰色关联度

(限于篇幅，计算过程略)。经计算可得

$$r(X_0, X_1) = 0.842\ 2, \quad r(X_0, X_2) = 0.874\ 7, \quad r(X_0, X_3) = 0.825\ 5$$
$$r(X_0, X_4) = 0.889\ 2, \quad r(X_0, X_5) = 0.871\ 6, \quad r(X_0, X_6) = 0.877\ 6$$

可见 $r(X_0, X_4)$ 最大，所以地铁方案最优。

7.3　灰局势决策法

7.3.1　灰局势决策法的几个概念

1. 灰局势决策的概念

所谓灰局势决策，是指当决策所依据的数据含有灰元，即信息不完备的情况下，在面对某个给定事件的一组对策中，挑选一个效果最好的对策以对付该事件的发生。

1) 灰局势决策的要素

灰局势决策具体包含事件、对策、目标和效果 4 要素。

(1) 事件。事件即需要处理的问题，这里用 $A = \{a_1, a_2, \cdots, a_m\}$ 表示事件集。

(2) 对策。对策即处理问题的措施，这里用 $B = \{b_1, b_2, \cdots, b_n\}$ 表示对策集。

(3) 目标。目标即用来评价效果的准则，这里用 $C = \{c_1, c_2, \cdots, c_l\}$ 表示目标集。

(4) 效果。效果即用某个对策对付某个事件的效果。

对于目标 c_k $(k = 1, 2, \cdots, l)$，事件 a_i 和对策 b_j 的二元组合称为一个灰局势，记为 $s_{ij} = (a_i, b_j)$，它表示用第 j 个对策 b_j 的去对付第 i 个事件 a_i 的局势。全部灰局势的集合称为灰局势集，记作

$$S = \{s_{ij} | s_{ij} = (a_i, b_j), \ i = 1, 2, \cdots, m; \ j = 1, 2, \cdots, n\}$$

在目标 c_k 下，每一个灰局势 s_{ij} 都有一个效果值，称为目标 c_k 下灰局势 s_{ij} 的效果样本，记作 $u_{ij}^{(k)}$。全体效果样本集合，称为效果样本集，记作

$$U = \{u_{ij}^{(k)} \geqslant 0 | i = 1, 2, \cdots, m; \ j = 1, 2, \cdots, n, \ k = 1, 2, \cdots, l\}$$

可见灰局势决策效果的好坏是按目标来进行评定的。

2) 灰局势决策的过程

根据灰局势决策的 4 要素可知，选择一组最好局势的方法就称为灰局势决策。简单来说，灰色局势决策法就是将事件、对策、目标和效果等 4 要素综合考虑的一种决策分析方法。

一个灰色局势决策过程可作如下归纳：首先构造一个局面(一般是局势矩阵)及该局面的效果样本矩阵(或集合)；然后将不同目标的效果样本通过效果测度变换统一为同极性的

效果测度；继而将同一局势下不同目标的效果测度做求和或均值运算，以获得综合效果测度，最后根据综合效果测度值选定最佳决策方案。

2. 效果测度

所谓的效果测度是指如何将局势所产生的实际效果进行量化，并在不同目标之间进行比较，也即将局势效果的白化值转化为在不同目标之间可以进行比较的量度。效果白化值是指表示该局势的实际效果的数值，效果测度是灰局势决策的关键。

1) 效果测度方法

常用的效果测度方法有三种。

(1) 上限效果测度。设在目标c_k下，局势s_{ij}的上限效果测度为$r_{ij}^{(k)}$，其计算公式为

$$r_{ij}^{(k)} = \frac{u_{ij}^{(k)}}{\max_i \max_j u_{ij}^{(k)}} u_{ij}^{(k)}$$

$u_{ij}^{(k)}$为局势的实际效果，$\max_i \max_j u_{ij}^{(k)}$为所有局势实际效果的最大值。由于

$u_{ij}^{(k)} \leqslant \max_i \max_j u_{ij}^{(k)}$，所以$r_{ij}^{(k)} \leqslant 1$。

上限效果测度一般是着眼于衡量白化值偏离最大白化值的程度。

(2) 下限效果测度。下限效果测度的计算公式为

$$r_{ij}^{(k)} = \frac{\min_i \min_j u_{ij}^{(k)}}{u_{ij}^{(k)}}$$

$\min_i \min_j u_{ij}^{(k)}$表示所有局势实际效果的最小值。由于$u_{ij}^{(k)} \geqslant \min_i \min_j u_{ij}^{(k)}$，所以

$r_{ij}^{(k)} \leqslant 1$。

下限效果测度一般着眼于衡量白化值偏离下限的程度。

(3) 适中效果测度。又叫中心效果测度，其计算公式为

$$r_{ij}^{(k)} = \frac{\min\{u_{ij}^{(k)}, u_0\}}{\max\{u_{ij}^{(k)}, u_0\}} \quad \text{或者} \quad r_{ij}^{(k)} = \frac{u_0}{|u_{ij}^{(k)} - u_0| + u_0}$$

u_0为指定的适中值，适中效果测度表明，白化值越接近固定值u_0越好，易知，$r_{ij}^{(k)} \leqslant 1$。

对于这三种效果测度方法，若希望局势效果越大越好，则可用上限效果测度；若希望局势效果越小越好，则用下限效果测度；若希望效果是某个指定值的附近，则用适中效果测度。

2) 效果测度矩阵

单目标c_k在局势s_{ij}下的效果测度$r_{ij}^{(k)}$所构成的矩阵称为效果测度矩阵，记作

$$R^{(k)} = (r_{ij}^{(k)})_{m \times n} = \begin{bmatrix} r_{11}^{(k)} & r_{12}^{(k)} & \cdots & r_{2n}^{(k)} \\ r_{21}^{(k)} & r_{22}^{(k)} & \cdots & r_{2n}^{(k)} \\ \vdots & \vdots & \vdots & \vdots \\ r_{m1}^{(k)} & r_{m2}^{(k)} & \cdots & r_{mn}^{(k)} \end{bmatrix}$$

全部目标$c_k(k = 1, 2, \cdots, l)$下，局势s_{ij}的综合效果测度

$$r_{ij} = \frac{1}{l} \sum_{k=1}^{l} r_{ij}^{(k)} \quad (i = 1, 2, \cdots, m; \, j = 1, 2, \cdots, n)$$

所构成的矩阵，称为综合效果测度矩阵，记作

$$R = (r_{ij})_{m \times n} = \begin{bmatrix} r_{11} & r_{12} & \cdots & r_{1n} \\ r_{21} & r_{22} & \cdots & r_{2n} \\ \vdots & \vdots & \vdots & \vdots \\ r_{m1} & r_{m2} & \cdots & r_{mn} \end{bmatrix}$$

7.3.2　灰局势决策法的决策准则和步骤

对于一个决策问题，如果事件越多，说明决策者思维严密，将各种可能的情况都考虑到了；对策越多，则说明决策者对同一个事件能够找出多种解决方法，反映了决策者的足智多谋。

1. 决策准则

也就是按何种方式选择最佳局势，一般有两种准则：一是由事件选择最好的决策，即行决策；二是由对策匹配最适宜的事件，即列决策。

1）行决策原则

对于综合决策矩阵$R = (r_{ij})_{m \times n}$，按行选取综合效果测度最大的局势为最佳决策局势，即

$$r_{ij*} = \max_j(r_{ij}) = \max(r_{i1}, r_{i2}, \cdots, r_{in})$$

则对策b_{j*}是事件a_i的最佳对策，s_{ij*}是最佳决策局势。

2）列决策原则

对于综合决策矩阵$R = (r_{ij})_{m \times n}$，按列选择综合效果测度最大的局势为最佳局势。即

$$r_{i*j} = \max_i(r_{ij}) = \max(r_{1j}, r_{2j}, \cdots, r_{mj})$$

则事件a_{i*}是对策b_i的最适宜事件，s_{i*j}是最佳决策局势。

2. 灰局势决策法的决策步骤

灰局势决策法按以下 4 步进行。

第一步，分析实际问题，分别建立事件集、对策集并构造局势集。

第二步，明确决策目标，给出不同目标的白化值，并计算效果测度，得到各目标的效果测度矩阵。

第三步，求综合效果测度矩阵，将多目标问题转化为单目标问题。

第四步，按照行决策或列决策准则，选择最佳局势，做出决策。

7.3.3　灰局势决策法的应用

【例7-8】购房者准备购房，考虑的因素有房价、质量、小区环境、地理位置和舒适程度，有三种选择：买多层、电梯房或别墅。相关指标如表7-9所示。(说明：房价指的是每平方米的价格，小区环境得分越高越好，地理位置表示的是离市中心的距离。)

表7-9　购房决策指标

方案	房价(元)	质量	小区环境	地理位置(千米)	舒适程度
多层	4 000	一般	50%	1	0.4
电梯房	4 500	最好	30%	10	0.6
别墅	7 000	较好	100%	25	1

请帮助购房者做出决策。

解：这是一个单目标决策问题。

第一步，分析实际问题，分别建立事件集、对策集并构造局势集。

事件集$A = \{a_1, a_2, a_3, a_4, a_5\}$分别表示房价、质量、小区环境、地理位置和舒适程度。

对策集$B = \{b_1, b_2, b_3\}$分别表示买多层、电梯房和别墅。所以局势集为

$$S = \{s_{ij} | s_{ij} = (a_i, b_j)\} = \begin{bmatrix} 4\,000 & 一般 & 50\% & 1 & 0.4 \\ 4\,500 & 最好 & 30\% & 10 & 0.6 \\ 7\,000 & 较好 & 100\% & 25 & 1 \end{bmatrix}$$

第二步，进行效果测度变换，得到效果测度矩阵。

三种测度准则分别适用于不同的场合：若希望局势越大越好，则可用上限效果测度；希望局势越小越好，则用下限效果测度，希望效果是某个指定值的附近，则用适中效果测度。

根据以上准则，可以进行如下计算。

房价越低越好，用下限效果测度法：$r_{11} = 1$，$r_{21} = 0.888\,9$，$r_{31} = 0.571\,4$

质量是极大值目标，用上限效果测度法：$r_{12} = 0.5$，$r_{22} = 1$，$r_{32} = 0.8$

同理可得，小区环境：$r_{13} = 0.5$，$r_{23} = 0.3$，$r_{33} = 1$

地理位置，取适中值为10：$r_{14} = 0.526\,3$，$r_{24} = 1$，$r_{34} = 0.4$

舒适程度：$r_{15} = 0.4$，$r_{25} = 0.6$，$r_{35} = 1$

$$R = r_{ij} = \begin{bmatrix} 1 & 0.5 & 0.5 & 0.53 & 0.4 \\ 0.89 & 1 & 0.3 & 1 & 0.6 \\ 0.57 & 0.8 & 1 & 0.4 & 1 \end{bmatrix}$$

第三步，建立统一的测度空间。

$$r_i = \frac{1}{5} \sum_{j=1}^{5} r_{ij}，\text{求解得} r_1 - 0.583\,5，r_2 = 0.757\,8；r_3 = 0.754\,3$$

第四步：找出满意局势。

$r_2 > r_3 > r_1$。满意方案为买高层住宅。

【例 7-9】某大型投资集团有三家分公司，主营业务涉及制造业、零售业与金融业。各分公司各目标值如表 7-10 所示。请按照人均收入和每百元销售利润的人力投入、资金投入、广告费投入 4 个目标对三大主营业务进行灰色局势决策。

表 7-10　投资公司业务决策指标

分公司	人均收入(十元)			人力投入(人/百元)			资金投入(十元/百元)			广告费投入(元/百元)		
	制造	零售	金融	制造	零售	金融	制造	零售	金融	制造	零售	金融
I	0.55	22.4	3.9	0.3	1.8	1	0.8	3	3.5	0.3	0.6	0.4
II	0.9	4.4	14	0.7	1	1.4	0.1	0.9	5	0.4	0.3	0.6
III	1.14	5.3	4.9	0.9	1.4	0.8	0.4	2	9	0.7	0.5	0.5

解：

① 根据实际问题将有关统计资料按各目标分类整理，得到各农业区域局势效果值，其中

事件集 $A = \{a_1, a_2, a_3\} = \{$分公司 I，分公司 II，分公司 III$\}$

对策集 $B = \{b_1, b_2, b_3\} = \{$制造，零售，金融$\}$

目标集 $C = \{c_1, c_2, c_3, c_4\}$ 分别表示人均收入、人力投入、资金投入和广告费投入，各目标局势效果样本值如表 7-10 所示。

② 计算各目标的效果测度矩阵。

对于目标 c_1，人均收入是越多越优，宜采取上限效果测度计算。利用公式

$$r_{ij}^{(1)} = \frac{u_{ij}^{(1)}}{\max\limits_i \max\limits_j u_{ij}^{(1)}} = \frac{u_{ij}^{(1)}}{22.4}$$

从而得到目标 c_1 的效果测度矩阵

$$\boldsymbol{R}^{(1)} = \begin{bmatrix} 0.024\,55 & 1 & 0.17 \\ 0.04 & 0.196\,4 & 0.625 \\ 0.050\,8 & 0.236\,6 & 0.218 \end{bmatrix}$$

后三个目标，都是越小越好，所以都用下限效果测度。利用公式

$$r_{ij}^{(k)} = \frac{\min\limits_i \min\limits_j u_{ij}^{(k)}}{u_{ij}^{(k)}}$$

从而得到目标 c_2，c_3，c_4 的效果测度矩阵分别为

$$R^{(2)} = \begin{bmatrix} 1 & 0.166\ 7 & 0.3 \\ 0.428\ 6 & 0.3 & 0.214\ 3 \\ 0.333\ 3 & 0.214\ 3 & 0.375 \end{bmatrix},$$

$$R^{(3)} = \begin{bmatrix} 0.125 & 0.033\ 3 & 0.028\ 57 \\ 1 & 0.111\ 1 & 0.02 \\ 0.25 & 0.05 & 0.011\ 1 \end{bmatrix}$$

$$R^{(4)} = \begin{bmatrix} 1 & 0.5 & 0.75 \\ 0.75 & 1 & 0.5 \\ 0.428\ 6 & 0.6 & 0.5 \end{bmatrix}$$

③ 计算综合效果测度矩阵。

综合效果测度 $r_{ij} = \dfrac{1}{4}\sum\limits_{k=1}^{4} r_{ij}^{(k)}$，计算出综合效果测度矩阵

$$R = \begin{bmatrix} 0.537\ 4 & 0.425\ 0 & 0.313\ 2 \\ 0.554\ 7 & 0.401\ 9 & 0.339\ 8 \\ 0.228\ 8 & 0.275\ 2 & 0.301\ 2 \end{bmatrix}$$

④ 对 R 进行决策。

最优局势为 $\{s_{11},\ s_{21},\ s_{33}\}$，即表示分公司 I 和分公司 II 应优先发展制造业，分公司 III 应优先发展零售业。

7.4 灰发展决策法

灰发展决策法是根据情况的发展趋势或未来行为做决定，并不注重某一局势在目前的效果，而看重随着时间推移，局势效果的变化情况。灰发展决策法将灰色系统模型引入了决策过程，先将决策效果时间序列建立了灰色系统模型，然后再进行决策。所以本节先介绍灰色系统建模，再介绍灰发展决策法。

7.4.1 灰色系统模型

研究一个系统，一般应首先建立系统的数学模型，进而对系统的整体功能、协调功能、系统各因素之间的关联关系与因果关系进行具体的量化研究。在建模过程中，要不断地将下一阶段中所得的结果回馈，经过多次循环往返，使整个模型逐步趋于完善。

当研究社会系统、经济系统、环境系统时，常常要遇到随机干扰(即"噪声")，导致衡量这些系统的变量是随机数，人们对这些随机量的研究往往基于概率统计的方法，但概率统计一般要求大量数据、要求有典型的统计规律，这些在现实中不一定能得到满足。

灰色系统理论把随机量看作是在一定范围内变化的灰色量，即在指定范围的所有白色数全体，对于灰色数的处理不是基于概率分布或求统计规律，而是利用数据处理的方法，

寻找数据规律。

对于贫信息的灰色系统，灰色变量所取的值十分有限，并且数据变化无规律，解决办法是对这些灰色变量进行生成运算处理，产生新的数列，再来挖掘和寻找数的规律。一般而言，新生成数列与原始数据相比，增加了数据变化的确定性，具有一定规律。

1. 灰色数据生成

常用的灰色系统中数据的生成运算有累加生成法和累减生成法。

1) 累加生成法

累加生成法，常简记为 AGO(accumulated generating operation)，是使灰色过程由灰变白的一种方法，它在灰色系统理论中占有极其重要的地位，通过累加生成能使任意非负、摆动与非摆动数列转化为非减、递增的数列，可以看出灰量积累过程的发展态势，使混乱的原始数据中蕴含的积分特性或规律加以显化。累加的次数越多，随机性弱化越明显，数据列呈现的规律性越强。

设原始数列为 $X_0 = \{x_0(1),\ x_0(2),\ \cdots,\ x_0(n)\}$。

将原始数列经过一次累加生成

$$x_1(k) = \sum_{i=1}^{k} x_0(i)\ (k = 1,\ 2,\ \cdots,\ n)$$

可获得到一次累加生成序列，即为一次累加生成，简记为 1-AGO。

$$X_1 = \{x_1(1),\ x_1(2),\ \cdots,\ x_1(n)\}$$

将原始数列 X_0 经过二次累加生成运算，得到二次累加生成序列为

$$X_2 = \{x_2(1),\ x_2(2),\ \cdots,\ x_2(n)\}$$

依此类推，r 次累加生成序列为

$$X_r = x_r(k) = \sum_{i=1}^{k} x_{r-1}(i) = \sum_{i=1}^{k} \sum_{j=1}^{k} x_{r-2}(j)$$

【例 7-10】某公司 2014—2019 年的产品销售额原始数据列为

$$X_0 = \{5.081,\ 4.611,\ 5.117\,7,\ 9.377\,5,\ 11.057\,4\}$$

其一次累加生成后的序列为

$$x_1(k) = \{x_0(1),\ x_0(1) + x_0(2),\ x_0(1) + x_0(2) + x_0(3),\ x_0(1) + x_0(2) + x_0(3) + x_0(4)\}$$
$$= \{5.081,\ 9.692,\ 14.809\,7,\ 24.187\,2,\ 35.244\,6\}$$

其二次累加生成后的序列为

$$x_2(k) = \{x_1(1), \quad x_1(1) + x_1(2), \quad x_1(1) + x_1(2) + x_1(3), \quad x_1(1) + x_1(2) + x_1(3) + x_1(4)\}$$
$$= \{5.081, 14.773, 29.582\,7, 53.769\,9, 89.014\,5\}$$

将三组数据绘制趋势图如图 7-1 所示，可见累加次数越多，规律越明显。

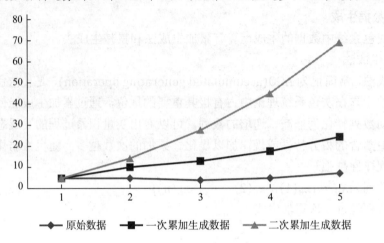

图 7-1　累加法生成数列趋势

2) 累减生成运算法

累减生成运算是累加生成的逆运算，常简记为 IAGO(inverse accumulated generating operation)，即对数列求相邻两数据的差，可将累加生成还原为非生成数列，在建模过程中用来获得增量信息。

设原始数列为 $X_0 = \{x_0(1), \quad x_0(2), \quad \cdots, \quad x_0(n)\}$。

令 x_r 为 r 次生成数列，对 x_r 作 i 次累减生成即为 Δ_i，其计算公式为

$$\begin{cases} \Delta_0[x_r(k)] = x_r(k) \\ \Delta_1[x_r(k)] = \Delta_0[x_r(k)] - \Delta_0[x_r(k-1)] \\ \Delta_2[x_r(k)] = \Delta_1[x_r(k)] - \Delta_1[x_r(k-1)] \\ \quad\vdots \\ \Delta_i[x_r(k)] = \Delta_{(i-1)}[x_r(k)] - \Delta_{(i-1)}[x_r(k-1)] \end{cases}$$

式中，$\Delta_0()$ 为 0 次累减，即无累减；$\Delta_1()$ 为 1 次累减，即 $k-1$ 时刻两个 0 次累减量求差，$\Delta_i()$ 为 i 次累减，即 $k-1$ 时刻两个 $i-1$ 次累减量求差。

还可以得到以下关系式，即

$$\Delta_1[x_r(k)] = \Delta_0[x_r(k)] - \Delta_0[x_r(k-1)]$$
$$= x_r(k) - x_r(k-1)$$
$$= \sum_{i=1}^{k} x_{r-1}(i) - \sum_{i=1}^{k-1} x_{r-1}(i) = x_{r-1}(k)$$

$$\Delta_2[x_r(k)] = \Delta_1[x_r(k)] - \Delta_1[x_r(k-1)]$$

$$= x_{r-1}(k) - x_{r-1}(k-1)$$

$$= \sum_{i=1}^{k} x_{r-2}(i) - \sum_{i=1}^{k-1} x_{r-2}(i) = x_{r-2}(k)$$

同理可得$\Delta_i[x_r(k)] = x_{r-i}(k)$；$\Delta_r[x_r(k)] = x_0(k)$

从上述公式可以知道，累加与累减可以相互转化，相互包含，可以得到

$$x_{r-1}(k) = x_r(k) - x_r(k-1)$$

3) 均值生成运算法

均值生成方式有相邻均值生成法和非邻均值生成法两种。

(1) 相邻均值生成法。相邻均值生成法一般用来处理等时距的数列，用相邻数据的平均值构造新的数据。

设原始数列为$X_0 = \{x_0(1), x_0(2), \cdots, x_0(n)\}$，记$z(k)$为$k$点的生成值，$z(k) = 0.5x(k) + 0.5x(k-1)$，则称$z(k)$为相邻均值生成数，其权重为等权，也可以结合实际情况调整权重。

(2) 非零均值生成法。非零均值生成法一般用来处理非等时距数列，或者虽为等时距数列，但因为一些原因导致了出现空穴的数列。

设原始数列为

$$X_0 = \{x_0(1), x_0(2), \cdots, x(k-1), \varphi(k), x(k+1), \cdots, x_0(n)\}$$

$\varphi(k)$为空穴，比如因为出现异常值被剔除。记$z(k)$为k点的生成值，$z(k) = 0.5x(k-1) + 0.5x(k+1)$。则称$z(k)$为相邻均值生成，其权重相等，也可以根据实际情况调整其权重。

2. 建立灰色模型步骤

灰色模型(grey model)简记为GM。灰色系统模型经常用微分拟合法建立。GM(m，n)表示m阶n个变量的微分方程。GM模型的建模机理是，将随机量看作是一定范围内变化的灰色量，对无规律的原始数据经过生成算法处理后，建立生成数据序列的微分方程模型，再将其还原成原始数据的模型，其建模流程如图 7-2 所示。

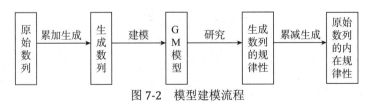

图 7-2 模型建模流程

灰色模型建立后，还需对其进行检验，常采用的检验方式有残差检验、关联检验和后验检验三种。下面以GM(1，1)为例将介绍灰色模型的建模步骤。

1) GM(1，1)模型

灰色系统模型是对离散序列建立的微分方程，GM(1，1)是灰色模型的基础形式，是一阶常微分方程模型，其形式为

$$\frac{\mathrm{d}x}{\mathrm{d}t} + \alpha x = u$$

根据导数定义

$$\frac{\mathrm{d}x}{\mathrm{d}t} = \lim_{\Delta_t \to 0} \frac{x(t+\Delta_t) - x(t)}{\Delta_t}$$

当Δ_t很小时并且取单位1时，则有

$$x(t+1) - x(t) \approx \frac{\Delta_x}{\Delta_t} = \Delta_1[x(k+1)]$$

说明$\frac{\Delta_x}{\Delta_t}$是$x(k+1)$的一次累减生成，这样，意味着可以定义一个从$[x(k+1)，x(k)]$到$\frac{\Delta_x}{\Delta_t}$的一个映射，所以可以$[x(k+1)，x(k)]$定义为一个背景值(就是对应的$x$的值)，那么每一个$\frac{\Delta_x}{\Delta_t}$都有一个背景值与之对应。根据此原理，建立GM(1，1)模型。其建模步骤为

(1) 设原始数列为

$$X_0 = \{x_0(1)，x_0(2)，\cdots，x_0(n)\}$$

(2) 作一次累加生成后的数据列为

$$X_1 = \{x_0(1)，x_0(1)+x_0(2)，\cdots，x_0(1)+x_0(2)+\cdots+x_0(n)\}$$

对累加生成数列，建立预测模型的白化微分方程(又称影子方程)为

$$\frac{\mathrm{d}x_1}{\mathrm{d}t} + \alpha x_1 = u \quad (\alpha，u为待定系数) \tag{1}$$

α又称为发展系数；u又称为灰色作用量。

令Z_1为X_1相邻均值生成序列，则$Z_1(k)$为

$$Z_1 = \{Z_1(1)，Z_1(2)，\cdots，Z_1(n)\}$$

$$Z_1(k) = \frac{1}{2}[x_1(k) + x_1(k-1)] \tag{2}$$

如果可以在$\Delta_t = 1$的很短时间内，变量$x(t) \to x(t+\Delta_t)$之间是平滑的，不会出现突变量，那么可以将$Z_1(k) = \frac{1}{2}[x_1(k) + x_1(k-1)]$看作背景值。

将微分方差离散化，微分变差分可得公式(3)。

$$\Delta_1(k+1) + \alpha Z_1(k+1) = u \tag{3}$$

由于
$$\begin{cases} \Delta_1(k+1) = x_1(k+1) - x_1(k) = x_0(k+1) \\ Z_1(k+1) = \frac{1}{2}[x_1(k+1) + x_1(k)] \end{cases} \tag{4}$$

将公式(4)代入公式(3)可得公式(5)。

$$x_0(k+1) = \alpha[-\frac{1}{2}(x_1(k) + x_1(k+1)] + u \tag{5}$$

(3) 利用最小二乘法求得参数 α, u 的值。将公式(5)展开可得公式(6)。

$$\begin{bmatrix} x_0(2) \\ x_0(3) \\ \vdots \\ x_0(n) \end{bmatrix} = \begin{bmatrix} -\frac{1}{2}[x_1(1) + x_1(2)] & 1 \\ -\frac{1}{2}[x_1(2) + x_1(3)] & 1 \\ \vdots & \vdots \\ -\frac{1}{2}[x_1(n-1) + x_1(n)] & 1 \end{bmatrix} \cdot \begin{bmatrix} \alpha \\ u \end{bmatrix} \tag{6}$$

令 $\boldsymbol{B} = \begin{bmatrix} -\frac{1}{2}[x_1(1) + x_1(2)] & 1 \\ -\frac{1}{2}[x_1(2) + x_1(3)] & 1 \\ \vdots & \vdots \\ -\frac{1}{2}[x_1(n-1) + x_1(n)] & 1 \end{bmatrix}$; $\boldsymbol{Y} = \begin{bmatrix} x_0(2) \\ x_0(3) \\ \vdots \\ x_0(n) \end{bmatrix}$; $\boldsymbol{\Phi} = \begin{bmatrix} \alpha \\ u \end{bmatrix}^{\mathrm{T}}$

则公式可以简写成: $$\boldsymbol{Y} = \boldsymbol{B}\boldsymbol{\Phi} \tag{7}$$

用最小二乘法求解公式(7)，得 $\hat{\boldsymbol{\Phi}} = [\alpha, u)]^{\mathrm{T}} = (\boldsymbol{B}^{\mathrm{T}}\boldsymbol{B})^{-1}\boldsymbol{B}^{\mathrm{T}}\boldsymbol{Y}$

(4) 将求得的参数 α, u 代入(2)式并求解此微分方程，得 GM(1, 1)预测模型为

$$\hat{x}_1(k+1) = \left(\hat{x}_0(1) - \frac{u}{\alpha}\right) e^{-\alpha k} + \frac{u}{\alpha} \tag{8}$$

(5) 对以上 GM(1, 1)预测模型，还原到原始数据得

$$\hat{x}_0(k+1) = \hat{x}_1(k+1) - \hat{x}_1(k)$$
$$= (1 - e^{\alpha})\left(x_1(1) - \frac{u}{\alpha}\right) e^{-\alpha k} \tag{9}$$

2) 模型检验

模型建立后，要经过经验才能判定其是否合理，只有通过检验的模型才能应用。灰色模型的检验有三种方法：相对误差大小检验法、关联度检验和后验差检验法。

(1) 相对误差检验法。这里的误差指的就是残差。设已按模型求出 $\hat{X}_1$，并已还原出 $\hat{X}_0$，即 $\hat{X}_0 = [\hat{x}_0(1), \hat{x}_0(2), \cdots, \hat{x}_0(n)]$

令 $e(k) = x_0(k) - \hat{x}_0(k)$, $\mathrm{rel}(k) = \dfrac{x_0(k) - \hat{x}_0(k)}{x_0(k)} = \dfrac{e(k)}{x_0(k)} \times 100\%$

$$E = \begin{bmatrix} e(1), & e(2), & \cdots, & e(n) \end{bmatrix} = X_0 - \hat{X}_0$$

$e(k)$ 表示残差，E 表示残差序列；$x_0(t)$ 表示 t 时刻的实际原始数据值；$\hat{x}_0(t)$ 表示 t 时刻

的预测数据值；rel(k)表示相对误差。

并计算平均相对残差

$$\text{rel} = \frac{1}{n}\sum_{k=1}^{n}|e(k)| \qquad (10)$$

给定标准a，当$\bar{e} < a$，如果rel $< 10\%$，则称模型达到要求。

(2) 关联度检验，即通过考察模型曲线和建模序列曲线的相似程度进行检验。按前面所学习过的关联度计算方法，计算出$\hat{x}_0(t)$与原始序列$x_0(t)$的关联系数，然后算出关联度。根据经验，关联度大于 0.6 便是满意的模型。

如果由多个建模方法得到了多个模型，可以分别计算每个模型的预测值与原数列之间的关联度，然后比较关联度的大小，选出其中最大者，即是所建模型中最好的模型。

(3) 后验差检验法。设所求出的原始数据的预测序列为 $\hat{X}_0 = [\hat{x}_0(1),\ \hat{x}_0(2),\ \cdots,\ \hat{x}_0(n)]$，残差序列为：$E = [e(1),\ e(2),\ \cdots,\ e(n)] = X_0 - \hat{X}_0$。可以分别计算原始数据和残差序列的方差分别是$S_0^2$和$S_e^2$。

$$\begin{cases} S_0^2 = \dfrac{1}{n}\sum_{k=1}^{n}[x_0(k) - \bar{x}]^2 \\ S_e^2 = \dfrac{1}{n}\sum_{k=1}^{n}[e(k) - \bar{e}]^2 \end{cases} \qquad (11)$$

其中，$\bar{x} = \dfrac{1}{n}\sum_{k=1}^{n}x_0(k)$，$\bar{e} = \dfrac{1}{n}\sum_{k=1}^{n}e(k)$

计算后验差比为$D = \dfrac{S_e}{S_0}$。

D越小，则认为模型效果越好。一般认为$D \leqslant 0.35$，模型就是很好的；$0.35 < D \leqslant 0.5$，模型合格；$0.5 < D \leqslant 0.65$，模型勉强合格；$0.65 < D$，则模型不合格。

【例 7-11】某公司 2014—2018 年的年销售额(单位：百万元)数据为

$$x_0(k) = (2.874,\ 3.278,\ 3.337,\ 3.39,\ 3.679)$$

试建立GM(1，1)模型并进行检验。

解：

(1) 对原始数据做一次累加生成，得到

$$x_1(k) = (2.874,\ 6.152,\ 9.489,\ 12.879,\ 16.558)$$

(2) 用最小二乘法估计得到参数：$[\alpha,\ u]^{\mathrm{T}} = (\boldsymbol{\beta}^{\mathrm{T}}\boldsymbol{\beta})^{-1}\boldsymbol{\beta}^{\mathrm{T}}Y_n$

$$\boldsymbol{B} = \begin{bmatrix} -\dfrac{1}{2}[x_1(1) + x_1(2)] & 1 \\ -\dfrac{1}{2}[x_1(2) + x_1(3)] & 1 \\ -\dfrac{1}{2}[x_1(3) + x_1(4)] & 1 \\ \vdots & \vdots \\ -\dfrac{1}{2}[x_1(n-1) + x_1(n)] & 1 \end{bmatrix}; \quad \boldsymbol{Y}_n = \begin{bmatrix} x_0(2) \\ x_0(3) \\ x_0(4) \\ \vdots \\ x_0(n) \end{bmatrix} = \begin{bmatrix} 3.278 \\ 3.337 \\ 3.39 \\ 3.679 \end{bmatrix}$$

可得

$$[\alpha, \ u]^{\mathrm{T}} = (\boldsymbol{\beta}^{\mathrm{T}}\boldsymbol{\beta})^{-1}\boldsymbol{\beta}^{\mathrm{T}}\boldsymbol{Y}_n = (-0.037\,20, \ 3.065\,36)^{\mathrm{T}}$$

其所对应的模型白化方程为

$$\hat{x}_0(k+1) = (-\alpha)\left[\hat{x}_0(1) - \frac{u}{\alpha}\right]\mathrm{e}^{-\alpha k} = 85.266\,5\mathrm{e}^{0.037\,2k} - 82.392\,5$$

(3) 模型检验：这里仅对模型进行残差检验，可以计算 $x_0(k)$、$\hat{x}_0(k)$、$e(k)$，如表 7-11 所示。

表 7-11　残差计算

k	$x_1(k)$	$\hat{x}_0(k)$	$x_0(k)$	$e(k)$	$e(k)/\%$
2(2015)	6.11	3.24	3.28	0.04	1.4
3(2016)	9.46	3.35	3.34	-0	-0.5
4(2017)	12.9	3.48	3.39	-0.1	-2.7
5(2018)	16.6	3.61	3.68	0.07	1.78

由此看出，模型的相对误差不超过 3%，所以通过检验。

7.4.2　灰发展决策法的概念及决策思路

1. 灰发展决策的概念

灰发展决策是指根据局势的发展趋势或未来行为决定，并不注重某一局势在目前的效果，而看重随着时间推移局势效果的变化情况。

定义 1：设 $A = \{a_1, a_2, \cdots, a_n\}$ 为事件集，$B = \{b_1, b_2, \cdots, b_m\}$ 为对策集，$S = \{(a_i, b_i)\}$ 为局势集。

则称 $\mu_{ij}^{(k)} = (\mu_{ij}^{(k)}(1), \ \mu_{ij}^{(k)}(2), \ \cdots, \ \mu_{ij}^{(k)}(h))$ 为局势 S_{ij} 在 k 目标下的局势效果时间序列。

定义 2：设 k 目标下对应于局势 S_{ij} 的局势效果时间序列 $\mu_{ij}^{(k)}$ 的 GM(1, 1) 时间响应累减还

原式为：$\hat{\mu}_{ij}^{(k)}(\iota + 1) = \left(1 - \mathrm{e}^{a_{ij}^{(k)}}\right)\left(\mu_{ij}^{(k)}(1) - \dfrac{b_{ij}^{(k)}}{a_{ij}^{(k)}}\mathrm{e}^{-a_{ij}^{(k)}\iota}\right)$。

其中：$a_{ij}^{(k)}$，$b_{ij}^{(k)}$ 为 $\mu_{ij}^{(k)}$ 的 GM(1, 1) 模型的参数。

若目标 k 为极大值目标，则称目标下的预测最优效果为

$$\max_{1\leqslant i\leqslant n,\ 1\leqslant j\leqslant m}\{\hat{\mu}_{ij}^{(k)}(\iota+h)\}$$

若目标k为极小值目标，则k目标下的预测最优效果为

$$\min_{1\leqslant i\leqslant n,\ 1\leqslant j\leqslant m}\{\hat{\mu}_{ij}^{(k)}(\iota+h)\}$$

若k为适中值目标，则k目标下的预测最优效果为

$$\min_{1\leqslant i\leqslant n,\ 1\leqslant j\leqslant m}\left\{\left|\hat{\mu}_{ij}^{(k)}(\iota+h)-\frac{1}{m+n}\sum_{i=1}^{n}\sum_{j=1}^{n}(\mu_{ij}^{(k)}(h+\iota))\right|\right\}$$

2. 灰发展决策思路

(1) 将效果时间序列建立GM(1，1)模型，得到其预测值。

(2) 将预测值作为未来的效果，进行局势决策或关联决策。

【例 7-12】某企业欲进行技术改造。有三种方案供选择，逐年局部改造b_1，分阶段改造b_2，一次性改造b_3。目的是提高企业效益，效果值为利润，假设按这三种方案进行技术改造后的企业预期利润如表7-12所示。试运用灰发展决策法对该企业的技术改造方案进行选择。

表7-12　企业技术改造利润　　　　　　　　　单位：万元

k	1	2	3	4
b_1	32	43.5	58.1	70.2
b_2	23.2	39	69.4	82.6
b_3	12	13.5	81	102.1

解： 设技术改造为事件a，则事件集A = {a}，逐年局部改造为对策b_1；分阶段改造为对策b_2；一次性改造为对策b_3，则对策集B={b_1，b_2，b_3}。目标为企业效益。

已知：在提高企业效益的目标下，对应于S_{ij}的局势效果时间序列为

$$\begin{cases}\mu_{11}^{(1)}=(32，43.5，58.1，70.2)\\\mu_{21}^{(1)}=(23.2，39，69.4，82.6)\\\mu_{31}^{(1)}=(12，13.5，81，102.1)\end{cases}$$

分别对$\mu_{ij}^{(1)}$建立 GM(1，1)模型(限于篇幅，过程略)得

$$\begin{cases}\hat{\mu}_{11}^{(1)}(4+\iota)=35.29e^{0.23(4+\iota-1)}\\\hat{\mu}_{21}^{(1)}(4+\iota)=31.916e^{0.32(4+\iota-1)}\\\hat{\mu}_{31}^{(1)}(4+\iota)=19.281e^{0.58(4+\iota-1)}\end{cases}$$

取$\iota=1$，得$\hat{\mu}_{11}^{(1)}(5)=88.57$，$\hat{\mu}_{21}^{(1)}(5)=114.79$，$\hat{\mu}_{31}^{(1)}(5)=196.2$

由于目标1是极大值目标，$\max_{1\leqslant j\leqslant 3}\{\hat{\mu}_{ij}^{(1)}(5)\}=196.2=\hat{\mu}_{31}^{(1)}(5)$

所以 S_{13} 为目标 1 下的预测最优局势。即：从长远来看，该企业应进行一次性改造。

思考与练习题

1. 名词解释：灰色，灰色系统，灰色关联因素，关联算子。

2. 什么叫灰数的白化。

3. 对原始数据无量纲化有哪些办法。

4. 简述灰色关联度分析法的步骤。

5. 简述灰色关联决策法的步骤。

6. 什么叫灰色局势决策法，其决策思路是什么，效果测度有哪些办法，什么叫效果测度矩阵。

7. 试举例说明什么事件集、对策集及局势集。

8. 灰色数据生成有哪些办法。

9. 什么是 GM(1，1)模型，其建模步骤是什么。

10. 对于 GM(1，1)有哪些检验方法，简述其内容。

11. 什么叫平均相对误差，请谈谈你对灰色模型合格与否的看法。

12. 什么叫灰发展决策法，简述其决策思路。

13. 设参考序列为 $X_0 = \{8，8，8，16，18，24，32\}$

被比较序列为

$$X_1 = \{10，11，16，18，34，20，23.4，30\}$$
$$X_2 = \{5，5.625，5.375，6.875，8.125，8.75\}$$

分别求其关联度。

14. 某市连续 4 年的工业、农业、运输业、商业 4 部门的产值数据如表 7-13 所示。请分别计算各部门的产业关联度。

表 7-13　某市产值数据　　　　　　　　　　　单位：万亿元

部门	2016	2017	2018	2019
工业	45.8	43.4	42.3	41.9
农业	39.1	41.6	43.9	44.9
运输业	3.4	3.3	3.5	3.5
商业	6.7	6.8	5.4	4.7

15. 某农业研究所在研究果树的产量时发现影响果树单产的因素很多，有数据的因素就达 12 种之多，如树龄、剪枝、硝铵、磷肥、农肥、浇水、药物、畜耕、人耕、喷雾等，数据如表 7-14 所示，试找出 4 种认为是对果树单产有较大影响的因素。

表 7-14　果树单产数据

影响因素	2011	2012	2013	2014	2015	2016	2017	2018	2019
单产	1.14	1.49	1.69	2.12	3.43	4.32	5.92	6.07	7.85
剪枝	3.3	3.47	3.61	3.8	4	4.19	4.42	4.61	4.8
农肥	6	6	6	7.5	7.5	7.5	9	9	9
浇水	1.2	1.2	1.8	1.8	1.8	2.4	2.7	3.6	4
药物	4.87	5.89	6.76	7.97	8.84	10.05	11.31	12.25	11.64

16. 据分析，某公司的产值主要与固定资产、流动资产、劳动力和企业留利 4 个因素有关，请根据表 7-15 中的数据，运用灰色关联决策法，提出加速企业产值发展的建议。

表 7-15　某公司财务指标

项目	2016	2017	2018	2019
产值	10 155	12 588	23 408	35 388
固定资产	3 799	3 605	5 460	6 982
流动资产	1 752	2 160	2 213	4 753
劳动力	24 186	45 590	57 685	85 540
企业留利	1 164	1 788	3 134	4 478

17. 某区域有三个农业经济区，各区农、林、牧各业的单位土地面积产值(即地均产值)和单位产值所消耗的物质水平(即物耗水平)的样本值，如表 7-16 所示。请用灰局势决策法确定各农业经济区的发展方向。

表 7-16　某农业县地均产值和物耗水平

区号	地均产值/千元·km⁻²			物耗水平/ %		
	农业	林业	牧业	农业	林业	牧业
I	3 902	549	776	0.37	0.33	0.52
II	7 790	499	1 303	0.31	0.29	0.45
III	8 118	460	1 092	0.33	0.35	0.51

18. 设有时间序列数据，如表 7-17 所示，试建立 GM(1，1)模型，并进行检验。

表 7-17　时间序列数据

年份	k	$x_0(k)$
2013	1	43.45
2014	2	47.05
2015	3	52.75
2016	4	57.14
2017	5	62.64
2018	6	68.52

19. 已知某市工业总产值数据如表7-18 所示，试建立该市工业总产值的GM(1，1)模型并进行预测。

表 7-18 工业总产值

年份	工业总产值/亿元
2015	60.3
2016	79.94
2017	95.61
2018	111.5

第 **8** 章

博弈论决策法

要想在现代社会做一个有文化的人，你必须对博弈论有一个大致了解。

——保罗·萨缪尔森

学习目标与要求

1. 掌握博弈和博弈论的概念；
2. 掌握博弈的基本要素及其具体内容；
3. 理解博弈的分类及各种分类的含义；
4. 了解博弈论的发展史；
5. 熟练掌握并能运用占优策略均衡和重复剔除劣策略均衡法则；
6. 熟练掌握纳什均衡的原理和求解方法；
7. 掌握双人博弈法则的求解方法。

假设你开着一辆车，在一个暴风骤雨的夜晚经过一个车站。站台上有几个候车的人，一个是疾病发作的老人；一个是救过你命的医生；还有一个是你心仪已久很想与之结识的姑娘。此时已没有公交车了，这里也不会有其他车辆经过，而你的车只能捎上一人。你首先应该考虑带上老人，因为救人要紧；可是考虑到报恩，你应该捎上医生；但是你其实很想带上姑娘，因为这是一次难得的博取她好感的机会。你该如何决策？最佳答案是：把车钥匙留给那位医生，让他带着老人去医院，而你则留下来，与美丽的姑娘享受一个浪漫而温馨的雨夜。这就是博弈，一门运用智慧，在纷繁复杂的事件中做出最佳决策的科学。

博弈，直译就是游戏，它意味着谋略，意味着在做决策时既要考虑竞争对手的思想，也要具有系统的分析眼光。其实在日常生活中，人们一直不断地在进行着各种博弈：老板与员工之间的博弈，同学之间的博弈，朋友之间的博弈，竞争对手之间的博弈，父母子女之间的博弈，甚至恋人之间也免不了博弈；可以说任何一种情况下，人们相互影响以达成对彼此有利的协议或者说解决争端，都是一种博弈。

现代博弈论是由美国数学家冯·诺依曼和经济学家摩根斯坦于 1944 年创立的带有方法论性质的学科，其以数理方法为基础，研究冲突中最优解问题，被广泛应用于经济学、军事、政治科学、人工智能、生物学、火箭工程技术等领域，博弈论归根结底就是决策，特别是当决策面临许多相互依赖的因素时，博弈论可以给人们提供很好的指导。

8.1　博弈论决策法概述

8.1.1　博弈论的定义及基本假设

1. 博弈论的定义

博弈论(game theory)，又称对策论，赛局理论等。中国经济学家张维迎认为，博弈论是研究决策主体行为方式之间相互作用时的决策及关于这种决策均衡问题的一门学问；以色列博弈论经济学大师鲁宾斯坦认为，博弈论是一个分析工具包，它被设计用来帮助我们理解所观察到的决策主体相互作用时的现象；美国经济学家罗杰·迈尔森认为，博弈论是关于智能的理性决策者之间冲突与合作的数学模型研究的理论；加拿大多伦多大学教授奥斯本认为，博弈论是一门旨在帮助我们理解多个决策者相互影响情景的科学。

这些定义的关键词是"相互"与"理性"，综上所述，博弈论是指研究具有竞争、冲突与合作等问题的理论和科学。博弈参与者在特定环境条件下，以一定的规则进行决策，其决策会受到其他决策主体的影响，同时该主体的相应决策又反过来影响其他决策主体的决策行为。

每一个博弈都是"你中有我，我中有你"，不同的博弈参与者可以选择不同的行动，但由于相互作用，一个博弈参与者的收益不仅取决于自己采取的行动，也取决于其他博弈参与者所采取的行动，人们在交往及合作的过程中会有利益冲突，行为相互影响，而且信息常常不对称。博弈论的精髓在于系统思维基础上的理性换位思考，即在选择你的行动时不但要考虑自己的得益，而且要考虑他人的得益并借此推测他人的行为，从而选择最有利于自己的行为。

那么，博弈参与者是否能在博弈中总是获胜？如果竞争对手也很聪明，博弈参与者该怎么办？博弈论决策法能否提供万无一失的应对办法？在现实中是否存在双赢的博弈？

【例 8-1】无谓竞争。

你所注册的一门课程按照比例来给分：无论卷面分数是多少，只有20%的人能得优秀，30%的人能得良好。

所有学生达成一个协议，大家都不要太用功，如何？想法不错，但无法实施。因为稍加努力即可胜过他人，诱惑很大。这样一来，所有人的成绩都比大家遵守协议来得高。而且，大家还付出了更多的时间。

正因为这样的博弈对所有参与者存在着或大或小的潜在成本，如何达成和维护互利的合作就成为一个值得探究的重要问题。

2. 博弈论分析的基本假设

博弈论有两大假设前提。

1) 理性人假设

理性人假设指的是每个博弈者在决定采取哪种行动时，不但要根据自身的利益和目的行事，而且要考虑自身行为对其他人的可能影响，通过采取最佳行动，来寻求收益或者效用的最大化。

理性的博弈者有足够的能力对自身的处境进行判断，对其他博弈者的行为进行预判，对各种行动方案进行评估，以自身利益最大化为原则采取行动。

2) 公共知识假设

所谓公共知识是指博弈者都知道的知识，并且任何博弈者在公共知识上，没有因为掌握这一知识而具有优势。

假设某次博弈有两个参与者 A 与 B。则：

(1) 参与者 A 和 B 都是理性的。

(2) 参与者 A 和 B 知道双方都是理性的。

(3) 参与者 A 和 B 知道"双方知道双方都是理性的"。

(4) 参与者 A 和 B 知道双方都知道"双方知道双方都是理性的"。

……

将(1)~(4)外推到无穷，得到的这个无界的命题链就是理性共同知识(Aumann，1976)的定义。理性共同知识描述了这样一种状态：在任何更高的层次上，不仅所有参与者知道参与者是理性的，而且他本人知道自己被知道是理性的。也就是说，在"第二层"上被知道(指参与者知道什么是对手所知道的知识)，在"第三层"上被知道(意味着每个参与者都知道对手知道他自己所知道的知识)，等等。

8.1.2　博弈的要素

我们以博弈论中很著名的"囚徒困境"为例，说明博弈包含的要素。

【例8-2】囚徒困境。

两名囚犯甲和乙因涉嫌抢劫被捕。警方因证据不足先将两人分关二室，并宣布：若两人均不坦白，则只能因藏有枪支而被判刑 1 年；若有一人坦白而另一人不坦白，则坦白者无罪释放，不坦白者被判刑 10 年；若两人都坦白了，则同判刑 9 年。两人确系抢劫犯，他们的决策与可能的结果如表 8-1 所示。

表 8-1　囚徒决策

	坦白	抵赖
坦白	(−9，−9)	(0，−10)
抵赖	(−10，0)	(−1，−1)

1. 局中人

局中人指的是博弈的所有参与者，是博弈决策中的独立决策主体；局中人至少有两个，否则就无法确立互动的主体。只要在一个博弈中统一决策、统一行动、统一承担结果，不管组织有多大，哪怕是一个国家，甚至是联合国，都应该视为博弈中的一个局中人。在博弈的规则确定之后，各局中人都是平等的，大家都必须严格按照规则办事。如打桥牌时相对而坐的两个人算作一个局中人，囚徒困境中的两个囚徒算作两个局中人。

2. 得益

局中人各自选定某一策略之后就会形成某种局势，各方局中人会各有所得，该所得称为得益或支付。得益可以是本身就是数量的产值、销售额、收入、利润、成本、支出等，也可以是非数量表示的社会形象、环境保护、员工素质等。由于人们在游戏比赛和社会、经济活动中，除了获得收益、利润等正效用以外，有时也会产生损失、失败等负效用，因此一个博弈中的得益可以是正值，也可以是负值，它们是分析博弈模型的标准和基础。值得注意的是，虽然各博弈方在各种情况下的得益应该是客观存在的，但这并不意味着各博弈方都了解各方的得益情况，对此我们会进一步讨论。如囚徒困境里的囚徒被判刑的时间即是得益。

3. 策略

博弈中，局中人为了应对某一特定状况，可以选择的实际可行的完整的行动方案，称为策略或战略。策略不是某一阶段的行动方案，而是指导局中人自始至终全局筹划的一个行动方案。在不同的博弈中，可供博弈方选择的策略的数量大不相同；在同一个博弈中，不同博弈方的可选策略或行为的内容或数量也常不同，有时只有有限几种，甚至只有一种，而有时又可能有许多种，甚至无限多种。如果在一个博弈中，局中人都只有有限个策略，该博弈称为"有限博弈"，否则称为"无限博弈"。如囚徒困境中每个囚徒的策略有两个：坦白或抵赖。

4. 信息

信息是指局中人有关博弈的知识，即局中人在特定的行动点所知道的有关其他人的特征、"自然"的选择、其他参与者已选择的行动等有关知识。信息使某些情况得以排除，同时，在给定的信息范围内又有一些情况不能区分。如囚徒困境中选择的每个方案都会面临的结果，即是信息。

5. 均衡

均衡是指按特定的意义规定的博弈模型的解，由于博弈是各局中人战略的较量，一个战略组合被称为均衡就是指在某种规定的意义下达到最优。在均衡战略实施时，博弈实际发生的行为序列，称为均衡结果。

博弈分析就是指系统研究上述博弈论要素所定义的各种博弈问题，寻求在各博弈方具有充分或者有限理性、能力的条件下，合理的策略选择及其博弈结果，并分析这些结果的经济意义、效率意义的理论和方法。

【例 8-3】儿时的游戏"剪刀石头布"的规则为：每人从中确定一种出法，出法确定后，就决定了一个"局势"，从而确定每个人的输赢。胜者得1分，输者得 −1分，出现平手时各得0分。各种可能的局势和得分情况，如表 8-2 所示。

表 8-2　各种局势及游戏得分情况

	剪刀	石头	布
剪刀	(0, 0)	(1, -1)	(-1, 1)
石头	(-1, 1)	(0, 0)	(1, -1)
布	(1, -1)	(-1, 1)	(0, 0)

本例中，有两个局中人(两个小孩)、策略及策略集合{石头，剪子，布}、得益(得到的分数)、信息(局中人都明白游戏规则)、均衡(双方较量的结果)。

此例中，同一局势下，两个局中人的得益之和等于 0，这样的博弈模型称为二人零和博弈。对于这类特殊的二人零和博弈，其得益矩阵可简化为只写出第一个局中人(或参与者)的得益即可，在上例中，得益矩阵可简化写为矩阵 A。

$$A = \begin{bmatrix} 0 & 1 & -1 \\ -1 & 0 & 1 \\ 1 & -1 & 0 \end{bmatrix}$$

8.1.3　博弈的分类

博弈有很多种分类方法，这也是从不同的角度对博弈的认识，这里罗列出几种比较常见的分类。

1. 单人博弈、两人博弈和多人博弈

按博弈方的数量，可将博弈划分为单人博弈、两人博弈和多人博弈。

单人博弈顾名思义指的是一个人的博弈，因为没有互动关系和相互影响，本质上已经不是博弈。

两人博弈指的是有两个博弈方。博弈方之间并不总是相互对抗，掌握信息较多也不能保证利益一定较多，个人追求自身利益最大化的行为，往往并不能实现社会的最大利益，也常常不能实现个人的最大利益。

有三个或三个以上博弈方参加的博弈叫作多人博弈。其基本性质与两人博弈类似。三人以上博弈可能存在破坏者，其策略选择对自身的利益并没有影响，但却会对其他博弈方的得益产生很大的、有时甚至是决定性的影响。破坏者的存在使多人博弈的结果难以确定。

2. 合作博弈与非合作博弈

按博弈的参与者是否可以达成具有约束力的协议，可将博弈划分为合作博弈与非合作博弈。

合作博弈指达成有约束力的协议，强调集体理性、效率、公正、公平；非合作博弈，则强调个体理性，其结果可能有效率，也可能无效率。合作博弈和非合作博弈的主要区别是：当事人能否达成一个具有约束力的协议。

现代博弈论主要指非合作博弈理论。非合作博弈更受重视是因为主导人们行为的主要还是个体理性，而非集体理性；竞争是一切社会、经济关系的根本基础，不合作是根本的，

合作是有条件的和暂时的。

3. 静态博弈、动态博弈和重复博弈

按博弈的过程，可以将博弈分为静态博弈、动态博弈和重复博弈。

1) 静态博弈

静态博弈是指博弈中参与者同时选择行动，或虽非同时，但后行动者并不知道前行动者采取什么行动，所以可视作同时参与行动。

如果博弈方的决策选择有先后次序，而某些博弈方能事先知道其他博弈方的选择，就会针对性地调整自己的策略，从而使自己立于不败之地，这会导致不公平。为了博弈方之间的公平，许多博弈常常要求或者设定各博弈方同时决策，或者虽然决策时间不一致，但在他们做出选择之前不允许知道其他博弈方的策略，即使在知道其他博弈方的策略之后也不能改变自己的策略，从而使各博弈方的选择仍然可以看作是同时做出的。前者如齐威王与田忌赛马、剪刀石头布博弈游戏；后者如投标活动(投标人投出标书一般会有先后，但因为所有投标人在自己投标之前都无法知道其他投标人的标价，因此可看作是同时决策)等。

2) 动态博弈

动态博弈是指参与者的行动有先后顺序，且后行动者能够观察到先行动者所选择的行为。

除了各博弈方同时决策的静态博弈以外，也有大量现实决策活动构成的博弈，各博弈方的选择和行动不仅有先后次序，而且后选择、后行动的博弈方在自己选择、行动之前，可以看到其他博弈方的选择、行动。这种博弈无论在哪种意义上都无法看作是同时决策的静态博弈，我们把这种博弈称为动态博弈。

3) 重复博弈

重复博弈就是同一个博弈反复进行所构成的博弈过程。构成重复博弈的一次性博弈也称为"原博弈"或"阶段博弈"。我们研究的大多数重复博弈的原博弈都是静态博弈。这种由同样一群博弈方，在完全同样的环境和规则下重复进行的博弈，在现实中有很多实际的例子。如体育竞技中的多局制比赛、商业中的回头客问题、企业之间的长期合作或竞争等等，如果不考虑环境条件方面的细小变化，都可以看作是重复博弈问题。

4. 完全信息博弈和不完全信息博弈

按博弈的信息结构，可将博弈划分为完全信息博弈和不完全信息博弈。完全信息博弈指的是各博弈方都完全理解所有博弈方各种情况下得益的博弈。不完全信息博弈指的是部分博弈方不完全了解其他博弈方得益情况的博弈。

5. 有限策略博弈和无限策略博弈

按博弈中的策略多少，可将博弈划分为有限策略博弈和无限策略博弈。有限策略博弈是指所有局中人的策略均为有限时的博弈。这里要注意局中人的策略数可能不一样。在同一博弈中，某些局中人存在有限的策略，而另一些局中人可能有无限策略。

有限策略博弈的结果为有限个，用策略式或扩展式表示。无限策略博弈，结果为无限，只能用数集或函数表示。

6. 零和博弈、正和博弈和变和博弈

按博弈中的得益总和，可将博弈划分为零和博弈、正和博弈及变和博弈。

零和博弈在所有各种对局下全体局中人的得益总和总是保持为零，局中人总是对立，没有合作的机会，零和博弈是利益对抗程度最高的博弈。零和博弈是常见的博弈类型，同时也是被研究得最早、最多的博弈问题。在不少博弈问题中，一方的得益必定是另一方的损失，某些博弈方的赢肯定是来源于其他博弈方的输。如我们前面所介绍的游戏"石头剪子布"就属这种博弈。零和博弈的博弈方之间利益始终是对立的，偏好通常是不一致的。也就是说，一个博弈方偏好的结果，通常是另一个博弈方不偏好的结果。因而，零和博弈的博弈方之间无法和平共处，两人零和博弈也称为"严格竞争博弈"。

正和博弈也叫常和博弈，是指任意策略组合中，局中人的得益总和为某一非零常数。如在几个人或几个方面之间分配固定数额的奖金、财产或利润的讨价还价，就属此种博弈问题。与零和博弈一样，常和博弈中各博弈方之间利益关系也是对立的，博弈方之间的基本关系也是竞争关系。不过，由于常和博弈中利益的对立性体现在各自得到利益的多少，结果可能出现大家分得合理或满意的一份，会产生合作的机会。

变和博弈是指局中人的得益之和并非常数，有大小排序的问题。变和博弈中对应各局中人不同策略组合(结果)下其得益之和往往是不相同的，这也就意味着在局中人之间存在相互配合(不是指串通，是指各博弈方在利益驱动下各自自觉、独立采取的合作态度和行为)，争取较大总得益和个人得益的可能性。因此，这种博弈的结果可以从社会总得益的角度分为"有效率的""无效率的"和"低效率的"。

7. 完美信息博弈和不完美信息博弈

按博弈的信息结构，可将博弈划分为完美信息博弈和不完美信息博弈，是关于动态博弈进行过程之中面临决策或者行动的参与者对于博弈进行迄今的历史是否清楚的一种刻画。

如果在博弈进行过程中的每一时刻，面临决策或者行动的参与者，对于博弈进行到这个时刻为止所有参与者曾经采取的决策或者行动完全清楚，则称为完美信息博弈；否则为不完美信息博弈。

8. 完全理性博弈和有限理性博弈

按博弈方的能力和理性程度，可将博弈划分为完全理性博弈和有限理性博弈。完全理性博弈是指在完全理性假设下所进行的博弈。有限理性博弈是指博弈方的判断能力有缺陷情况下的博弈。

8.1.4 博弈论的发展历史

我国春秋战国时期的"孙子兵法"、殷代发明的围棋，都体现了博弈论思想。

博弈论作为一种数学理论，开始于 1944 年，由美国数学家约翰·冯·诺依曼(John von Neumann)和经济学家摩根斯坦(Oskar Morgenstern)发表的题为《博弈论与经济行为》的著作。

1950 年，纳什完成博士论文"非合作博弈"。纳什的两篇论文和 Tucker 定义的囚徒困

境，奠定了现代非合作博弈论的基石。

1994 年诺贝尔经济学奖获得者纳什，在普林斯顿读博士时刚刚 20 岁出头，他的一篇关于非合作对策的博士论文和其他两篇相关文章确立了他博奕论大师的地位。到 20 世纪 50 年代末，他已是闻名世界的科学家了。

8.1.5　博弈论与诺贝尔经济学奖获得者

历年来，都不乏因博弈论研究而荣获诺贝尔经济学奖殊荣的伟大科学家。

1994 年，授予纳什(Nash)、泽尔腾(Selten)及海萨尼(Harsanyi)。他们在非合作博弈的均衡分析理论方面做出了开创性的贡献，对博弈论和经济学产生了重大影响。

1996 年，授予莫里斯(Mirrlees)和维克瑞(Vickrey)，前者在信息经济学理论领域做出了重大贡献，尤其是不对称信息条件下的经济激励理论的论述；后者在信息经济学、激励理论、博弈论等方面都做出了重大贡献。

2001 年，授予阿克罗夫(Akerlof)(商品市场)、斯潘塞(Spence)(教育市场)、斯蒂格里兹(Stiglitze)(保险市场)，他们在"对充满不对称信息市场进行分析"领域做出了重要贡献。

2005 年，授予罗伯特·奥曼与托马斯·谢林，以表彰他们通过博弈理论的分析增强了世人对合作与冲突的理解。

2007 年，授予赫维茨(Leonid Hurwicz)、马斯金(Eric S. Maskin)及迈尔森(Roger B. Myerson)。他们的研究为机制设计理论奠定了基础。

2012 年，授予罗斯(Alvin E. Roth)与沙普利(Lloyd S. Shapley)。他们创建了"稳定分配"的理论，并进行了"市场设计"的实践。

2014 年，授予法国经济学家梯若尔。他在产业组织理论及串谋问题上，采用了博弈论的思想，让理论和问题得以解决。在规制理论上也有创新。

作为一门工具学科，能够在经济学中如此广泛运用，并得到学术界垂青，实为罕见。

再讲一个所罗门断案的故事。古代有两个妇女，同时在同一间屋子里生下小孩，但其中一个死了，两人都争说这个活着的孩子是自己的，因此人们请来了所罗门断案。智慧的所罗门说："既然你们都说自己是孩子的母亲，那就把孩子一劈为二，一人一半。"一个妇女欣然同意，另一个则说："宁可给对方，也不愿将孩子劈死"。水落石出，后一个才是孩子的母亲。如果假母亲懂得一点博弈论的话，或者对刀劈小孩表现不忍，所罗门的智慧便无用武之地了。

8.2　完全信息博弈

博弈论经过长期的发展，已经形成了一整套很成熟完整的理论方法体系，由于篇幅所限，本书只介绍完全信息博弈。完全信息博弈指的是各博弈方都完全理解所有博弈方各种情况下得益的博弈，包含完全信息静态博弈与完全信息动态博弈。

8.2.1 完全信息静态博弈

在完全信息静态博弈的情形下，各博弈方对对方与自己的得益完全了解，但是没有人在决策之前看到了其他博弈方的决策，也没有交换信息，各博弈方同时做出决策，并且一旦决策做出，只能等待结果，不能对博弈过程产生任何影响了。实践中，完全信息静态博弈是博弈论中最简单的博弈模型，但却是博弈论产生的基础。

"纳什均衡"这个概念正是在完全信息静态博弈这个基础上产生的，纳什首次在思想上证明了完全信息静态博弈存在着一般的均衡解，正是有了"纳什均衡"这个概念，博弈论的研究才真正走上了正确的道路。

1. 完全信息静态博弈的决策表达式

将博弈模型的决策表达式表示为 $G = \{N, (S_i)_{i \in N}, (U_i)_{i \in N}\}$，其中 N 表示局中人的数目，S_i 表示策略空间，U_i 表示得益。

【例 8-4】诺曼底登陆。

诺曼底战役是第二次世界大战中的重要战役。当时，盟军在法国登陆的地点有两个，一是马赛，二是诺曼底。由于盟军的军力有限，不可能同时在两个地点登陆。由于相同的原因，德军也不可能同时在两地设防，只能集中兵力在一地设防。

如果盟军在马赛登陆，而德军正好在马赛设防，那么由于德军以逸待劳，再加上天时地利，将能够击败盟军的进攻。相反，如果盟军在马赛登陆，而德军在诺曼底设防，那么盟军将不会遇到有效的抵抗，登陆将会成功。同理，如果盟军在诺曼底登陆，而德军在诺曼底设防，那么盟军将面临德军的进攻而无法成功登陆。如果盟军在诺曼底登陆，而德军在马赛设防，那么盟军登陆成功而德军溃败。

盟军之所以在诺曼底登陆，是因为盟军相信德军会在马赛设防，而德军之所以在马赛设防是因为他们相信盟军会在马赛登陆。也就是说，盟军的最优策略是德军策略的函数；反之，德军的最优策略是盟军策略的函数，即盟军和德军的策略是相互依存的，如图 8-1 所示。

	德军	
	马赛设防	诺曼底设防
盟军 马赛登陆	失败，成功	成功，失败
诺曼底登陆	成功，失败	失败，成功

图 8-1 诺曼底登陆

本例的决策表达为

Ⅰ. 参与者：盟军和德军，$N=2$。

Ⅱ. S_i 博弈规则：盟军和德军彼此不知道对方的计划，分别做出自己的决策，盟军可选择诺曼底登陆，或马赛登陆；德军可选择诺曼底设防，或马赛设防。

Ⅲ. U_i 表示得益：有两种可能，(盟军胜利，德军惨败)或是(盟军惨败，德军胜利)。

本例就是一个完全信息静态博弈，那么如何得到它的最优解。我们先介绍完全信息静态博弈的均衡存在的种类，再引出纳什均衡的求解办法。

2. 完全信息静态博弈的均衡

我们先来了解一下静态博弈下的两种均衡状态，占优策略均衡和重复剔除劣策略均衡。

1) 占优策略均衡

在博弈 $G = \{N, (S_i)_{i \in N}, (U_i)_{i \in N}\}$ 中，在其他局中人任意给定的策略组合下，局中人 i 所做的策略 S_i^*，都有

$$U_i(S_1, S_2, \cdots, S_i^*, \cdots, S_n) > U_i(S_1, S_2, \cdots, S_i, \cdots, S_n)$$

我们称 S_i^* 为局中人 i 的严格优策略。

如果一个博弈中的所有参与者都存在严格优策略 S_i^*，那么称所有参与者选择的严格优策略组合 $(S_1^*, S_2^*, \cdots, S_n^*)$ 就称为严格优策略均衡，或者叫作占优策略均衡。

设有 n 个人参与博弈，给定其他人战略的条件下，每个人选择自己的最优战略(个人最优可能依赖于也可能不依赖于其他人的战略)，所有参与者选择的战略一起构成一个战略组合，这种战略组合由所有参与者的最优战略组成，也就是说，给定别人战略的情况下，没有任何单个参与者积极选择其他战略，从而没有任何人积极打破这种均衡，即为占优策略均衡。

【例 8-5】智猪博弈。

猪圈里有两头猪：一头大猪、一头小猪，猪圈很长，一头有一踏板，另一头是饲料的出口和食槽。猪每踩一下踏板，另一边就会有相当于 10 份的猪食进槽，但是踩踏板以后跑到食槽所需要付出的"劳动"，加起来要消耗相当于 2 份的猪食。

踏板和食槽分置笼子的两端，如果有一只猪去踩踏板，另一只猪就有机会抢先吃到另一边落下的食物。踩踏板的猪付出劳动跑到食槽的时候，坐享其成的另一头猪早已吃了不少。若大猪先到，大猪吃到 9 个单位，小猪只能吃 1 个单位；若同时到，大猪吃到 7 个单位，小猪吃 3 个单位；若小猪先到，大猪吃到 6 个单位，小猪吃 4 个单位；

智猪博弈的具体情况如下：如果两只猪同时踩踏板，同时跑向食槽，大猪吃进 7 份，得益 5 份，小猪吃进 3 份，实得 1 份；如果大猪踩踏板后跑向食槽，这时小猪抢先，吃进 4 份，实得 4 份，大猪吃进 6 份，付出 2 份，得益 4 份；如果大猪等待，小猪踩踏板，大猪先吃，吃进 9 份，得益 9 份，小猪吃进 1 份，但是付出了 2 份，实得-1 份；如果双方都懒得动，所得都是 0。数据如表 8-3 所示。

表 8-3　智猪博弈决策

	按	等待
按	(5，1)	(4，4)
等待	(9，-1)	(0，0)

利益分配格局决定两头猪的理性选择：小猪踩踏板只能吃到一份，不踩踏板反而能吃上 4 份。对小猪而言，无论大猪是否踩动踏板，小猪将选择"搭便车"策略，也就是舒舒

服服地等在食槽边，这是最好的选择。

对于大猪而言，由于小猪有"等待"这个优势策略，大猪只剩下了两个选择：等待，一份也得不到；踩踏板得到 4 份。所以"等待"就变成了大猪的劣势策略，当大猪知道小猪是不会去踩动踏板的，自己亲自去踩踏板总比不踩强吧，只好为一点残羹不知疲倦地奔忙于踏板和食槽之间。均衡的结果是大猪选择"按"，小猪选择"等待"，这就是占优策略均衡法的应用。

2）重复剔除劣策略均衡

并非所有的完全信息静态博弈都存在严格优策略，这时就无法运用占优策略均衡法求解决策的最优解，但是在有些情况下，虽没有严格优策略却有严格劣策略，这样，我们可以通过重复剔除严格劣策略的方法找到最优解，这种方式得到的均衡叫重复剔除劣策略均衡。

在博弈 $G = \{N, (S_i)_{i \in N}, (U_i)_{i \in N}\}$ 中，参与者 i 所做的策略 S_i^1、S_i^2，在其他参与者任意给定的策略组合下，都有：

$$U_i(S_1, S_2, \cdots, S_i^1, \cdots, S_n) < U_i(S_1, S_2, \cdots, S_i^2, \cdots, S_n)$$

我们称 S_i^1 为相对于 S_i^2 的严格劣策略。

作为理性的参与者，我们会自然规避严格劣策略，通过重复剔除严格劣策略，最后得到博弈的均衡解，称为重复剔除劣策略均衡。

【例 8-6】假设存在表 8-4 决策矩阵，请求解该问题的严格劣策略均衡解。

表 8-4 上下—左中右

	左	中	右
上	(1, 0)	(1, 2)	(0, 1)
下	(0, 3)	(0, 1)	(2, 0)

解：在这个博弈中，甲没有严格优策略，也没有严格劣策略。乙虽然没有严格优策略，但是有严格劣策略：策略"右"。这样我们剔除乙的策略"右"，得到表 8-5。

表 8-5 上下—左中

	左	中
上	(1, 0)	(1, 2)
下	(0, 3)	(0, 1)

这样从表 8-5 中，对于甲，策略"下"是一个严格劣策略，于是将其剔除，得到表 8-6。

表 8-6 上—左中

	左	中
上	(1, 0)	(1, 2)

于是(上，中)就是该博弈的均衡解。这是重复剔除劣策略得到的结果。

3. 纳什均衡

在博弈 $G = \{N, (S_i)_{i \in N}, (U_i)_{i \in N}\}$ 中，如果所有参与者所做的策略组合 $(S_1^*, S_2^*, \cdots, S_n^*)$，任一方 i 的策略 S_i^* 都是应对其他参与者策略的组合 $(S_1^*, S_2^*, \cdots, S_{i-1}^*, S_{i+1}^*, \cdots, S_n^*)$ 的最佳策略，也即如果一个策略组合能同时使所有人都得到(相对其他人)最好的结果，则称 $(S_1^*, S_2^*, \cdots, S_n^*)$ 为博弈的一个"纳什均衡"。

纳什均衡是博弈论中一个很重要的概念，在这一策略选择方法中，每个参与者都确信自己做出的是最好的策略。也就是说给定你的策略，我的策略是最好的；给定我的策略，你的也是最好的。双方在对方的策略下都做了最好的选择，因此也就不愿意调整自己的策略，因为单独改变对自己没好处。

显然以上提到的占优策略均衡法和严格劣策略重复剔除法都属于纳什均衡，但是纳什均衡却不一定是上面二者，它是一个更为宽广、更为适用的均衡概念。

比如囚徒困境中(招供，招供)是一个严格优策略均衡，但同时也是一个纳什均衡，因为给定囚徒 1 的策略是招供，囚徒 2 的策略也是招供，反之亦然。

【例 8-7】斗鸡博弈。

在美国，一些飞车党成员为了表示勇敢，会提出由两人分别驾驶两辆摩托车或者汽车从相反方向急速对撞。如果有一方因害怕而让道就被称为小鸡(收益为-10)，如果双方都让道，则都被称为小鸡(收益为-10)。被称为小鸡的人，在飞车党中将备受歧视；而不怕死的将备受推崇(收益为 10)。如果都不让道，可能都要下地狱或者不死也废(收益为-∞)。

解：可抽象其矩阵形式如表 8-7 所示。

表 8-7　斗鸡博弈

	让	撞
让	(-10，-10)	(-10，+10)
撞	(+10，-10)	(-∞，-∞)

如果成员 2 撞过来，成员 1 的策略就是让，失去尊严总比丧命要强；如果成员 1 怕死，则成员 2 的决定应该是撞(因为成员 1 会让)，所以(让，撞)是斗鸡博弈的一个纳什均衡，另一个纳什均衡则是(撞，让)。

斗鸡博弈中的纳什均衡点有两个，我们无法知道最后一个结果怎样，除非有更进一步的信息，比如谁有优先选择权。该博弈中存在纳什均衡，但不存在严格优策略。通过例 8-8 介绍一下画线法求解纳什均衡解。

【例 8-8】设有两个局中人：A 和 B，其得益矩阵如表 8-8 所示，求解其纳什均衡。

第一步：考虑 A，给定 B 的每一个策略，找出 A 的最优策略，并在其对应的赢得下面画一横线。

第二步：用类似的方法，找出 B 的最优策略。

第三步：都画横线的单元格即为纳什均衡。

表 8-8　局中人得益矩阵

		局中人 B		
		L	C	R
局中人 A	U	(0, 4)	(4, 0)	(5, 3)
	M	(4, 0)	(0, 4)	(5, 3)
	D	(3, 5)	(3, 5)	(6, 6)

总结：对局中人 A，按列求最大；对局中人 B，按行求最大。组合(D, R)就是本例的纳什均衡解。

4. 混合战略的纳什均衡

我们将纳什均衡定义为一组满足所有参与者的效用最大化要求的战略组合，可以被称作纯战略，即$(S_1^*, S_2^*, \cdots, S_n^*)$是一个纳什均衡，但是有些博弈并不存在纳什均衡，考虑下列两个例子。

【例 8-9】社会福利博弈。

在这个博弈里，参与者是政府和一个流浪汉，流浪汉有两个战略：寻找工作或游荡；政府也有两个战略：救济或不救济。政府想帮助流浪汉，但前提是后者必须试图寻找工作，否则，前者不予帮助；而流浪汉只有在得不到政府救济时才会寻找工作。类似这样的问题，在父母决定给予懒惰的儿子多少资助时也会出现，这个博弈的得益矩阵如表 8-9 所示。

表 8-9　流浪汉博弈

		流浪汉	
		寻找工作	游荡
政府	救济	3, 2	-1, 3
	不救济	-1, 1	0, 0

【例 8-10】猜谜游戏。

两个儿童手里各拿着一枚硬币，决定要显示正面向上还是反面向上。如果两枚硬币同时正向向上或同时反面向上，儿童 A 付给儿童 B 1 分钱；如果两枚硬币只有一枚正面向上，儿童 B 付给儿童 A 1 分钱，这个博弈的得益矩阵如表 8-10 所示。

表 8-10　猜谜博弈

		儿童 B	
		正面	反面
儿童 A	正面	-1, 1	1, -1
	反面	1, -1	-1, 1

上述两个博弈的显著特征是，每一个参与者都想猜透对方的战略，而每一个参与者又都不能让对方猜透自己的战略。这样的问题在诸如扑克比赛、橄榄球赛、战争等情况中都会出现。在所有这类博弈中，都不存在纳什均衡。

但是，尽管上述两个博弈不存在所定义的纳什均衡，却存在混合战略纳什均衡。混合战略指的是参与者以一定的概率选择某种战略，比如说，参与者以 0.3 的概率选择第一种战略，以 0.5 的概率选择第二种战略，以 0.2 的概率选择第三种战略。如果一个参与者采取混合战略，他的对手就不能准确地猜出他实际上会选择的战略，尽管在均衡点，每个参与者都知道其他参与者不同战略的概率分布。

例 8-10 中，设想政府以 1/2 的概率选择救济，1/2 的概率选择不救济。那么，对流浪汉来说，选择寻找工作带来的期望效用为 1/2×2+1/2×1=1.5，选择游荡带来的期望效用为 1/2×3+1/2×0=1.5，选择任何混合战略带来的期望效用都是 1.5。所以，流浪汉的任何一种战略(纯的或混合的)都是对政府所选择的混合战略的最优反应。特别地，其中的一种最优混合战略是以 0.2 的概率选择寻找工作，以 0.8 的概率选择游荡。如果流浪汉选择这个混合战略，政府的任何战略(混合的或纯的)带给政府的期望效用为-0.2。特别地，以 1/2 的概率分别选择救济和不救济当然也是政府对于流浪汉所选择的混合战略的最优反应。这样，我们得到一个混合战略组合，其中政府以 1/2 的概率分别选择救济和不救济，流浪汉以 0.2 的概率选择寻找工作，0.8 的概率选择游荡，每一个参与者的混合战略都是给定对方混合战略时的最优选择。因此，这个混合战略组合也是一个纳什均衡。

如果让局中人以一定的概率分布在待选战略中随机选择，我们就称这种战略选择方式为混合战略。同时我们称以前所讲的战略为纯战略。

在 n 个参与者博弈 $G = \{N, (S_i)_{i \in N}, (U_i)_{i \in N}\}$ 中，如果所有参与者所做的战略组合为 $(S_1^*, S_2^*, \cdots, S_n^*)$，假定参与者 i 有 k 个战略 $S_i = \{S_{i1}, S_{i2} \cdots, S_{ik}\}$，那么概率分布 $p_i = \{p_{i1}, p_{i2}, \cdots, p_{ik}\}$ 称为 i 的一个混合展开。这里的 p_{ik} 是 i 选择 S_{ik} 的概率，对于所有 $k = 1, 2, \cdots, K$；$0 \leqslant p_{ik} \leqslant 0$，$\sum p_{ik} = 1$。

我们用 $\sum_i$ 代表 i 的混合战略空间$(p_i \in \sum_i)$，$p = (p_1, p_2, \cdots, p_n)$ 代表混合战略组合，其中 p_i 为 i 的一个混合战略，$\sum = \prod \sum_i$ 代表混合战略组合空间$(p \in \sum)$。

与混合战略相伴随的是支付的不确定性，因为一个参与者并不知道其他参与者的实际战略选择。此时，参与者关心的是期望效用。

博弈方不能让其他人知道或猜到自己的选择，因而必须在决策时利用随机性；博弈方选择每种策略的概率一定要恰好使其他人无机可乘，即让对方无法通过针对性地倾向某一策略而在博弈中占上风。

【例 8-11】假设表 8-11 是某个博弈支付矩阵，里面的数值为收益，请进行决策。

表 8-11　博弈支付矩阵

	C	D
A	5，3	4，2
B	8，2	1，6

从局中人 1 的角度看，要让局中人 2 在选择 C 和 D 时，支付的数学期望是无差异的：

$$p_A \cdot 3 + p_B \cdot 2 = p_A \cdot 2 + p_B \cdot 6$$

从局中人 2 的角度看，要让局中人 1 在选择 A 和 B 时，支付的数学期望是无差异的：

$$p_C \cdot 5 + p_D \cdot 4 = p_C \cdot 8 + p_D \cdot 1$$
$$p_A + p_B = 1; \quad p_C + p_D = 1;$$

求解得：$p_A = 0.8$；$p_B = 0.2$；$p_C = 0.5$；$p_D = 0.5$

所以对局中人 1 而言，他应该以 0.8 的概率选择 A，以 0.2 的概率选择 B，这样就可以防止局中人 2 占绝对上风；对于局中人 2 而言，他应该分别以 0.5 的概率选择 C 和 D，这样才可以防止局中人 1 选出绝对优势的策略。这就叫混合战略均衡。

8.2.2 完全信息动态博弈决策

经济活动中有大量的博弈问题都是依次动态选择而不是同时一次选择，比如经常见到的商业大战，常常是各家轮流出新招；比如各种商业谈判、拍卖竞价，也常常是双方或者多方之间你来我往很多回合的较量。各博弈方的选择和行动不仅有先后次序，而且后选择、后行动的博弈方在自己选择、行动之前，可以看到其他博弈方的选择、行动，这种博弈与静态博弈有明显不同，我们称其为动态博弈。

1. 完全信息动态博弈的决策表达式

一般以扩展型来表示，表达式为 $G = \{N, H, P, I, U\}$。其中，

(1) N 表示局中人的数目。

(2) H 表示博弈历史，博弈树是一个多环节与枝干的集合，从单一的起始环节，直到终结环节。

(3) P 表示每个博弈环节的分配法则，将每个环节(除终结环节外)分配给不同的局中人，并赋予行动时可选的策略。

(4) I 表示局中人行动时的信息集合。

(5) U 表示局中人可能选择策略在终结环节所得到的得益。

2. 博弈的扩展式表述

博弈的扩展式表述又叫博弈树(game tree)，指的是由于动态博弈局中人的行动有先后顺序，因此可以依次将局中人的策略展开成一个树状图，博弈树是动态博弈分析中最常用的一种形象化表述。

博弈树能给出有限博弈的几乎所有信息，其基本结构由结点、枝和信息集构成。博弈树可以是左右结构，也可以是上下结构。

(1) 结(nodes)。包括决策结和终点结。决策结指局中人采取行动的始点，终点结指局中人行动的终点。用 x 表示所关注的结，x 之前的所有结的集合，称为 x 的前列结 $P(x)$；x 之后的所有结的集合，称为 x 的后列结 $T(x)$。

(2) 枝(branches)。枝是从一个决策结到它的后续结的连线，每个枝代表局中人的一个行动选择。

(3) 信息集。博弈树上的所有决策结分割成不同的信息集，每个信息集是决策集的一个子集，该子集包括只包含一个决策结的单结点信息集和包含两个或两个以上的决策结的

多结点信息集。信息集满足以下条件。

① 每个决策集都是同一参与者的决策结。

② 该参与者知道博弈进入该集合的某个决策结，但不知道自己究竟处于哪一个决策结。

【例 8-12】 博弈树案例。

计算机软件开发商甲公司准备推广其新近开发的一款线上 App。决策层经过充分调研后确定了两个待选营销方案：①A 计划；②B 计划。App 的总销售量不会受到其广告计划的影响，但这些销售量的时序会因为广告而非常不同。如果甲公司是 App 的唯一提供者，A 计划是闪电战，在第一年的销售量会很高，但第二年销售量则很小，因为市场接近饱和。B 计划第一年的销售量相对小，但第二年的销售量很大，因为初期的用户口口相传这款 App 是如何的好。两种计划下每年获得的净利润，如表 8-12 所示。

表 8-12　甲公司的利润　　　　　　　　　　　　　　　　　　单位：万元

	A 计划	B 计划
第一年总利润	900	200
第二年总利润	100	800
总利润	1 000	1 000
广告成本	−570	−200
总净利润	430	800

若以表中数据为决策依据，B 计划是最优方案。但是这一结论忽略了与潜在竞争者的竞争。假定乙公司同样可以开发差不多的 App，在开始博弈的那一年成本 300 万元，则两个企业将一起瓜分市场，这样两个公司的利润将如表 8-13 所示。

表 8-13　乙公司进入市场时两家公司的利润

	甲公司		乙公司	
	A 计划	B 计划	A 计划	B 计划
第一年总利润	900	200	0	0
第二年总利润	50	400	50	400
总利润	950	600	50	400
广告成本	−570	−200	−300	−300
总净利润	380	400	−250	100

两个公司在进行一场博弈。甲公司有两个行动方案：①A 计划；②B 计划。乙公司也有两个行动供选择：①进入市场；②不进入市场。这是一个动态博弈问题，甲公司是先行动者，乙公司是在甲公司进行决策后再做选择。

可以通过博弈树进行表示，博弈树如图 8-2 所示。

软件博弈的博弈树将结点、枝和信息集组合一起，构成了博弈的扩展形式，博弈树用于表述动态博弈是非常方便的，可形象地表达局中人行动的先后次序，每位局中人可选择的行动，以及不同行动组合下的得益水平。

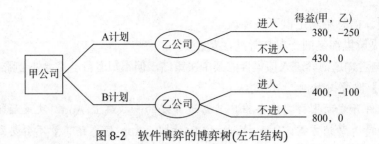

图 8-2 软件博弈的博弈树(左右结构)

【例 8-13】 房地产开发案例。

某城市的房地产开发项目，现有 A、B 两家开发商，开发一栋楼需投入 1 亿元资金。市场需求可能大，也可能小。假定市场上有两栋楼出售，需求大时，每栋售价 1.4 亿元，需求小时，每栋售价 7 千万元；如果市场上只有一栋楼，需求大时，可卖 1.8 亿元，需求小时，可卖 1.1 亿元。可以根据题意核算得益矩阵，如表 8-14 所示。

表 8-14 两家房地产公司的利润　　　　　　　　　单位：万元

		需求大的情况		需求大的情况	
		开发商 B		开发商 B	
		开发	不开发	开发	不开发
开发商 A	开发	4 000, 4 000	8 000, 0	-3 000, -3 000	1 000, 0
	不开发	0, 8 000	0, 0	0, 1 000	0, 0

用 N 表示市场需求状况，可绘制博弈树如图 8-3 所示。

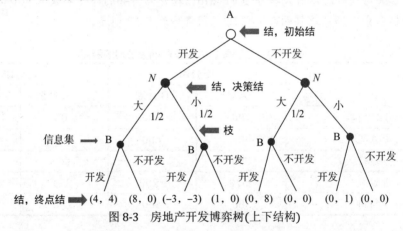

图 8-3 房地产开发博弈树(上下结构)

若 A 先行动，B 在知道 A 的行动后行动，则 A 有一个信息集，两个可选择的行动，战略空间为：(开发，不开发)；B 有两个信息集，4 个可选择的行动，B 有 4 个纯战略：①开发策略，不论 A 开发不开发，我开发；②追随策略，A 开发，我开发，A 不开发，我不开发；③对抗策略，A 开发，我不开发，A 不开发，我开发；④不开发，策略，不论 A 开发不开发，我不开发，如图 8-4 所示。

3. 子博弈精炼纳什均衡

我们通过纳什均衡解决了完全信息博弈问题，但纳什均衡存在三个缺陷。第一，一个

开发商B

	〔开发，开发〕	〔开发，不开发〕	〔不开发，开发〕	〔不开发，不开发〕
开发	(4, 4)	(4, 4)	(4, 0)	(8, 0)
不开发	(0, 8)	(0, 0)	(0, 8)	(0, 0)

开发商A 位于左侧。

图 8-4　房地产开发战略式表述博弈

博弈可能有不止一个纳什均衡，有些博弈可能有无数个纳什均衡，但无法确定究竟哪个纳什均衡会实际发生。第二，在纳什均衡中，局中人在选择自己的策略时，假定其他局中人的策略是给定的，不考虑自己的选择如何影响对手的策略。这个假设在研究静态博弈时是成立的，但对动态博弈而言就不成立了。第三，由于不考虑自己的选择对别人选择的影响，纳什均衡允许了不可置信威胁的存在。为此，泽尔腾(1965)通过对动态博弈的分析完善了纳什均衡的概念，定义了"子博弈精炼纳什均衡"。这个概念的中心意义是将纳什均衡中包含的不可置信的威胁战略剔除，它要求局中人的决策在任何时点上都是最优的，决策者要"随机应变""向前看"，而不是固守旧略。

1) 子博弈

在一个扩展型博弈中，由一个动态博弈第一阶段以外的某阶段开始的后续博弈阶段构成，称为原动态博弈的一个"子博弈"。子博弈由一个决策结x和所有该决策结的后续结$T(x)$(包括终点结)组成，子博弈满足以下条件。

(1) 起始结x是一个单结的信息结。一个子博弈必须从单结信息开始，也即当且仅当决策者在原博弈中确切地知道博弈进入一个特定的决策结时，该决策才能作为一个子博弈的开始，如果一个信息集包含两个以上决策结，没有任何一个决策结可以作为子博弈的初始结。

(2) 子博弈保留了原博弈的所有结构和进行博弈所需要的全部信息，能够自成一个博弈。

子博弈的信息集和支付向量都直接继承自原博弈，并不会发生任何变化，这意味着子博弈不能分割原博弈的信息集。

依然以【例 8-14】的数据为例，如图 8-5 所示，实线框中的是子博弈，虚线框中的不符合子博弈的定义，不是子博弈。

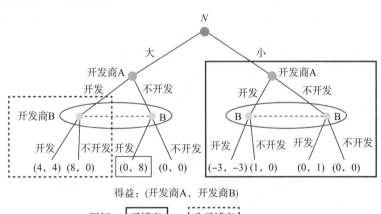

得益: (开发商A, 开发商B)

图例: 子博弈　非子博弈

图 8-5　子博弈

2) 子博弈精炼纳什均衡

有了子博弈的概念，我们就可以更准确地定义泽尔腾的"子博弈精炼纳什均衡"概念了。如果扩展式表达的博弈战略组合$(S_1^*, S_2^*, \cdots, S_n^*)$既是原博弈的纳什均衡，也是每一个子博弈的纳什均衡，也就是说组成精炼纳什均衡战略必须在每一个子博弈中都是最优的，则称这个战略组合为子博弈精炼纳什均衡或子博弈完美纳什均衡。

子博弈精炼纳什均衡和纳什均衡的区别就是子博弈精炼纳什均衡可以将含有不可信战略的纳什均衡排除。准确地说，一个精炼均衡首先必须是一个纳什均衡，但纳什均衡不一定是精炼均衡。

泽尔腾引入子博弈精炼纳什均衡的概念的目的是将那些不可置信威胁战略的纳什均衡剔除，从而给出动态博弈的一个合理的预测结果，简单说，子博弈精炼纳什均衡要求均衡战略的行为规则在每一个信息集上都是最优的。

美国普林斯顿大学古尔教授在 1997 年的《经济学透视》里发表文章，提出一个例子说明威胁的可信性问题。

【例 8-14】两兄弟老是为玩具吵架，哥哥老是要抢弟弟的玩具，不耐烦的父亲宣布政策：好好玩，不要吵我，不管你们谁向我告状，我都把你们关起来，关起来比没有玩具更可怕。现在，哥哥又把弟弟的玩具抢去玩了，弟弟没有办法，只好说：快把玩具还我，不然我就要去告诉爸爸。哥哥想，你真要告诉爸爸，我就要倒霉了，可是你不告状不过是没有玩具玩，而告了状却要被关禁闭，告状会使你的境遇变得更坏，所以你不会告状，因此哥哥对弟的警告置之不理。的确，如果弟弟是会算计自己利益的理性人，在这样的环境下，还是不告状的好。因此，他的告状威胁是不可置信的。

【例 8-15】依然以房地产开发博弈为例，说明子博弈精炼纳什均衡的运用。

对于(不开发, (开发, 开发))，这个组合之所以构成纳什均衡，是因为 B 威胁不论 A 开发还是不开发，他都将选择开发，A 相信了 B 的威胁，不开发是最优选择，但是 A 为什么要相信 B 的威胁呢？

毕竟，如果 A 真开发，B 选择开发得-3，不开发得 0，所以 B 的最优选择是不开发。如果 A 知道 B 是理性的，A 将选择开发，逼迫 B 选择不开发。A 自己得 1，B 得 0，即纳什均衡(不开发, (开发, 开发))是不可置信的。因为它依赖于 B 的一个不可置信的威胁。

同样，(不开发, 不开发)也是一个不可置信威胁，纳什均衡(开发, (不开发, 不开发))是不合理的。如果 A 选择开发，B 的最优选择是不开发，如果 A 选择不开发，B 的最优选择是开发，A 预测到自己的选择对 B 的影响，因此开发是 A 的最优选择。子博弈精炼纳什均衡结果是：A 选择开发，B 选择不开发。

3) 逆向归纳法

从动态博弈的最后一个阶段博弈方的行为开始分析，逐步倒推回前一个阶段相应博弈方的行为选择，一直到第一个阶段的方法，叫逆向归纳法。如同重复剔除劣策略均衡要求"所有参与者是理性的"是共同知识一样，用逆向归纳法求解均衡也要求"所行参与者是理性的"是共同知识。

逆向归纳法是求解动态博弈分析最重要、最基本的一个技术。它首先考虑博弈的最好时期的行动并确定在每种情况下参与者的最优行动。然后，将这些看成给定的未来行动，继续按照时间逆向进行，再次确定各自参与者的最优行动，直到博弈的开始。

8.3　双人博弈决策

上一节介绍了一般情形下博弈理论与准则，本节介绍一种特殊的情形，双人博弈。顾名思义，双人博弈指的是博弈中，局中人为两名。

8.3.1　双人零和博弈

对于这种特殊博弈问题的得益矩阵，可用普通矩阵(即只写出第一局中人的得益，省略第二局中人的得益)表示。

假设，各局中人的策略和得益是"共同知识"，即每一局中人不但知道自己的策略集合及得益，而且也知道对方的策略集合与支付，还知道对方知道我知道这些。现在的问题是，局中人要独立地选择自己的策略，并且在不知对方到底要选取哪个策略的条件下，要使得自己得到最大的得益。

【例 8-16】设有某一博弈为 $G = \{S_1, S_2, A\}$，得益矩阵如表 8-15 所示。有两名局中人，且属零和博弈。

表 8-15　局中人 1 的得益矩阵

		S_2(局中人 2)		
		b_1	b_2	b_3
S_1(局中人 1)	a_1	−1	4	−2
	a_2	5	3	2
	a_3	6	2	−6

解： 由于局中人都是理性人，每个局中人必然会考虑到对方会设法使自己获益最少，同时自己又力求在各种可能情况下谋求自己的最大利益。

这个收益矩阵是以局中人 1 为对象列出的。它说明，当局中人 1 采取策略 a_1 而局中人 2 采取策略 b_1 时，局中人 1 的收益为-1，依此类推。由于本博弈是零和博弈，局中人 2 的收益必然是局中人 1 的收益的负数，因此对于两人零和博弈，只要列出一方的收益矩阵就可以。

博弈的理论要求各方都追求利益最大化，失利最小。因此双方在对方已做出选择的情况下寻找最大利益。

局中人 1 应在：$\min_j l_{ij}$ $(i = 1, 2, 3)$中求最大。

局中人 2 应在：$\min_i(-l_{ij}) = -\max_i l_{ij}$ $(i = 1, 2, 3)$中求最大。

即，二人都遵循"小中取大"原则来选取策略，即在最不利的各种可能之中寻找最有利的策略。

由于

$$\max_i \min_j l_{ij} = l_{23} = 2$$

$$\max_j \left(\max_i l_{ij} \right) = -\min_j \max_i l_{ij} = -l_{23} = -2$$

可知，局中人 1 应选择 a_2，局中人 2 应选择 b_3，这时局势 $(a_2，b_3)$ 是最稳定的，称该局势为该对策的均衡解。

8.3.2　双人非零和博弈

在两人博弈中，每个局中人博弈的结果是双方的得益之和不为 0，也不等于某一个常数，而是每一结果用一个数对表示，如 (2，3)。

【例 8-17】假设某地区有甲、乙两家大型超市，经营相同品种的商品。并假定在无其他竞争者的条件下，这两家公司均可使用"降价"或"维持原价"这两种销售策略。

其盈利情况如下。

Ⅰ. 当双方均维持原价时，每方的利润是 10 万元；

Ⅱ. 如果甲方降价，乙方维持原价，则甲方销售量迅速上升，利润升至 15 万元，而乙方销量下降，利润下降至 3 万元；

Ⅲ. 反之，如果乙方降价，甲方维持原价，则乙方销售量迅速上升，利润升至 15 万元，而甲方销量下降，利润下降至 3 万元；

Ⅳ. 如果双方都降价，则双方利润均为 7 万元。

由上述得到甲、乙双方的得益状况见如表 8-16 所示。

表 8-16　甲、乙两公司利润

甲公司		乙公司	
		维持原价	降价
甲公司	维持原价	10，10	3，15
	降价	15，3	7，7

显然，最后双方都选择"降价"策略，这是博弈的均衡解。因为双方是竞争对手，都无法相信对方，都会防备对方利用自己的信任去抢占市场，谋取收益。

这就是竞争有助于形成(较低的)公平价格的市场机制。这也是为什么政府鼓励竞争，反对垄断的原因。但是，这对双方来讲并不是最好的策略。

8.3.3　博弈论的应用

1. 产品决策问题(二人定值博弈)

【例 8-18】某地区彩电的总需求量为 10 000 台，有 A、B 两家企业在该地进行销售竞争。

A 企业设计了三种不同质地的电视，分别以 α_1，α_2，α_3 记之。B 企业设计了 4 种不同质地的电视，分别以 β_1，β_2，β_3，β_4 记之。A 企业对市场需求与销售量做了市场调查和市场预测，结果如表 8-17 所示。请求解本题的最优解。

表 8-17　A、B 两企业销售量

		企 业 B			
		β_1	β_2	β_3	β_4
企业 A	α_1	7 000	2 500	5 000	8 000
	α_2	2 800	4 000	5 500	6 000
	α_3	7 500	7 200	6 000	6 800

解：该问题属于两人定值博弈，即两企业销量之和为 10 000 台，故只需要给出 A 企业销量即可。

双方的利益是完全冲突的。因为一个企业利润多了，另一个企业利润就少了，因而是一种不合作的博弈，这类博弈存在着一种局势，使其相应的策略对双方来说都是最优的，即存在纯策略均衡解。

首先，求出每行的最小值，他们分别是 2 500，2 800，6 000。

然后，再求出其中的最大值，即

$$\max(2\,500,\ 2\,800,\ 6\,000) = 6\,000\ 台$$

该方法简称"小中取大"原则。

这表明对企业 A 来说，从最不利的局势下寻求最好的结果。

接下来，求企业 B 的策略。

首先，求出每列的最大值，他们分别是 7 500，7 200，6 000，8 000。

然后，再求出其中的最小值，即

$$\min(7\,500,\ 7\,200,\ 6\,000,\ 8\,000) = 6\,000\ 台$$

该方法简称"大中取小"原则。

这表明对企业 B 来说，从最有利的局势下寻求最坏的结果(因为二者利益是完全冲突的。想一想，这与零和博弈的纯策略均衡解的条件是一致的)。

由于两者都是 6 000，满足有纯策略解的充要条件，对应的策略(α_3, β_3)即为最优策略。

你能说明具体的选择策略吗？此时，企业 A 的销售量为 6 000 台，企业 B 的销售量为 10 000-6 000=4 000 台。

如果企业 B 不生产质地为β_3的电视，而改变为其他策略，则市场份额将比 4 000 台要少。由此可见，β_3是企业 B 的最优策略。

2. 价格决策问题

由于市场需求量是有限的，因此在价格水平下销售出去的产品数量也是有限的。如果投放市场的产品数量超过了容量，只能依靠降价才能销售完。

【**例 8-19**】假定面包企业每天面临的市场容量为 2 000 个，甲、乙两面包商的生产成本、品种、价格、服务等均相同，因此二者几乎平分市场份额和利润，不论哪一方要想扩大市场份额，只有降价销售才能实现。假设两家企业均有独立的定价权，面包价格为 1 元/个，最高不超过 1.3 元。因此，两家面包企业的价格选择只能在 1～1.3 元。已知两面包商的盈利情况如表 8-18 所示。试求本题的最优解。

表 8-18　双方盈利数据

		面包乙公司	
		1 元/个	1.3 元/个
面包甲公司	1 元/个	0, 0	1 700, 300
	1.3 元/个	300, 1 700	7, 7

解：面包商为了取得良好利润，根据市场行情，灵活掌握销售价格(即采用混合策略)面包商甲：以概率p的机会卖价 1 元/个，又以概率$1-p$的机会卖价 1.3 元/个。面包商乙：采取同样策略。这种竞争双方的产品相同，价格策略也相同，自然导致双方有相同的期望利润：

$$0 \cdot p + 1\,700 \cdot (1-p) = 300 \cdot p + 1\,200 \cdot (1-p)$$

解此方程，得到

$$p = \frac{5}{8}, \quad 1-p = \frac{3}{8}$$

这说明，甲、乙两家企业的最优策略是：以概率$\frac{5}{8}$的机会卖价 1 元/个，又以概率$\frac{3}{8}$的机会卖价 1.3 元/个。这是一种混合策略。

并进一步可计算各家的每天期望利润为

$$E(R) = 0 \times \frac{5}{8} \times \frac{5}{8} + (1\,700 + 300) \times \frac{5}{8} \times \frac{3}{8} + (300 + 1\,700) \times \frac{3}{8} \times \frac{5}{8} +$$
$$(1\,200 + 1\,200) \times \frac{3}{8} \times \frac{3}{8}$$

思考与练习题

1. 什么叫博弈？什么叫博弈论？
2. 博弈的基本要素有哪些？请阐述其基本要素包含的具体内容。
3. 什么叫合作博弈，什么叫非合作博弈？
4. 分别解释零和博弈、正和博弈和变和博弈？
5. 什么叫静态博弈、动态博弈和重复博弈？
6. 分别解释占优策略均衡、重复剔除劣策略均衡和纳什均衡法则，三者之间的关系如何？

7. 什么叫混合战略的纳什均衡？

8. 春节前夕，某小镇上两个商铺主甲和乙同时发现一个赚钱机会：去城里购入一批鞭炮回来零售，购货款加上运输费用共 5 000 元，如果没有竞争对手，这批货在小镇上能卖 6 000 元；但如果另一家商铺同时在小镇上卖鞭炮，价格下跌使得这批鞭炮只能卖 4 000 元。请用战略式表示支付矩阵并找出纳什均衡。

9. 博弈方 A 和博弈方 B 就如何分割 10 万元款项进行了商讨。假设确定了以下规则：双方同时提出自己要求的数额 S_1 和 S_2，$0 \leqslant S_1$，$S_2 \leqslant 10$。如果 $S_1 + S_2 \leqslant 10$，则两博弈方的要求都得到满足，即分别得到他们提出的数额，但如果 $S_1 + S_2 \geqslant 10$，则该笔钱被没收。请问该博弈的纯策略纳什均衡是什么？如果你是其中的一个博弈方，你会要求什么数额，为什么？

10. 一个两人同时博弈的支付竞争如表 8-19 所示，试求纳什均衡。是否存在重复剔除劣策略均衡。

表 8-19　甲乙支付矩阵

		乙		
		左	中	右
甲	上	2, 0	1, 1	4, 2
	中	3, 4	1, 2	2, 3
	下	1, 3	0, 2	3, 0

11. 假设市场上只有甲、乙两家公司，同时生产来年各种同类产品在市场上进行销售竞争，并各自采取自己的推销策略。甲的市场占有率如表 8-20 所示，试求甲、乙两公司的最优策略。

表 8-20　甲乙企业市场占有率矩阵

		乙公司策略		
		β_1	β_2	β_3
甲公司策略	α_1	0.20	0.25	0.20
	α_2	0.20	0.20	0.25
	α_3	0.10	0.22	0.22

12. 参与者 1(丈夫)和参与者 2(妻子)必须独立决定出门时是否带伞。他们知道下雨和不下雨的可能性均为 50%，支付函数为：如果只有一人带伞，下雨时带伞者的效用为-2.5，不带伞者的效用为-3；不下雨时带伞的效用为-1，不带伞者的效用为 0；如果两人都不带伞,下雨时每人的效用为-5,不下雨时每人的效用为1;给出下列四种情况下的博弈树表述：

(1) 两人出门前都不知道是否会下雨；并且两人同时决定是否带伞(即每一方在决策时都不知道对方的决策)；

(2) 两人在出门前都不知道是否会下雨，但丈夫先决策，妻子观察到丈夫是否带伞后才决定自己是否带伞；

(3) 丈夫出门前知道是否会下雨，但妻子不知道，但丈夫先决策，妻子后决策；

(4) 丈夫出门前知道是否会下雨，但妻子不知道，但妻子先决策，丈夫后决策。

第**9**章

多目标决策

除非有不同的见解，否则就不可能有决策。

——德鲁克

学习目标与要求
1. 掌握多目标决策的概念、常用方法及基本思路；
2. 掌握层次分析法的基本原理，熟悉层次分析法的层次结构构建；
3. 掌握如何使用层次分析法进行决策；
4. 熟悉多目标规划法的概念与应用；
5. 熟练掌握多目标规划法的决策及其应用。

现代社会纷繁复杂，充满竞争而又富于挑战；在这样的环境中做决策常常不得不权衡各方利益，考虑多种决策目标。例如，在个人进行职业选择时，我们不仅要考虑当下的收入也要考虑未来的发展；在进行资金投资时，我们希望利润越大越好的同时也希望风险尽可能小；在企业经营上，我们不仅追求经济利润，也追求企业的社会形象，如承担社会职能，改善生态环境、促进社会精神文明建设等；在国家宏观管理上，不仅希望经济稳定增长、国际竞争力提升、也希望环境与社会和谐发展，等等。上述都属于多目标决策问题。

多目标决策问题即：给定一组备选方案，决策的目的就是要从这一组备选方案中找到一个使决策者感到最满意的方案；需要从若干个目标(每个目标有不同的评价标准)去对每个方案进行评价，或者对这一组方案进行综合评价排序，且排序结果能够反映决策者的意图。多目标决策是现代决策科学的一个重要组成部分，它的理论和方法已广泛应用于社会、经济、管理和军事等诸多领域。

9.1　多目标决策的基本问题

9.1.1　多目标决策的概念与要素

1. 多目标决策的概念

多目标决策指的是决策者在做决策时，需要考虑两个或两个以上的决策目标，而且这些目标彼此之间常常是相互矛盾的，需要用多种标准来进行科学、合理的评价和优选，从而做出决策。

多目标决策具有以下特点。

1) 多目标性

决策问题的多目标性导致不能用求解单目标决策问题的方法求解多目标决策问题，所以要寻求新的专门的解决方法。

2) 目标的不可公度性

是指量纲的不一致性，即各目标没有统一的衡量标准或计量单位，因而难以直接比较。比如提高经济效益、改善自然环境和加强精神文明建设，经济效益可以用价值量指标反映，但后两个指标则不可以，所以这些目标的计量方式不一样，因而也不能进行比较。

3) 目标之间的矛盾性

如果多目标决策问题中存在某个备选方案，它能使所有目标达到最优，即存在最优解，此时可以认为不存在目标间的矛盾性。但是一般情况下，各个备选方案在各目标间存在着某种矛盾，即如果采用一种方案去改进某一目标的值，很可能会使另一目标的值变坏，如经济效率与公平之间的关系，追求效率就可能会影响到公平。

4) 定性指标与定量指标相结合

在多目标决策中有些指标是明确的，可以定量表示出来，比如价格、产量、收入、利润等，叫作定量指标；而有些指标是不可以定量表示的，比如人的品德、能力等，叫定性指标。

2. 多目标决策的要素

多目标决策由决策单元、目标集及其递阶结构、属性集和代用属性及决策形势 4 个要素组成。

1) 决策单元

决策单元是由决策者、分析人员和作为信息处理器所构成的人机混合系统。决策单元可以接受输入信息，产生内部信息，形成系统知识，提供价值判断并最终做出决策。

2) 目标集及其递阶结构

为了清楚地阐明目标，可以将目标表示成层次结构：最高目标、中间层目标和下层目标。最高目标是人们进行决策并付诸实践的原动力，一般比较笼统，不方便运算处理，所以需要逐级分层为便于处理的下层目标。如高校的最高目标是提升学校的综合实力，这个目标很笼统；分层以后得到底层目标之一是提高毕业生的就业率，这个目标很具体。

3) 属性集和代用属性

属性就是对基本目标达到程度的直接度量，也就是说对每个最下层目标要用一个或几个属性来描述目标的达到程度。当目标无法用属性值直接度量时，用以衡量目标达到程度的间接度量称为代用属性。

4) 决策形势

一个多目标决策问题的基础是决策形势，它说明决策问题的结构和决策环境。为了说明决策形势，必须清楚地识别决策问题的边界和基本组成，尤其是要详细说明决策问题所需的输入变量类型和数值，以及其中哪些是可获得的；说明决策变量集合属性集及它们的测量标度，决策变量之间的因果关系；详细说明方案集和决策环境的状态。

9.1.2 多目标决策的基本思路和方法

1. 多目标决策的基本思路

多目标决策的实质是利用已有的决策信息通过一定的方式对一组(有限个)备选方案进行排序或择优。它主要由以下两部分组成。

(1) 获取决策信息。决策信息一般包括两个方面的内容：决策目标权重和指标值(指标值主要有三种形式：实数、区间数和语言)。其中，目标权重的确定是多目标决策中的一个重要研究内容。

(2) 通过一定的方式对决策信息进行集结并对方案进行排序和择优。

其具体思路如下.

第一步，提出问题，使目标高度概括。

第二步，阐明问题，使目标具体化。要确定衡量各目标达到程度的标准(即属性及属性值的可获得性)，清楚地说明问题的边界与环境。

第三步，构造模型。选择决策模型的形式，确定关键变量及这些变量之间的逻辑，估计各种参数，并在上述工作的基础上提出各种备选方案。

第四步，分析评价。利用模型并根据主观判断，采集或确定各备选方案的属性值，并根据决策规则进行排序或优化。

第五步，择优实施。根据优化结果，选择优化方案，付诸实施。

2. 多目标决策现有的方法

1) 化多为少法

将多目标问题化成只有一个或两个目标的问题，然后用简单的决策方法求解，最常用的是线性加权法。

2) 分层序列法

将所有目标按其重要程度依次排序，先求出第一个最重要的目标的最优解，然后在保证前一目标最优解的前提下依次求下一目标的最优解，一直求到最后一个目标为止。

3) 直接求非劣解法

先求出一组非劣解,然后按事先确定好的评价标准从中找出一个满意的解。

4) 多目标规划法

对于每一个目标都事先给定一个期望值,然后在满足系统一定约束条件下,找出与目标期望值最近的解。

5) 多属性效用法

各个目标均用表示效用程度大小的效用函数表示,通过效用函数构成多目标的综合效用函数,以此来评价各个可行方案的优劣。

6) 层次分析法

把目标体系结构予以展开,求得目标与决策方案的计量关系。

7) 重排序法

把原来的不好比较的非劣解通过其他办法使其排出优劣次序来。

8) 多目标群决策和多目标模糊决策

目前,多目标决策越来越引起人们的重视,并且已有一系列解决这方面问题的理论和方法,本章我们将介绍几种常用的方法。

9.1.3　多目标决策原则

多目标决策原则是在多目标决策实践中应遵循的行为准则,主要包括:

(1) 在满足决策需要的前提下,尽量减少目标个数。可采用剔除从属性目标,并把类似的目标合并为一个目标,或者把那些只要求达到起码标准而不要求达到最优的次要目标降为约束条件;以及通过同度量求和、求平均值或构成综合函数的方法,用综合指标来代替单项指标的办法达到目的。

(2) 按照目标的轻重缓急,决定目标的取舍。为此,就要将目标按重要程度排列出一个顺序,并规定出重要性系数,以便在选优决策时有所遵循。

(3) 对相互矛盾的目标,应以总目标为基准进行协调,力求对各目标全面考虑,统筹兼顾。

9.2　简单线性加权法

简单线性加权法是一种常用的多目标决策方法,它的思路是先确定各决策目标的权重,再对决策矩阵进行标准化处理,求出各方案的线性加权指标平均值,并以此作为各可行方案排序的依据。应该注意,简单线性加权法对决策矩阵的标准化处理,要求将所有的指标转化成正向指标。

假设有 n 个目标函数 $[f_1(x), f_2(x), …, f_n(x)]$,分别赋以权数 $\omega_i(i=1, 2, …, n)$,构成新的目标函数 $u(x) = \sum_{i=1}^{n} \omega_i f_i(x)$;这样将求解多目标决策

问题转化为求解单目标决策问题。这里的重点是如何将多个目标用同一尺度统一起来及如何选择合理的权数。

9.2.1 多目标问题的描述

设在一个多目标决策问题中，假设备选方案集合为$D = \{d_1, d_2, …, d_m\}$，考虑的决策目标评价指标集合为$X = \{x_1, x_2, …, x_n\}$，则初始多目标决策问题的决策矩阵为

$$X = \begin{bmatrix} x_{11} & x_{12} & \cdots & x_{1n} \\ x_{21} & x_{22} & \cdots & x_{2n} \\ \cdots & \cdots & \cdots & \cdots \\ x_{m1} & x_{m2} & \cdots & x_{mn} \end{bmatrix}$$

其中，x_{ij}表示第i个方案的第j个决策目标的初始指标值，其值可以是确定值，也可以是模糊值，既可以是定量指标也可以是定性指标。

9.2.2 简单线性加权法的基本步骤

1. 将决策矩阵标准化

将决策矩阵$X = (x_{ij})_{m \times n}$进行标准化处理，标准化矩阵为$Y = (y_{ij})_{m \times n}$，并且标准化之后的指标均为正向指标。

2. 确定权重

用适当的方法确定各决策指标的权重。设权重向量为$W = (\omega_1, \omega_2, \cdots, \omega_n)^{\mathrm{T}}$，其中，$\sum_{j=1}^{n} \omega_j = 1$。

3. 求出各决策方案的线性加权指标值

$$u_i = \sum_{j=1}^{n} \omega_j y_{ij} (1 \leqslant i \leqslant m)。$$

4. 得到最佳方案

以线性加权指标值u_i为依据，选择线性加权指标值最大者，其所对应的方案d^*为最佳方案，即

$$u(d^*) = \max_{1 \leqslant i \leqslant m} (u_i) = \max_{1 \leqslant i \leqslant m} \sum_{j=1}^{n} \omega_j y_{ij}$$

9.2.3 决策指标的标准化

1. 指标标准化

常见的决策指标有效益型、成本型、区间型三种。效益型指标也称正指标，是指指标值越大越好的指标，如收入、利润等；成本型指标也称逆指标，是指指标值越小越好的指标，如费用、成本等；区间型指标也称适度指标，是指指标值越接近某个常数越好的指标，如产量等。

决策指标的度量单位、量纲和数量级不尽相同，所以不能直接利用初始指标进行各方案的综合评价和排序，而是需要先消除各指标的量纲、数量级和类型的影响后，再对方案进行综合评价和排序，这就是所谓的决策指标的标准化。

对于多指标决策问题，其实质就是利用一定的数学变换，把决策指标的量纲、数量级与属性差异消除，从而将其转化为可以进行比较和综合处理的、统一的"无量纲化"指标。

2. 指标标准化方法

不同类型的指标标准化的方法也不同，用x_{ij}表示初始的决策指标，y_{ij}表示标准化后的决策指标，那么：

(1) 如果x_{ij}是效益型指标，则令$y_{ij} = \dfrac{x_{ij}}{\max_i(x_{ij})}$，或者$y_{ij} = \dfrac{x_{ij}-\min_i(x_{ij})}{\max_i(x_{ij})-\min_i(x_{ij})}$。

(2) 如果x_{ij}是成本型指标，则$y_{ij} = \dfrac{x_{ij}}{\min_i(x_{ij})}$，或者$y_{ij} = \dfrac{\max_i(x_{ij})-x_{ij}}{\max_i(x_{ij})-\min_i(x_{ij})}$。

(3) 如果x_{ij}是区间型指标，则$y_{ij} = 1 - \dfrac{x_{ij}-x_j}{\max_i|x_{ij}-x_j|}$。

(4) 如果x_{ij}是偏离型指标，则$y_{ij} = |x_{ij}-x_j| - \dfrac{\min_i|x_{ij}-x_j|}{\max_i|x_{ij}-x_j|-\min_i|x_{ij}-x_j|}$。

9.2.4 权重的确定

权重的确定有很多种方法，这里介绍熵权法和基于主观评价赋权法。

1. 熵权法

1) 熵权法概述

熵的概念，我们在本书第3章里已经介绍过。熵权法是一种客观赋权方法。在具体使用过程中，熵权法根据各指标的变异程度，利用信息熵计算出各指标的熵权，再通过熵权对各指标的权重进行修正，从而得出较为客观的指标权重。

2) 熵权法基本原理

根据信息论的基本原理，信息是系统有序程度的一个度量；而熵是系统无序程度的一个度量。若系统可能处于多种不同的状态，而每种状态出现的概率为$p_i(i = 1, 2, \cdots, m)$时，则该系统的熵就定义为

$$e = -\sum_{i=1}^{m} p_i \cdot \ln p_i$$

显然，当 $p_i = \frac{1}{m}(i = 1, 2, \cdots, m)$ 时，即各种状态出现的概率相同时，此时熵取最大值，为 $e_{\max} = \ln m$。

现有 m 个备选方案，n 个决策评价指标，形成初始决策指标矩阵 $X = (x_{ij})_{m \times n}$，$p_{ij} = \frac{x_{ij}}{\sum_{i=1}^{m} x_{ij}}$，对于某个决策指标 x_j 有信息熵：

$$e_j = -\sum_{i=1}^{m} p_{ij} \cdot \ln p_{ij}$$

从信息熵的公式可以看出：如果某个指标的熵值 e_j 越小，说明其指标值的变异程度越大，提供的信息量越多，在综合评价中该指标起的作用越大，其权重应该越大。如果某个指标的熵值 e_j 越大，说明其指标值的变异程度越小，提供的信息量越少，在综合评价中起的作用越小，其权重也应越小。故在具体应用时，可根据各属性值的变异程度，利用熵来计算各指标的熵权，利用各指标的熵权对所有的评价指标进行加权，从而得出较为客观的评价结果。

3) 熵权法计算权重的步骤

(1) 计算第 j 个指标下第 i 个备选方法的属性值的比重 p_{ij}，即

$$p_{ij} = \frac{x_{ij}}{\sum_{i=1}^{m} x_{ij}}$$

(2) 计算第 j 个指标的熵值 e_j，即

$$e_j = -k = -\sum_{i=1}^{m} p_{ij} \cdot \ln p_{ij}$$

(3) 计算第 j 个指标的熵权 ω_j，即

$$\omega_j = \frac{1 - e_j}{\sum_{j=1}^{n}(1 - e_j)}$$

当各备选方案在指标 x_j 上的值完全相同时，该指标的熵达到最大值 1，其熵权为零。这说明该指标未能向决策者供有用的信息，即在该属性下，所有的备选方案对决策者说是无差异的，可考虑去掉该指标。因此，熵权本身并不是表示指标的重要性系数，而是表示在该指标下对评价对象的区分度。

熵权法可用于任何评价问题中的指标权重确定并可用于剔除指标评价体系中对评价结果贡献不大的指标。

【例 9-1】某航空公司考虑购买飞机，现有 4 种类型可供选择，决策者根据飞机的性能，提出了 6 个评价指标：最大速度(Ma)、飞行范围(千公里)、最大载重量(10^4kg)、价格(10^7元)、可靠性(十分制打分，分越高越可靠)、灵敏度(十分制打分，分越高越可靠)。飞

机的评价指标如表 9-1 所示。请做出决策。

表 9-1　飞机评价指标

方案	x_1	x_2	x_3	x_4	x_5	x_6
d_1	2.00	1.50	2.00	5.50	5	9
d_2	2.50	2.70	1.80	6.50	3	5
d_3	1.80	2.00	2.10	4.50	7	7
d_4	2.20	1.80	2.00	5.00	5	7

　　解： 上述指标中，除了购买费用为成本型外，其他均为效益型。

　　步骤 1，对表 9-1 中数据进行标准化，得到矩阵如表 9-2 所示。

表 9-2　决策数据标准化

方案	x_1	x_2	x_3	x_4	x_5	x_6
d_1	0.800	0.556	0.952	0.818	0.714	1.000
d_2	1.000	1.000	0.857	0.692	0.429	0.556
d_3	0.720	0.741	1.000	1.000	1.000	0.778
d_4	0.880	0.667	0.952	0.900	0.714	0.556

　　步骤 2，对这些指标进行归一化，结果如表 9-3 所示。

表 9-3　决策数据归一化

方案	x_1	x_2	x_3	x_4	x_5	x_6
d_1	0.235	0.188	0.253	0.240	0.250	0.346
d_2	0.294	0.337	0.228	0.203	0.150	0.192
d_3	0.212	0.250	0.266	0.293	0.350	0.269
d_4	0.259	0.225	0.253	0.264	0.250	0.192

　　步骤 3，求得每个决策指标的信息熵：

$E(x_1) = 0.994\,7$　　　$E(x_2) = 0.983\,2$　　　$E(x_3) = 0.998\,9$

$E(x_4) = 0.993\,6$　　　$E(x_5) = 0.970\,3$　　　$E(x_6) = 0.976\,8$

　　步骤 4，计算属性权重向量：

$$W = (0.064\,2,\ 0.203\,6,\ 0.013\,3,\ 0.077\,6,\ 0.360\,0,\ 0.281\,2)$$

　　步骤 5，利用公式可求得 4 种类型飞机的综合得分：

$E(d_1) = 0.778\,9;\ E(d_2) = 0.643\,7;\ E(d_3) = 0.866\,8;\ E(d_4) = 0.688\,2$

可见应该选择飞机 d_3。

2. 基于重要性确权法

　　设权重向量为 $W = (\omega_1,\ \omega_2,\ \cdots,\ \omega_n)^{\mathrm{T}}$，表示第 i 个方案的第 j 个属性的初始决策指标值，若

$$S = f(x_{ij}) = \sum_{j=1}^{n} \omega_j x_{ij} \qquad (\omega_j \in [0,1], \quad \sum_{j=1}^{n} \omega_j = 1)$$

ω_j 是根据决策指标 $X = \{x_1, x_2, \dots, x_n\}$ 重要性确定的权重。

【例9-2】 某公司计划进一批新卡车，可供选择的卡车有4种类型：d_1, d_2, d_3, d_4。现考虑6个方案指标：维修期限，百升汽油公里数，最大载重吨数，价格(万元)，可靠性，灵敏性。这4种型号的卡车分别关于目标属性的指标如表9-4所示。

表9-4　卡车选择指标

卡车类型	维修期限(年份) x_1	百升汽油(公里) x_2	最大载重(吨) x_3	价格(万元) x_4	可靠性 x_5	灵敏性 x_6
d_1	2.0	1500	4	55	一般	高
d_2	2.5	2700	3.4	65	低	一般
d_3	2.0	2000	4.2	45	高	很高
d_4	2.2	1800	4	50	很高	一般

解： 先将定性指标定量化。

可靠性：一般(5)，低(3)，高(7)，很高(9)，灵敏性：高(7)，一般(5)，很高(9)。

再对指标进行无量纲的标准化处理，这6个指标中只有价格是逆指标，其余全是正指标。其中价格是逆指标，用 $y_{ij} = \dfrac{x_{ij}}{\min_i(x_{ij})}$ 进行标准化，其余指标全是正指标，用 $y_{ij} = \dfrac{x_{ij}}{\max_i(x_{ij})}$ 进行标准化，结果如表9-5所示。

表9-5　卡车选择指标标准化值

卡车类型	x_1	x_2	x_3	x_4	x_5	x_6
d_1	0.80	0.56	0.95	1.22	0.56	0.78
d_2	1.00	1.00	0.81	1.44	0.33	0.56
d_3	0.80	0.74	1.00	1.00	0.78	1.00
d_4	0.88	0.67	0.95	1.11	1.00	1.00

经过专家咨询或决策者主观打分得到指标的权重为

$$W = (0.2, \ 0.1, \ 0.1, \ 0.1, \ 0.2, \ 0.3)$$

则 $S = S(d_i) = f(x_{ij}) = \sum_{j=1}^{n} \omega_j x_{ij}$，

$S(d_1) = 0.78$；$S(d_2) = 0.76$；$S(d_3) = 0.89$；$S(d_4) = 0.95$

可见最优方案应该是选购 d_4 型卡车。

9.3 层次分析法(AHP)

一些多目标决策问题涉及的决策目标属性多样、关系复杂，难以完全采用定量方法或简单归结为收益、费用或效用等标准进行决策，甚至难以做到决策标准的单一层次结构。基于这样的背景，20 世纪 70 年代，美国学者萨蒂提出了一种基于多目标的评价方法——层次分析法(analytic hierarchy process，简称 AHP)。

层次分析法是社会、经济系统决策中的有效工具。其特征是合理地将定性与定量的决策结合起来，按照思维、心理的规律把决策过程层次化、数量化。它是系统科学中常用的一种系统分析方法。该方法自 1982 年被介绍到我国以来，以其定性与定量相结合地处理各种决策因素的特点，以及其系统灵活简洁的优点，迅速在我国社会经济各个领域内，如工程计划、资源分配、方案排序、政策制定、冲突问题、性能评价、能源系统分析、城市规划、经济管理、科研评价等，得到了广泛的重视和应用。

9.3.1 层次分析法的基本原理

层次分析法通过分析复杂问题所包含的各种因素及其相互关系，将问题所研究的全部元素分解为若干层次，标明上一层与下一层元素之间的联系，形成一个多层次结构；在每一个层次均按某一准则对该层元素进行相对重要性判断，构造判断矩阵；在最低层次通过两两对比得出各因素的权重；再通过由低到高的层层分析计算，最后计算出各方案对总目标的权数，权数最大的方案即为最优方案。

【例 9-3】关于高校科研课题的评价，如图 9-1 所示。第二层与第三层之间的关系错综复杂，并非结构性序列关系。但是可以用层次分析法进行决策。

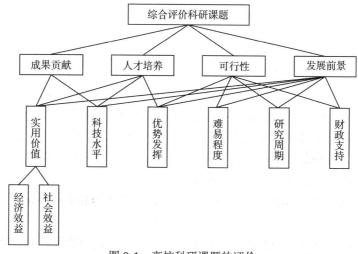

图 9-1 高校科研课题的评价

简单说来就是首先将问题条理化、层次化，构造出能够反映系统本质属性和内在联系的递阶层次模型；再通过两两比较的方式确定层次中诸因素的相对重要性；然后通过判断，确定方案相对重要性的总排序。

9.3.2 层次分析法的思路

1. 建立层次结构模型

根据系统分析的结果，弄清系统与环境的关系、系统所包含的因素、因素之间的相互联系和隶属关系等。将具有共同属性的元素归并为一组，作为结构模型的一个层次，同一层次的元素既对下一层次元素起着制约作用，同时又受到上一层次元素的制约，层次分析一般将决策问题分为三个或多个层次。

1) 最高层

决策分析要达到的总目标，也称为目标层；表示解决问题的目的。总目标通常只有一个。

2) 中间层

又叫准则层或子目标层，包含若干层元素，表示为实现预定总目标而采取某种方案、政策、措施所涉及的中间环节。一般又分为准则层、指标层、策略层、约束层等。

3) 最底层

表示实现各决策目标的可行方案、措施等，也称为方案层，是解决问题的方案。

相邻两层元素之间的关系用直线标明，称为作用线，元素之间不存在关系就没有作用线。

一般的层次结构模型如图 9-2 所示。

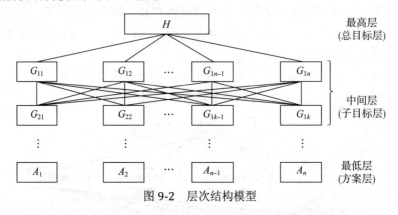

图 9-2 层次结构模型

层次分析法所要解决的问题是关于最底层对最高层的相对权重问题，按此相对权重可以对最底层的所有方案进行排序，达到从所有待选方案中筛选出最优方案的目的。

实际中，为了避免模型中存在过多元素而使主观判断更困难，模型的层次不宜过多，每层包含的元素也不宜过多，一般不宜超过 9 个。

【例 9-4】单位有 N 个课题，但由于资源所限，只能选择其中一个课题予以开展，应该如何决策。

解：构建科研课题决策的层次结构模型。对于科研课题的决策，往往涉及众多因素；

最主要涉及成果贡献、人才培养、可行性及发展前景等 4 个目标，和这 4 个目标相关的因素又有以下几个。

① 实用价值。是指科研课题的研究成果给社会带来的效益，包括经济效益和社会效益。实用价值与成果贡献、人才培养和发展前景等目标都有关系。

② 科技水平。指课题在学术上的理论价值及在同行中的领先水平，科技水平直接关系到成果贡献，也关系到人才培养、发展前景。

③ 优势发挥。指课题发挥本单位学科及人才优势程度，体现与同类课题比较的有利因素；与人才培养、课题可行性和发展前景均有关系。

④ 难易程度。指课题本身的难度及课题组现有人才、设备条件所决定的成功可能性；这与课题可行性、发展前景相关联。

⑤ 研究周期。指课题研究预计所需时间，这与可行性直接相关。

⑥ 财政支持。是指课题的经费、设备及经费来源，还包括有关单位支持，这与课题可行性、发展前景直接相关。

建立科研课题决策的层次结构模型如图 9-3 所示，模型从上到下，分为 4 个层次，层次之间的关联情况均以作用线标明；第一层是总目标层，最底层是待选的方案。

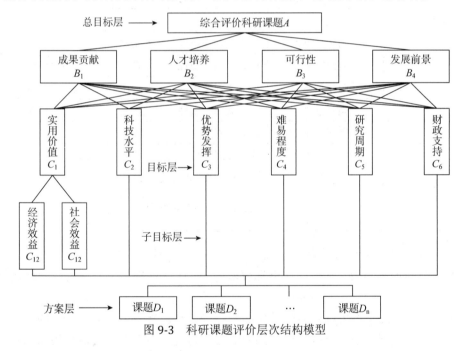

图 9-3　科研课题评价层次结构模型

2. 对各层元素两两比较，构造判断矩阵

判断矩阵是层次分析法的核心。判断矩阵做到了：第一，不是将所有因素放在一起比较，而是两两相互比较；第二，采用相对尺度，以尽可能减少性质不同的诸因素相互比较时的困难，提高比较的准确度。判断矩阵是表示本层所有因素对上一层某一个因素重要性的比较。

1) 判断矩阵的建构

建立各层次的判断矩阵 $\boldsymbol{A} = \left(a_{ij}\right)_{m \times m}$　　$(i,\ j = 1,\ 2,\ \cdots,\ m)$。

设 v_i 反映第 i 个方案的重要性， a_{ij} 表示就是 i 元素与元素 j 相比的重要性标度。这样构造的 m 阶矩阵用以求解各元素关于某准则的优先权重，称为权重解析判断矩阵，简称判断矩阵：

$$A=\left(a_{ij}\right)_{m\times m}=\begin{bmatrix}\dfrac{v_1}{v_1}&\dfrac{v_1}{v_2}&\cdots&\dfrac{v_1}{v_m}\\\dfrac{v_2}{v_1}&\dfrac{v_2}{v_2}&\cdots&\dfrac{v_2}{v_m}\\\cdots&\cdots&\cdots&\cdots\\\dfrac{v_m}{v_1}&\dfrac{v_m}{v_2}&\cdots&\dfrac{v_m}{v_m}\end{bmatrix}$$

则 $a_{ii}=1$， $a_{ij}=\dfrac{1}{a_{ji}}$；如果决策者的估计思维能保持一致性， $a_{ij}=a_{ik}a_{kj}$。

2）相对重要性的标度

层次分析法用两两比较的方法确定了相对矩阵。这里使用 1–9 的比例标度，它们的意义如表 9-6 所示。

表 9-6　判断矩阵标度定义

标度	定义	含义
1	同样重要	两元素对某属性，一元素比另一元素同样重要
3	稍微重要	两元素对某属性，一元素比另一元素稍微重要
5	明显重要	两元素对某属性，一元素比另一元素明显重要
7	强烈重要	两元素对某属性，一元素比另一元素强烈重要
9	极端重要	两元素对某属性，一元素比另一元素极端重要
2、4、6、8	相邻标度中值	表示相邻两标度之间折中时的标度
上列标度倒数	反比较	元素 i 对元素 j 的标度为 a_{ij}；元素 j 对元素 i 的标度为 $\dfrac{1}{a_{ij}}$

例如，准则是社会经济效益，子准则可分为经济、社会和环境效益。如果认为经济效益比社会效益明显重要，它们的比例标度取 5，而社会效益对于经济效益的比例标度则取1/5。

1–9 的标度方法是将思维判断数量化的一种好方法。首先，在区分事物的差别时，人们总是用相同、较强、强、很强、极端强的语言。再进一步细分，可以在相邻的两级中运用折中的办法，因此对于大多数决策判断来说，1–9 级的标度是适用的。其次，心理学试验表明，大多数人对不同事物在相同程度属性上差别的分辨能力在 5–9 级，采用 1–9 的标度可以反映多数人的判断能力。再次，当被比较的元素其属性处于不同的数量级时，一般需要将较高数量级的元素进一步分解，这样可以保证被比较元素在所考虑的属性上有相同数量级或者比较接近，从而适用于 1–9 的标度。

【例 9-5】某层有三个子目标 f_1、f_2、f_3，f_1 比 f_2 稍微重要，比 f_3 明显重要，f_2 比 f_3 相比

介于同样重要和稍微重要之间，则判断矩阵为

$$A = \begin{bmatrix} 1 & 3 & 5 \\ \dfrac{1}{3} & 1 & 2 \\ \dfrac{1}{5} & \dfrac{1}{2} & 1 \end{bmatrix}$$

3. 层次单排序，并对判断矩阵进行一致性检验

层次单排序是指对于上一层某因素而言，本层次各元素重要性的排序。一致性是指判断思维的逻辑一致性。如当甲比丙是强烈重要，而乙比丙是稍微重要时，显然甲一定比乙重要。这就是判断思维的逻辑一致性，否则判断就会有矛盾。一致性检验通过后，确定各层排序加权值，若检验不能通过，需要重新调整判断矩阵。

在建立层次结构以后，上下层次之间元素的隶属关系就被确定了。接下来就要根据层次结构建立判断矩阵。先介绍一下这里需要用到的矩阵知识。

1) 互反正矩阵与一致性矩阵的定义

定义 1 设有矩阵 $A = (a_{ij})_{m \times m}$

(1) 若 $a_{ij} \geq 0$，$(i, j = 1, 2, \cdots, m)$，则称 A 为非负矩阵，记作 $A \geq 0$；

(2) 若 $a_{ij} > 0$，$(i, j = 1, 2, \cdots, m)$，则称 A 为正矩阵，记作 $A > 0$。

定义 2 设有 m 维列向量 $X = (X_1, X_2, \cdots, X_m)^T$

(1) 若 $X_j \geq 0$，$(j = 1, 2, \cdots, m)$，则称 X 为非负向量，记作 $X \geq 0$；

(2) 若 $X_j > 0$，$(j = 1, 2, \cdots, m)$，则称 X 为正向量，记作 $X > 0$。

定理 1 设有矩阵 $A = (a_{ij})_{m \times m} > 0$，则：

(1) A 有最大特征值 $\lambda_{\max}$ 且 $\lambda_{\max}$ 是单根，其余特征值的模均小于 $\lambda_{\max}$；

(2) A 的属于 $\lambda_{\max}$ 的特征向量 $X > 0$；

(3) $\lambda_{\max}$ 由下面的等式给出：

$$\lambda_{\max} = \max_{X \in R_m^+} \min_{x_i > 0} x_i^{-1} \sum_{j=1}^m a_{ij} x_j = \min_{X \in R_m^+} \max_{x_i > 0} x_i^{-1} \sum_{j=1}^m a_{ij} x_j$$

其中 $R_m^+ = \left\{ X = (x_1, x_2, \cdots, x_m)^T; \ x_i > 0 \right\}$。

定义 3 设有矩阵 $A = (a_{ij})_{m \times m} > 0$，若 A 满足

(1) $a_{ij} = 1$；$i = 1, 2, \cdots, m$。

(2) $a_{ij} = \dfrac{1}{a_{ij}}$；$i, j = 1, 2, \cdots, m$。

则称 A 为互反正矩阵。

定义 4 设矩阵 $A = (a_{ij})_{m \times m} > 0$，若 A 满足 $a_{ij} = a_{ik} a_{jk}$ （$i, j, k = 1, 2, \cdots, m$），

则称A为一致性矩阵。一致性矩阵有如下性质：

(1) 一致性正矩阵是互反正矩阵；

(2) 若A是一致性矩阵，则A的转置矩阵A^T也是一致性矩阵；

(3) A的每一行均为任意指定一行的正整数倍；

(4) A的最大特征值$\lambda_{max} = m$，其余特征值为0。

若A的最大特征值λ_{max}的特征向量为$X = (X_1, \ X_2, \ \cdots, \ X_m)^T$，则$a_{ij} = \frac{a_i}{a_j}(i, \ j = 1, \ 2, \ \cdots, \ m)$。

一致性正矩阵是互反正矩阵，但互反正矩阵不一定是一致性矩阵。

定理2 设$A = (a_{ij})_{m \times m}$是互反正矩阵，$\lambda_{max}$是$A$的最大特征值，则$\lambda_{max} \geqslant m$。

定理3 设$A = (a_{ij})_{m \times m}$是互反正矩阵，$\lambda_1, \ \lambda_2, \ \cdots, \ \lambda_m$是$A$的特征值，则

$$\sum_{i \neq j} \lambda_i \lambda_j = 0$$

定理4 互反正矩阵A是一致性矩阵的充要条件是$\lambda_{max} = m$

2) 判断矩阵的一致性检验

1—9标度方法构造的判断矩阵A一定是互反正矩阵；但A不一定是一致性矩阵，实际中，很难构造出具有完全一致性的矩阵；只有判断矩阵A具有完全的一致性时，才有唯一非零的最大特征值，其余特征值为0，层次单排序才能归结为判断矩阵A的最大特征值及其特征向量，才能用特征向量的各分量表示优先权重。实际中，我们希望判断矩阵具有满意的一致性，这样计算出的层次单排序结果才合理。

(1) 判断矩阵的一致性指标。

$$C.I = \frac{\lambda_{max} - m}{m - 1}$$

λ_{max}为矩阵A的最大特征值。

一般来说，$C.I$越大，偏离一致性越大，反之，偏离一致性越小。

此外，判断矩阵的阶数m越大，判断的主观因素造成的偏差越大，偏离一致性也就越大。反之，偏离一致性越小。

当阶数$m \leqslant 2$时，$C.I = 0$，判断矩阵具有完全的一致性。

(2) 平均随机一致性指标(random index)，记作$R.I$，是足够多个根据随机发生的判断矩阵计算的一致性指标的平均值。$R.I$指标随判断矩阵的阶数而变化，具体数值如表9-7所示。

表9-7 不同阶数对应$R.I$值

阶数	1	2	3	4	5	6	7	8	9	10	11	12	13	14	15
$R.I$	0	0	0.52	0.89	1.12	1.26	1.36	1.41	1.46	1.49	1.52	1.54	1.56	1.58	1.59

(3) 一致性比率$C.R = \frac{C.I}{R.I}$，用一致性比率$C.R$检验判断矩阵的一致性，当$C.R$越小时，

判断矩阵的一致性越好。

一般认为，当 $C.R \leqslant 0.1$ 时，判断矩阵符合满意的一致性标准，层次单排序的结果是可以接受的，否则需要修正判断矩阵，直到检验通过。

4. 进行层次总排序，得到方案层各方案关于目标准则体系整体的优先权重

确定某层所有因素对于总目标相对重要性的排序权值过程，称为层次总排序。这一过程是从最高层到最底层依次进行的。对于最高层而言，其层次单排序的结果就是总排序的结果。设要素相对权重为 $\boldsymbol{W} = (w_1, w_2, \cdots, w_m)^{\mathrm{T}}$，其求解方法具体如下。

1) 求和法求解要素相对权重——取列向量的算术平均

(1) 将判断矩阵 $\boldsymbol{A}$ 的元素按列做归一化处理，得矩阵 $\boldsymbol{Q} = (q_{ij})_{m \times m}$

$$q_{ij} = \frac{a_{ij}}{\sum_{k=1}^{m} a_{kj}} \quad (i, j = 1, 2, \cdots, m)$$

(2) 将 Q 的元素按行相加，得到向量

$$\alpha = (a_1, a_2, \cdots, a_m)^{\mathrm{T}}; \quad a_i = \sum_{j=1}^{m} q_{ij} \quad (i = 1, 2, \cdots, m)$$

(3) 对向量 α 做归一化处理，得特征向量 $\boldsymbol{W} = (w_1, w_2, \cdots, w_m)^{\mathrm{T}}$，对矩阵 $\boldsymbol{Q}$ 各行求算术平均数，得特征向量 $\boldsymbol{W}$。

(4) 求最大特征值 $\lambda_{\max} = \frac{1}{m} \sum_{i=1}^{m} \frac{(AW)}{w_i} (i = 1, 2, \cdots, m)$。

【例 9-6】某评价要素两两比较矩阵如下，试用求和法推导各要素的权重。

$$\boldsymbol{A} = \begin{bmatrix} 1 & 2 & 6 \\ \frac{1}{2} & 1 & 4 \\ \frac{1}{6} & \frac{1}{4} & 1 \end{bmatrix}$$

解：(1) 列向量作归一化处理得

$$\boldsymbol{Q} = \begin{bmatrix} 0.6 & 0.615 & 0.545 \\ 0.3 & 0.308 & 0.364 \\ 0.1 & 0.077 & 0.091 \end{bmatrix}$$

(2) 计算行算术平均数。

$$\boldsymbol{W} = \begin{bmatrix} 0.587 \\ 0.324 \\ 0.089 \end{bmatrix}, \text{则}$$

$$\boldsymbol{AW} = \begin{bmatrix} 1.769 \\ 0.974 \\ 0.268 \end{bmatrix} = \lambda \boldsymbol{W}, \text{得} \lambda = \frac{1}{3} \left(\frac{1.769}{0.587} + \frac{0.974}{0.324} + \frac{0.268}{0.089} \right) = 3.010。$$

精确结果：$\boldsymbol{W} = (0.588, 0.322, 0.090)^{\mathrm{T}}, \lambda = 3.010$。

一致性检验：$C.I = 0.005$，$R.I = 0.52$，$C.R = 0.01 < 0.1$，所以通过一致性建议。

2) 根法求解要素相对权重——取列向量的几何平均

(1) 计算判断矩阵 $\boldsymbol{A}$ 的每一行元素之积 $M_i = \prod_{j=1}^{m} a_{ij} (i = 1, 2, \ldots, m)$。

(2) 计算 M_i 的 m 次方根得到向量 $\alpha = (a_1, a_2, \cdots, a_m)^{\mathrm{T}}$；其中 $a_i = \sqrt[m]{M_i} (i = 1, 2, \cdots, m)$。

(3) 对向量 α 做归一化处理，得特征向量 $\boldsymbol{W} = (w_1, w_2, \cdots, w_m)^{\mathrm{T}}$。

(4) 求最大特征值 $\lambda_{\max} = \frac{1}{m} \sum_{i=1}^{m} \frac{(\boldsymbol{AW})_i}{w_i}$。

【例 9-7】某评价要素两两比较矩阵如下，试用根法推导各要素的权重。

$$\boldsymbol{A} = \begin{bmatrix} 1 & 2 & 6 \\ \frac{1}{2} & 1 & 4 \\ \frac{1}{6} & \frac{1}{4} & 1 \end{bmatrix}$$

解： 计算每行元素之积，得矩阵 $\begin{bmatrix} 12 \\ 2 \\ 0.042 \end{bmatrix}$，再求三次方根得 $\begin{bmatrix} 2.29 \\ 1.26 \\ 0.35 \end{bmatrix}$。对向量 α 做归一化处理，

得 $\boldsymbol{W} = \begin{bmatrix} 0.587 \\ 0.323 \\ 0.090 \end{bmatrix}$，则 $\boldsymbol{AW} = \begin{bmatrix} 1.773 \\ 0.997 \\ 0.269 \end{bmatrix}$。由 $\boldsymbol{AW} = \lambda \mathrm{W}$，得 $\lambda = \frac{1}{3} \left(\frac{1.773}{0.587} + \frac{0.977}{0.323} + \frac{0.269}{0.09} \right) = $

3.011。

求得 $C.I = 0.005\,5$，$R.I = 0.52$，$C.R = 0.011 < 0.1$，所以通过一致性检验。

3) 特征根法

$$\boldsymbol{A} \times \boldsymbol{W} = \lambda_{\max} \times \boldsymbol{W}$$

由正矩阵的 Perron 定理可知 $\lambda_{\max}$ 存在且唯一，$\boldsymbol{W}$ 的分量均为正分量，可以用幂法求出 $\lambda_{\max}$ 及相应的特征向量 $\boldsymbol{W}$。该方法对 AHP 的发展在理论上有重要作用。

4) 最小二乘法

用拟合方法确定权重向量 $\boldsymbol{W} = (w_1, w_2, \cdots, w_m)^{\mathrm{T}}$，使残差平方和为最小，这实际是一类非线性优化问题。

9.3.3　AHP 方法应用实例

【例 9-8】某单位拟从三名干部中选拔一名领导，选拔的标准有政策水平、工作作风、业务知识、口才、写作能力和健康状况。下面用 AHP 方法对三人综合评估、量化排序。

解： (1) 建立层次结构模型，如图 9-4 所示。

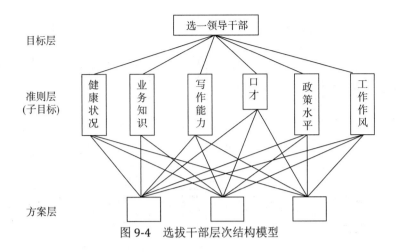

图 9-4　选拔干部层次结构模型

(2) 构造成对比较矩阵及层次单排序。

$$A = \begin{array}{c} \text{健康情况} \\ \text{写作能力} \\ \text{业务知识} \\ \text{口才} \\ \text{政策水平} \\ \text{工作作风} \end{array} \begin{bmatrix} 1 & 1 & 1 & 4 & 1 & \frac{1}{2} \\ 1 & 1 & 2 & 4 & 1 & \frac{1}{2} \\ 1 & \frac{1}{2} & 1 & 5 & 3 & \frac{1}{2} \\ \frac{1}{4} & \frac{1}{4} & \frac{1}{5} & 1 & \frac{1}{3} & \frac{1}{3} \\ 1 & 1 & \frac{1}{3} & 3 & 1 & 1 \\ 2 & 2 & 2 & 3 & 1 & 1 \end{bmatrix}$$

（列标题：健康情况　业务知识　写作能力　口才　政策水平　工作作风）

A 的最大特征值 $\lambda_{\max} = 6.35$，相应的特征向量为

$$W^{(2)} = (0.16，0.19，0.19，0.05，0.12，0.30)^{\mathrm{T}}$$

一致性指标 $C.I = \dfrac{6.35 - 6}{6 - 1} = 0.07$，随机一致性指标 $R.I = 1.24$(查表可知)，一致性比率

$C.R = 0.07/1.24 \approx 0.056\,5 < 0.1$，所以通过一致性检验。

假设三人关于 6 个标准的判断矩阵为

$$B_1^{(3)} = \begin{bmatrix} 1 & \frac{1}{4} & \frac{1}{2} \\ 4 & 1 & 3 \\ 2 & \frac{1}{3} & 1 \end{bmatrix} \qquad B_2^{(3)} = \begin{bmatrix} 1 & \frac{1}{4} & \frac{1}{4} \\ 4 & 1 & \frac{1}{2} \\ 5 & 2 & 1 \end{bmatrix} \qquad B_3^{(3)} = \begin{bmatrix} 1 & 3 & \frac{1}{3} \\ \frac{1}{3} & 1 & 1 \\ 3 & 1 & 1 \end{bmatrix}$$

健康情况　　　　　　业务知识　　　　　　写作能力

$$
\begin{array}{ccc}
\text{口才} & \text{政策水平} & \text{工作作风}
\end{array}
$$

$$
\boldsymbol{B}_4^{(3)} = \begin{bmatrix} 1 & \frac{1}{3} & 5 \\ 3 & 1 & 7 \\ \frac{1}{5} & \frac{1}{7} & 1 \end{bmatrix}
\quad
\boldsymbol{B}_5^{(3)} = \begin{bmatrix} 1 & 1 & 7 \\ 1 & 1 & 7 \\ \frac{1}{7} & \frac{1}{7} & 1 \end{bmatrix}
\quad
\boldsymbol{B}_6^{(3)} = \begin{bmatrix} 1 & 7 & 9 \\ \frac{1}{7} & 1 & 5 \\ \frac{1}{9} & \frac{1}{5} & 1 \end{bmatrix}
$$

由此可求得各属性的最大特征值和相应的特征向量，如表 9-8 所示。

表 9-8　各属性的最大特征值

特征值	健康情况	业务知识	写作能力	口才	政策水平	工作作风
$\lambda_{\max}$	3.02	3.02	3.05	3.05	3.00	3.02

$$
\boldsymbol{W}^{(3)} = \begin{bmatrix} 0.14 & 0.10 & 0.32 & 0.28 & 0.47 & 0.77 \\ 0.63 & 0.33 & 0.22 & 0.65 & 0.47 & 0.17 \\ 0.24 & 0.57 & 0.43 & 0.07 & 0.07 & 0.05 \end{bmatrix}
$$

均通过一致性检验。

(3) 层次总排序及一致性检验。

$$
\boldsymbol{W} = \boldsymbol{W}^{(3)}\boldsymbol{W}^{(2)} = \begin{bmatrix} 0.14 & 0.10 & 0.32 & 0.28 & 0.47 & 0.77 \\ 0.63 & 0.33 & 0.22 & 0.65 & 0.47 & 0.17 \\ 0.24 & 0.57 & 0.43 & 0.07 & 0.07 & 0.05 \end{bmatrix}\begin{bmatrix} 0.16 \\ 0.19 \\ 0.19 \\ 0.05 \\ 0.12 \\ 0.30 \end{bmatrix}
$$

$$
\boldsymbol{W} = \begin{bmatrix} 0.40 \\ 0.34 \\ 0.26 \end{bmatrix}
$$

可知 $\boldsymbol{A}$ 的权重最大，即在三人中应选择 $\boldsymbol{A}$ 担任领导职务。

【例 9-9】某市中心有一座商场，由于街道狭窄，人员车辆流量过大，经常造成交通堵塞。市政府决定解决这个问题。经过有关专家会商研究，制订三个可行方案：a_1 为在商场附近修建一座环形天桥；a_2 为在商场附近修建地下人行通道；a_3 为搬迁商场。

决策的总目标是改善市中心交通环境。专家组拟订 5 个子目标作为可行方案的评价准则：C_1 为通车能力，C_2 为方便群众，C_3 为基建费用，C_4 为交通安全，C_5 为市容美观。

试对该市改善市中心交通环境问题做出决策分析。

解：(1) 建立层次结构模型，如图 9-5 所示。

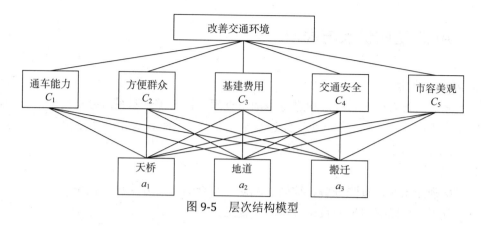

图 9-5   层次结构模型

(2) 以总目标为准则，构造判断矩阵。

$$
\begin{bmatrix}
1 & 3 & 5 & 3 & 5 \\
\dfrac{1}{3} & 1 & 3 & 1 & 3 \\
\dfrac{1}{5} & \dfrac{1}{3} & 1 & \dfrac{1}{3} & 3 \\
\dfrac{1}{3} & 1 & 3 & 1 & 3 \\
\dfrac{1}{5} & \dfrac{1}{3} & \dfrac{1}{3} & \dfrac{1}{3} & 1
\end{bmatrix}
$$

计算判断矩阵的最大特征值 $\lambda_{\max}=5.206$ 及对应的特征向量 $\boldsymbol{W}=(0.461, 0.195, 0.091, 0.195, 0.059)^{\mathrm{T}}$，计算 $C.R=0.046<0.1$。

同理以 C_1，C_2，C_3，C_4，C_5 为准则构造判断矩阵，并计算其最大特征值及对应的特征向量。

$\lambda_{\max}^{(c_1)} = 3$，$\boldsymbol{W}(c_1) = (0.455,\ 0.455,\ 0.091)^{\mathrm{T}}$，$C.R = 0 < 0.1$

$\lambda_{\max}^{(c_2)} = 3.005$，$\boldsymbol{W}(c_2) = (0.648,\ 0.230,\ 0.122)^{\mathrm{T}}$，$C.R = 0.004 < 0.1$

$\lambda_{\max}^{(c_3)} = 3.079$，$\boldsymbol{W}(c_3) = (0.695,\ 0.229,\ 0.075)^{\mathrm{T}}$，$C.R = 0.068 < 0.1$

$\lambda_{\max}^{(c_4)} = 3.018$，$\boldsymbol{W}(c_4) = (0.169,\ 0.387,\ 0.443)^{\mathrm{T}}$，$C.R = 0.016 < 0.1$

$\lambda_{\max}^{(c_5)} = 3.018$，$\boldsymbol{W}(c_5) = (0.169,\ 0.387,\ 0.443)^{\mathrm{T}}$，$C.R = 0.016 < 0.1$

(3) 层次总排序及一致性检验。

$$
\boldsymbol{W} = (0.461,\ 0.195,\ 0.091,\ 0.195,\ 0.059)
\begin{bmatrix}
0.455 & 0.455 & 0.091 \\
0.648 & 0.230 & 0.122 \\
0.695 & 0.229 & 0.075 \\
0.169 & 0.387 & 0.443 \\
0.169 & 0.387 & 0.443
\end{bmatrix}
$$

$$
= (0.442,\ 0.374,\ 0.185)
$$

排序结果：$a_1 > a_2 > a_3$。因此，应该选择在商场附近修建一座环形天桥。

9.3.4 AHP 法的优点与局限

1. AHP 法的优点

层次分析法对人们的思维过程进行了加工整理，提出了一套系统分析问题的方法，为科学管理和决策提供了有力的依据。经过几十年的发展，许多学者针对 AHP 法的缺点进行了改进和完善，形成了一些新理论和新方法。

1) 系统性

将对象视作系统，按照分解、比较、判断、综合的思维方式进行决策。成为继机理分析、统计分析之后发展起来的系统分析的重要工具。

2) 实用性

定性与定量相结合，能处理许多用传统的最优化技术无法着手的实际问题，应用范围很广，同时，这种方法使得决策者与决策分析者能够相互沟通，决策者甚至可以直接应用它，这就增加了决策的有效性。

3) 简洁性

计算简便，结果明确，具有中等文化程度的人即可以了解层次分析法的基本原理并掌握该法的基本步骤，容易被决策者了解和掌握。便于决策者直接了解和掌握。

2. AHP 法的局限

AHP 法很大程度上依赖于人们的经验，受主观因素的影响很大；至多只能排除思维过程中的严重非一致性，却无法排除决策者个人可能存在的严重片面性；判断过程较为粗糙，不能用于精度要求较高的决策问题；只能从方案中选优，不能生成方案。从建立层次结构模型到给出成对比较矩阵，人的主观因素对整个过程的影响很大，这就使得结果难以让所有的决策者接受。当然采取专家群体判断的办法是克服这个缺点的一种途径。

9.4 多目标规划法

1896 年法国经济学家 V. 帕雷托最早研究不可比较目标的优化问题之后，冯·诺伊曼、H. W. 库恩、A. W. 塔克、A. M. 日夫里翁等数学家做了深入的探讨，提出了多目标规划法。

多目标规划是数学规划的一个分支。研究多于一个的目标函数在给定区域上的最优化，又称多目标最优化，通常记为 MOP(multi-objective programming)。

9.4.1 多目标规划及其非劣解

1. 多目标规划问题的组成部分

任何多目标规划问题，都由两个基本部分组成。

(1) 两个以上的目标函数。

(2) 若干个约束条件。

2. 多目标规划问题的数学形式

可以将其数学模型一般地描写为如下形式。

$$\boldsymbol{Z} = F(X) = \begin{bmatrix} \max(\min)f_1(X) \\ \max(\min)f_2(X) \\ \vdots \\ \max(\min)f_k(X) \end{bmatrix} \quad s.t. \quad \boldsymbol{\Phi}(X) = \begin{bmatrix} \varphi_1(X) \\ \varphi_2(X) \\ \vdots \\ \varphi_m(X) \end{bmatrix} \leqslant \boldsymbol{G} = \begin{bmatrix} g_1 \\ g_2 \\ \vdots \\ m \end{bmatrix}$$

式中：$\boldsymbol{X} = \begin{bmatrix} x_1, & x_2, & \cdots, & x_n \end{bmatrix}^{\mathrm{T}}$ 为决策变量。

缩写形式：

$$\max(\min) \boldsymbol{Z} = F(X) \tag{1}$$
$$s.t. \ \boldsymbol{\Phi}(X) \leqslant \boldsymbol{G} \tag{2}$$

有 n 个决策变量，k 个目标函数，m 个约束方程。

则：$\boldsymbol{Z} = F(X)$ 是 k 维函数向量；$\boldsymbol{\Phi}(X)$ 是 m 维函数向量；$\boldsymbol{G}$ 是 m 维常数向量。

对于线性多目标规划问题，可以进一步用矩阵表示：

$$\max(\min) \boldsymbol{Z} = \boldsymbol{CX}$$
$$s.t. \ \boldsymbol{AX} \leqslant \boldsymbol{b}$$

式中：$\boldsymbol{X}$ 为 n 维决策变量向量；

$\boldsymbol{C}$ 为 $k \times n$ 矩阵，即目标函数系数矩阵；

$\boldsymbol{B}$ 为 $m \times n$ 矩阵，即约束方程系数矩阵；

$\boldsymbol{b}$ 为 m 维的向量，即约束向量。

3. 多目标规划问题的非劣解

$$\max(\min) \boldsymbol{Z} = F(X)$$
$$s.t. \ \boldsymbol{\Phi}(X) \leqslant \boldsymbol{G}$$

多目标规划问题的求解不能只追求一个目标的最优化(最大或最小)，而不顾其他目标。对于上述多目标规划问题，求解就意味着需要做出如下的复合选择：

(1) 每一个目标函数取什么值，原问题可以得到最满意的解决？

(2) 每一个决策变量取什么值，原问题可以得到最满意的解决？

在图 9-6 中，就方案①和②来说，①的目标值比②大，但其目标值比②小，因此无法确定这两个方案的优与劣。在各个方案之间，显然：③比②好，④比①好，⑦比③好，⑤比④好。而对于方案⑤、⑥、⑦之间则无法确定优劣，而且又没有比它们更好的其他方案，所以它们就被称为多目标规划问题的非劣解或有效解，其余方案都称为劣解。所有非劣解构成的集合称为非劣解集。

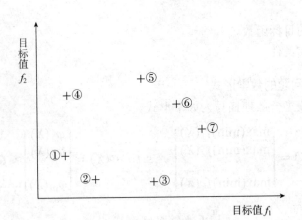

图 9-6 多目标规划的劣解与非劣解

当目标函数处于冲突状态时，就不会存在使所有目标函数同时达到最大或最小值的最优解，于是我们只能寻求非劣解(又称非支配解或帕累托解)。

9.4.2 多目标规划求解技术简介

为了求得多目标规划问题的非劣解，常常需要将多目标规划问题转化为单目标规划问题去处理。实现这种转化，有如下几种建模方法：效用最优化模型、罚款模型、约束模型、目标达到法和目标规划模型。

1. 效用最优化模型(线性加权法)

规划问题的各个目标函数可以通过一定的方式进行求和运算。这种方法将一系列的目标函数与效用函数建立相关关系，各目标之间通过效用函数协调，使多目标规划问题转化为传统的单目标规划问题

$$\max \boldsymbol{Z} = \Psi(X) \qquad (1)$$

$$s.t. \ \boldsymbol{\Phi}(X) \leqslant \boldsymbol{G} \qquad (2)$$

Ψ 是与各目标函数相关的效用函数的和函数。

在用效用函数作为规划目标时，需要确定一组权值 λ_i 来反映原问题中各目标函数在总体目标中的权重，即

$$\max \Psi = \sum_{i=1}^{k} \lambda_i \Psi_i$$

$$\Phi_i(x_1, x_2, \cdots, x_n) \leqslant g_i (i = 1, 2, \cdots, m)$$

式中，λ_i 应满足 $\sum_{i=1}^{k} \lambda_i = 1$。

向量形式

$$\max \Psi = \lambda^{\mathrm{T}} \Psi$$

$$\text{s.t. } \boldsymbol{\Phi}(X) \leqslant \boldsymbol{G}$$

2. 罚款模型(理想点法)

规划决策者对每一个目标函数都能提出所期望的值(或称满意值);

通过比较实际值f_i与期望值f_i^*之间的偏差来选择问题的解,其数学表达式如下

$$\min \boldsymbol{Z} = \sum_{i=1}^{k} \lambda_i (f_i - f_i^*)^2$$

$$\Phi_i(x_1, x_2, \cdots, x_n) \leqslant g_i(i = 1, 2, \cdots, m)$$

或写成矩阵形式

$$\min \boldsymbol{Z} = (F - F^*)^{\mathrm{T}} A (F - F^*)$$
$$\boldsymbol{\Phi}(X) \leqslant \boldsymbol{G}$$

式中,λ_i是与第i个目标函数相关的权重;A是由λ_i (i=1,2,$\cdots$,k)组成的$m \times m$对角矩阵。

3. 约束模型(极大极小法)

若规划问题的某一目标可以给出一个可供选择的范围,则该目标就可以作为约束条件而被排除出目标组,进入约束条件组中。

假如,除第一个目标外,其余目标都可以提出一个可供选择的范围,则该多目标规划问题就可以转化为单目标规划问题

$$\max(\min) \boldsymbol{Z} = f_1(x_1, x_2, \cdots, x_n)$$

$$\varphi_i(x_1, x_2, \cdots, x_n) \leqslant g_i(i = 1, 2, \cdots, m)$$

$$f_j^{\min} \leqslant f_j \leqslant f_j^{\max}(j = 2, 3, \cdots, k)$$

4. 目标达到法

首先将多目标规划模型化为如下标准形式

$$\min F(X) = \min \begin{bmatrix} f_1(X) \\ f_2(X) \\ \vdots \\ f_k(X) \end{bmatrix}; \quad \boldsymbol{\Phi}(X) = \begin{bmatrix} \varphi_1(X) \\ \varphi_2(X) \\ \vdots \\ \varphi_m(X) \end{bmatrix} \leqslant \begin{bmatrix} 0 \\ 0 \\ \vdots \\ 0 \end{bmatrix}$$

在求解之前,先设计与目标函数相应的一组目标值理想化的期望目标:$f_i^*(i = 1, 2, \ldots, k)$,每一个目标对应的权重系数为$\omega_j^*(i = 1, 2, \ldots, k)$,再设$\gamma$为一松弛因子。那么,多目标规划问题就转化为

$$\min F(x) = \min \begin{bmatrix} f_1(X) \\ f_2(X) \\ \vdots \\ f_k(X) \end{bmatrix} \left| \begin{array}{l} \min\limits_{x,\gamma} \gamma \\ \varphi_i(X) \leqslant 0 \quad (i=1,2,\cdots,m) \\ f_i(X) - \omega_i\gamma \leqslant f_i^* , \; (i=1,2,\cdots,k) \end{array} \right.$$

$$\Phi(X) = \begin{bmatrix} \varphi_1(X) \\ \varphi_2(X) \\ \vdots \\ \varphi_m(X) \end{bmatrix} \leqslant \begin{bmatrix} 0 \\ 0 \\ \vdots \\ 0 \end{bmatrix}$$

5. 目标规划模型(目标规划法)

需要预先确定各个目标的期望值 f_i^*，同时给每一个目标赋予一个优先因子和权系数，假定有 K 个目标，L 个优先级($L \leqslant K$)，目标规划模型的数学形式为

$$\min Z = \sum_{k=1}^{K} p_k \sum_{l=1}^{L} (\omega_{kl}^- d_l^- + \omega_{kl}^+ d_l^+)$$

$$\varphi_i(x_1, x_2, \cdots, x_n) \leqslant g_i (i=1, 2, \cdots, m)$$

$$f_i + d_i^- - d_i^+ = f_i^* (i=1, 2, \ldots, k)$$

式中：d_i^+ 和 d_i^- 分别表示与 f_i 相应的、与 f_i^* 相比的目标超过值和不足值，即正、负偏差变量；p_l 表示第 l 个优先级；ω_{lk}^+、ω_{lk}^- 表示在同一优先级 p_l 中，不同目标的正、负偏差变量的权系数。

9.4.3　多目标规划模型法决策

多目标规划法的又称多目的规划，是查恩斯(A.Charnes)和库柏(W.W.Cooper)于 1961 年提出来的。后来，查斯基莱恩(U.Jaashelainen)和李(Sang.Lee)等人，进一步给出了求解目标规划问题的一般性方法——单纯形方法。多目标规划法克服了线性规划目标单一的缺点，是一种实用的多目标决策方法。这种方法对单层次目标准则体系的决策问题十分有效。

1. 基本思想

给定若干目标以及实现这些目标的优先顺序，在有限的资源条件下，使总的偏离目标值的偏差最小。

2. 目标规划的一般形式

假定有 L 个目标，K 个优先级($K \leqslant L$)，n 个变量。在同一优先级 p_k 中不同目标的正、负偏差变量的权系数分别为 ω_{kl}^+、ω_{kl}^-，则多目标规划问题可以表示为

$$\min Z = \sum_{k=1}^{K} p_k \sum_{l=1}^{L} (\omega_{kl}^- d_l^- + \omega_{kl}^+ d_l^+) \qquad \text{目标函数}$$

$$\sum_{j=1}^{n} c_j^{(l)} x_j + d_i^- - d_i^+ = g_l \; (l=1, 2, \cdots, L) \qquad \text{目标约束}$$

$$\sum_{j=1}^{n} a_{ij} x_j \leqslant (=, \geqslant) b_i \; (i=1, 2, \cdots, m) \qquad \text{绝对约束}$$

$$x_j \geqslant 0 \; (j=1, 2, \cdots, n); \quad d_l^-, \; d_l^+ \geqslant 0 (l=1, 2, \cdots, L) \qquad \text{非负约束}$$

在以上各式中，g_l 为第 i 个目标的预期值，x_j 为决策变量，d_l^-，d_l^+ 分别为第 i 个目标的正、负偏差变量。

3. 目标规划数学模型中的有关概念

1) 偏差变量

在目标规划模型中，除了决策变量外，还需要引入正、负偏差变量 d_l^+、d_l^-，其中，正偏差变量表示决策值超过目标值的部分，负偏差变量表示决策值未达到目标值的部分。 因为决策值不可能既超过目标值同时又未达到目标值，故有 $d_l^+ \times d_l^- = 0$ 成立。

2) 绝对约束和目标约束

绝对约束，必须严格满足的等式约束和不等式约束，譬如，线性规划问题的所有约束条件都是绝对约束，不能满足这些约束条件的解称为非可行解，所以它们是硬约束。

目标约束，目标规划所特有的，可以将约束方程右端项看作是追求的目标值，在达到此目标值时允许发生正的或负的偏差 ，可加入正负偏差变量，是软约束。

线性规划问题的目标函数，在给定目标值和加入正、负偏差变量后可以转化为目标约束，也可以根据问题的需要将绝对约束转化为目标约束。

3) 优先因子(优先等级)与权系数

一个规划问题，常常有若干个目标，决策者对各个目标的考虑，往往是有主次的。凡要求第一位达到的目标赋予优先因子 p_1，次位的目标赋予优先因子 p_2，…，并规定 $p_l \geqslant p_{l+1}(i = 1，2，\cdots)$ 表示 p_l 比 p_{l+1} 有更大的优先权。

即：首先保证 p_1 级目标的实现，这时可以不考虑次级目标；而 p_2 级目标是在实现 p_1 级目标的基础上考虑的；依此类推。

若要区别具有相同优先因子 p_l 的目标的差别，就可以分别赋予它们不同的权系数 $\omega_i^*(i = 1，2，\cdots，k)$。这些优先因子和权系数都由决策者按照具体情况而定。

4) 目标函数

目标规划的目标函数(准则函数)是按照各目标约束的正、负偏差变量和赋予相应的优先因子而构造的。当每一目标确定后，尽可能缩小与目标值的偏离。因此，目标规划的目标函数只能是

$$\min Z = f(d_l^-，d_l^+)$$

基本形式有三种：

(1) 要求恰好达到目标值，就是正、负偏差变量都要尽可能小，即 $\min Z = f(d_l^-，d_l^+)$。

(2) 要求不超过目标值，即允许达不到目标值，就是正偏差变量要尽可能小，即 $\min Z = f(d_l^+)$。

(3) 要求超过目标值，也就是超过量不限，但负偏差变量要尽可能小，即：$\min Z = f(d_l^-)$。

4. 多目标规划求解方法

一般有两种方法：图解法和单纯形法。这里介绍图解法的原理。

图解法同样不仅适用于多变量的目标规划问题，也适用于两个变量的目标规划问题，但其操作简单，原理一目了然。同时，也有助于理解一般目标规划的求解原理和过程。

图解法解题步骤具体如下。

(1) 确定各约束条件的可行域。即将所有约束条件(包括目标约束和绝对约束,暂不考虑正负偏差变量)在坐标平面上表示出来。

(2) 在目标约束所代表的边界线上,用箭头标出正、负偏差变量值增大的方向。

(3) 求满足最高优先等级目标的解。

(4) 转到下一个优先等级的目标,在不破坏所有较高优先等级目标的前提下,求出该优先等级目标的解。

(5) 重复步骤(4),直到所有优先等级的目标都已审查完毕为止。

(6) 确定最优解和满意解。

【例9-10】用图解法求解以下目标规划问题。

$$\min Z = p_1(d_1^+ + d_1^-) + p_2 d_2^-$$

$$\begin{cases} 10x_1 + 12x_2 + d_1^- - d_1^+ = 62.5 \\ x_1 + 2x_2 + d_2^- - d_2^+ = 10 \\ 2x_1 + x_2 \leqslant 8 \\ x_1 \geqslant 0, \ x_2 \geqslant 0, \ d_l^+, d_l^- \geqslant 0 (l = 1, \ 2) \end{cases}$$

求解如图 9-7 所示,由于 d_2^- 取最小,所以(2)线可向上移动,故 B, C 线段上的点是该问题的最优解。

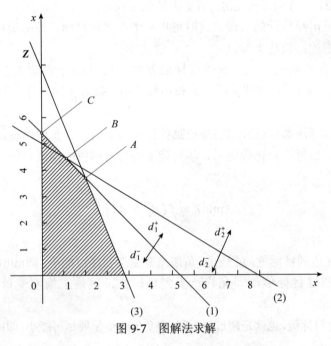

图 9-7　图解法求解

5. 多目标规划案例

【例9-11】某企业拟生产 A 和 B 两种产品,其生产投资费用分别为 2 100 元/t 和 4 800 元/t。A、B 两种产品的利润分别为 3 600 元/t 和 6 500 元/t。A、B 产品每月的最大生产能力分别为 5t 和 8t; 市场对这两种产品总量的需求每月不少于 9t。试问该企业应该如何安排生产计划，才能既能满足市场需求，又节约投资，而且使生产利润达到最大？

解： 该问题是一个线性多目标规划问题。

如果计划决策变量用 x_1 和 x_2 表示，它们分别代表 A、B 产品每月的生产量(单位：t)；$f_1(x_1, x_2)$ 表示生产 A、B 两种产品的总投资费用(单位：元)；$f_2(x_1, x_2)$ 表示生产 A、B 两种产品获得的总利润(单位：元)。那么，该多目标规划问题就是：求 x_1 和 x_2，使：

$$\min f_1(x_1, x_2) = 2\,100x_1 + 4\,800\,x_2$$
$$\max f_2(x_1, x_2) = 3\,600x_1 + 6\,500\,x_2$$

而且满足：
$$\begin{cases} x_1 \leqslant 5 \\ x_2 \leqslant 8 \\ x_1 + x_2 \geqslant 9 \\ x_1, \ x_2 \geqslant 0 \end{cases}$$

对于上述多目标规划问题，如果决策者提出的期望目标是：(1)每个月的总投资不超 30 000 元；(2)每个月的总利润达到或超过 45 000 元；(3)两个目标同等重要。那么运用图解法进行求解，可以得到一个非劣解方案为：

$$x_1 = 5; \ x_2 = 4$$

按照此方案进行生产，该企业每个月可以获得利润 44 000 元，同时需要投资 29 700 元。

9.5　TOPSIS 决策法

TOPSIS 法的英文全称是 "technique for order preference by similaruty to ideal solutions"，即逼近于理想解的排序方法，是 Hwang 和 Yoon 于 1981 年提出的一种适用于根据多项指标、对多方案进行比较选择的分析方法。这种方法的中心思想在于基于归一化的原始数据矩阵，确定各项指标的正理想解和负理想解，所谓正理想解是某一指标的最优值，而负理想解是某一指标的最劣值，所有的正理想解构成最优方案，所有的负理想解构成最劣方案，然后求出各个方案与最优方案及最劣方案之间的加权欧氏距离，由此得出各方案与最优方案(最劣方案)的接近程度，作为评价方案优劣的标准。

TOPSIS 法可用于效益评价、管理决策等多个领域，本方案对原始数据的信息利用最为充分，其结果可以精确地反映各待选方案之间的差距；不仅适用于小样本资料，也适用于多指标的大样本资料，对指标也没有严格的限制，数据计算和方法简单易操作，可以对待选方案的优劣进行排序。

9.5.1　TOPSIS 决策法的步骤

设在一个多目标决策问题中，备选方案集合为 $D = \{d_1, d_2, \ldots, d_m\}$，考虑的决策目标评价指标集合为$X = \{X_1, X_2, \dots, X_n\}$。

运用 TOPSIS 方法进行多指标多方案评价的基本步骤如下。

(1) 得到初始多目标决策问题的对m个方案的n个决策目标的决策矩阵为

$$X = \begin{bmatrix} x_{11} & x_{12} & \cdots & x_{1n} \\ x_{21} & x_{22} & \cdots & x_{2n} \\ \cdots & \cdots & \cdots & \cdots \\ x_{m1} & x_{m2} & \cdots & x_{mn} \end{bmatrix}$$

其中，x_{ij}表示第i个方案的第j个决策目标的初始指标值。

(2) 对决策矩阵原始数据进行归一化，得到加权决策矩阵$Z = (z_{ij})_{m \times n}$；

$$Z = \begin{bmatrix} z_{11} & z_{12} & \cdots & z_{1n} \\ z_{21} & z_{22} & \cdots & z_{2n} \\ \cdots & \cdots & \cdots & \cdots \\ z_{m1} & z_{m2} & \cdots & z_{mn} \end{bmatrix}$$

(3) 先求出各项指标的最优值Z_j^+和最劣值Z_j^-，分别组合成最优方案Z^+和最劣方案Z^-：

$Z_j^+ = \max(Z_{1j}, Z_{2j}, \cdots, Z_{mj})$，$Z_j^- = \min(Z_{1j}, Z_{2j}, \cdots, Z_{mj})$。

$Z^+ = (z_1^+, z_2^+, \cdots, z_n^+)$，$Z^- = (z_1^-, z_2^-, \cdots, z_n^-)$

(4) 计算各方案与最优方案和最劣方案之间的欧几里得距离S_i^+和S_i^-，即

$$S_i^+ = \sqrt{\sum_{j=1}^{m}(Z_{ij} - Z_j^+)^2} ; \ S_i^- = \sqrt{\sum_{j=1}^{m}(Z_{ij} - Z_j^-)^2} \quad (i = 1, 2, \dots, n)$$

(5) 利用公式，计算每种方案对于理想解的相对接近度$C_i = \dfrac{S_i^-}{S_i^- + S_i^+}$。

(6) 按相对接近度大小对方案排序，相对接近度越大说明该方案越优。

可见最优方案对应的C_i为 1，最劣方案对应的C_i为 0。C_i值越大，则方案越好。所以可以对每种方案的C_i值进行排序，最大的C_i对应的方案为最优方案。

9.5.2 TOPSIS 法的应用

【例 9-12】某企业欲寻求企业进行，现有 5 家目标企业，选择的评价指标包含资产负债率、产销比率、员工培训率三个指标，原始数据如表 9-9 所示。

表 9-9 决策原始数据 单位：%

目标企业	资产负债率 (X_1)	产销比率 (X_2)	员工培训率 (X_3)
企业 1	95.0	95.3	95.0
企业 2	100.0	90.0	90.2
企业 3	97.4	97.5	94.6

(续表)

目标企业	资产负债率 (X_1)	产销比率 (X_2)	员工培训率 (X_3)
企业 4	98.4	98.2	90.3
企业 5	100.0	97.4	92.5

请用 TOPSIS 法帮助该企业选择最佳合作企业。

解：先对表中原始数据进行归一化处理，令 $Z_{ij} = \dfrac{x_{ij}}{\sqrt{\sum_{i=1}^{5} x_{ij}^2}}$，得到归一化的决策数据如

表 9-10 所示。

表 9-10　归一化决策数据

目标企业	资产负债率 (X_1)	产销比率 (X_2)	员工培训率 (X_3)
企业 1	0.432 7	0.445 2	0.459 1
企业 2	0.455 5	0.420 5	0.435 9
企业 3	0.443 7	0.455 5	0.457 2
企业 4	0.448 2	0.458 8	0.436 4
企业 5	0.455 5	0.455 0	0.447 0

则最优方案 $Z^+ = (0.455\ 5, 0.458\ 8, 0.459\ 1)$ 和最劣方案 $Z^- = (0.432\ 7, 0.420\ 5, 0.435\ 9)$。分别计算每家待选企业与最优方案和最劣方案之间的距离，并且计算相对接近度 C_i，结果如表 9-11 所示。

表 9-11　相对接近段计算结果

目标企业	S_i^+	S_i^-	C_i	排序结果
企业 1	0.026 50	0.033 93	0.561 46	4
企业 2	0.044 78	0.022 78	0.337 12	5
企业 3	0.012 44	0.042 42	0.773 27	1
企业 4	0.023 85	0.041 32	0.634 02	3
企业 5	0.012 65	0.042 87	0.772 19	2

可见应该选择企业 3 进行合作。

思考与练习题

1. 什么叫多目标决策法？其特点有哪些？多目标决策应遵循哪些行为准则？

2. 简单线性加权法的基本步骤有哪些？熵权法确定权重的原理是什么？

3. 简述决策指标的标准化的方法。

4. 什么叫层次分析法？其基本原理和思路分别是什么？

5. 层次分析法中的判断矩阵是什么？简述层次分析法中一致性检验的必要性。

6. 什么叫多目标规划法?

7. TOPSIS 决策法的概念和思路。

8. 某厂生产 A、B、C 三种产品，装配工作在同一生产线上完成，三种产品的工时消耗分别为 6h、8h、10h，生产线每月正常工作时间为 200h；三种产品销售后，每台可获利分别为 500 元、650 元和 800 元；每月销售量预计为 12 台、10 台和 6 台。

该厂经营目标如下：

(1) 利润指标为每月 16 000 元，争取超额完成；

(2) 充分利用现有生产能力；

(3) 可以适当加班，但加班时间不得超过 24h；

(4) 产量以预计销售量为准。

试用多目标规划模型进行三种产品的生产规模安排。

9. 某投资银行拟在 4 家企业中选择一家进行投资，拟从产值、投资成本、销售额、资产负债比、环境污染程度(由环保部门监测并量化，污染越严重，值越大。)5 个指标进行评估，获得数据如表 9-12 所示。试用 Topsis 法确定最佳投资方案。

表 9-12　投资方案评估数据

备选方案	产值/万元	投资成本/万元	销售额/万元	资产负债比/%	环境污染指数/%
企业 1	8 550	5 300	6 135	0.82	0.17
企业 2	7 455	4 952	6 527	0.65	0.13
企业 3	11 000	8 001	9 008	0.59	0.15
企业 4	9 624	5 000	8 892	0.74	0.28

10. 某企业需要就产品质控系统的开发应用作投资决策。有三种备选方案，方案的综合效益评价的指标体系为：①直接财务效益(净现值)；②战略效益，战略效益主要关注设计制造周期缩短、生产柔性提高、产品质量提高、信息处理能力增强 4 个维度。经估算，三种方案的效益评价指标如表 9-13 所示，试用层次分析法进行方案的筛选。

表 9-13　备选方案效益

项目	符号	备选方案		
		d_1	d_2	d_3
财务净现值	B	-1 000	-600	100
设计制造周期缩短	C_1	0.83	0.61	0.35
生产柔性提高	C_2	0.68	0.90	0.55
产品质量提高	C_3	0.72	0.66	0.54
信息处理能力增强	C_4	0.48	0.92	0.32

第10章

大数据时代的决策

如果一个个人拒绝大数据时代，可能会失去生命；

如果一个国家拒绝大数据时代，可能会失去这个国家的未来！

——维克托·迈尔·舍恩伯格

学习目标与要求

1. 掌握大数据的概念与特点；

2. 了解大数据的构成；

3. 了解大数据的一般处理方法；

4. 掌握大数据决策的概念和特点；

5. 了解大数据对决策的影响；

6. 掌握决策支持系统的概念及其与大数据的关系。

全球信息化发展已步入大数据时代，2012年2月《纽约时报》的一篇专栏中提出"大数据时代"已经降临。在社会、商业、经济文化及其他领域中，数据对于决策的作用日益增大，人们越来越不能仅基于经验和直觉判断进行决策。麦肯锡称："大数据，已经渗透到当今每一个行业和业务职能领域，成为重要的生产因素。"

大数据的核心是预测，目标则指向决策。大数据势必对各个领域尤其是企业领域的决策思维产生广博而深远的影响。但是超级大数据分析地位的崛起，并不意味着传统统计决策方法技术的过时，也不意味着直觉判断的消亡，更不是说工作中累计的经验不重要。大数据时代的特点，更凸显了数据处理的地位，也更说明了统计决策的重要性，而在决策支持体系里，经验和直觉判断作为最具有主观能动性的环节将依然不可或缺。

大数据因其规模巨大、类型复杂、产生速度快、价值密度低等特点，对现有信息技术构成巨大挑战。如何面对大数据时代这一新形势，也是决策技术与方法领域不能回避的课题，同时也是推动决策方法与技术创新的重要契机。支撑这场大数据革命的底层力量，不仅仅是技术革命，更是决策意识、组织文化和行为方式的思维革命。在决策层面，尤其需要掌握用数据思考和解决决策问题的新方法，最重要的是在决策时要具备数据思维、互联网思维和计算思维的思维方式。

10.1　大数据与决策概述

目前大约有 150 亿个设备连接到互联网，2018 年，微信月活用户达到了 10.82 亿，平均每天有 450 亿次的信息发送出去，4.1 亿次音视频呼叫成功；快手日均上传逾 1000 万条原创作品。全球每秒钟发送 290 万封电子邮件，每天有 2.88 万小时视频上传到 Youtube，脸书每日评论达 32 亿条，每天上传照片近 3 亿张，每月处理数据总量约 130 万 TB。

美国 CNBC 网站 2019 年 2 月 14 日文章：国际数据公司(IDC)和数据存储公司希捷开展的一项研究发现，中国每年将以超过全球平均值 3%的速度产生并复制数据。该研究报告称，2018 年中国约产生 7.6ZB(1ZB 约相当于 1 万亿 GB)的数据，到 2025 年该数字将增至 48.6ZB。与此同时，美国 2018 年约产生 6.9ZB 数据，并将在 2025 年增至 30.6ZB。

到 2025 年，全世界产生的新数据有望从 2018 年的 33ZB 增至 175ZB，且其中主要增长将来自从娱乐元数据收集的数据，中国在该过程中扮演极其重要的角色，而这些数据对分析和研究有关信息不可或缺。"对比其他新兴国家，我们惊喜地发现，中国不仅产生的数据量非常庞大，而且还呈现出其他国家很少有的极具活力的数据类型。"业内分析人士说道。

这些资料说明，大数据时代的来临已经毋庸置疑。如何面对大数据这个新形势，将成为企业决策必须考虑的问题。这一变化所带来的挑战，是成功的企业决策在未来发展过程中必须要面对的。只有那些能够正确面对这些新数据形势的决策，方能打造企业可持续的重要竞争优势。

10.1.1　大数据的概念和特点

要全面认识和理解大数据时代，我们先来认识大数据的概念及其特点。

1. 大数据的概念

究竟什么是大数据，不同的研究者持不同的见解，由此形成若干不同的定义，其中几个代表性观点如下。

1) 百度知道下的定义

大数据(big data)，或称巨量资料，指的是所涉及的资料量规模巨大到无法透过目前主流软件工具，在合理时间内达到撷取、管理、处理，并整理成为帮助政府、企业和个人经营决策更积极目的的资讯。

2) 互联网周刊下的定义

"大数据"的概念远不止大量的数据(ZB)和处理大量数据的技术，而是涵盖了人们在大规模数据的基础上可以做的事情，而这些事情在小规模数据的基础上是无法实现的。换句话说，大数据让我们以一种前所未有的方式，通过对海量数据进行分析，获得有巨大价值的产品和服务，或深刻的洞见，最终形成变革之力。

3) 维基百科下的定义

大数据通常包括大小超过常用软件工具在可容忍的时间内捕获、整理、管理和处理数据能力的数据集，大数据包括非结构化、半结构化和结构化数据，但主要关注的是非结构化数据。大数据"大小"是一个不断变化的目标，需要采用新的集成形式的技术，来处理形式多样、复杂和大规模数据集。

2016 年的一项定义指出，"大数据代表的信息资产具有如此高的数量、速度和多样性，需要特定的技术和分析方法才能转化为价值。"而安德烈亚斯·卡普兰(Andreas Kaplan)和迈克尔·海恩莱因(Michael Haenlein)将大数据定义为，"数据集特征大量(大量)频繁更新的数据(速度)以各种格式，如数字、文本或图像/视频(变化)。

4) 其他一些对大数据下的定义

Gartner 小组认为，"大数据是最大的宣传技术、是最时髦的技术，当这种现象出现时，定义就变得很混乱。"英国学者维克托·迈尔－舍恩伯格和肯尼思·库克认为，"大数据是人们获得新认知、创造新价值的源泉；大数据也是改变市场、组织机构，以及政府与公民关系的方法。"

5) 大数据的概念总结

"大数据"是一个体量特别大，数据类别特别大的数据集，并且这样的数据集无法用传统数据库工具对其内容进行抓取、管理和处理。

相对于如何定义大数据，最重要的是如何使用大数据。最大的挑战在于哪些技术能更好地使用数据及大数据的应用情况如何。

2. 大数据的特点

1) 数据体量大(volume)

大数据的特征首先就体现为大量，随着信息技术的高速发展，数据开始爆发性增长。社交网络(微博、推特、脸书)、移动网络、各种智能工具、服务工具等，都成为数据的来源。脸书约 10 亿的用户每天产生的日志数据超过 300TB。百度每天处理的数据量约为 5000 个美国图书馆的总和。

2) 数据类型多样化(variety)

广泛的数据来源，决定了大数据形式的多样性。包括了结构化数据、半结构化数据和非结构化数据。结构化数据，指规则型数据；半结构化数据，指关系结构与内容混合在一起的数据类型；非结构化数据，指文档、视频、音频和图片等数据。任何形式的数据都可以产生作用，目前应用最广泛的推荐系统，如淘宝、今日头条、微信等，这些平台都会通过对用户的日志数据进行分析，从而进一步推荐用户喜欢的东西。日志数据是明显的结构化数据。

3) 处理速度快(velocity)

大数据的惊人不止是在数量上，还在有动态分析价值的数据上。对于很多情况下，动态的数据价值远大于静态数据，比如气象预测、灾难预测、快销行业等。大数据的产生非常迅速，并且这些数据是需要及时处理的，对于一个平台而言，也许保存的数据只有过去几天或者一个月之内，再远的数据就要及时清理，不然代价太大。基于这种情况，大数据对处理速度有非常严格的要求，服务器中大量的资源都用于处理和计算数据，很多平台都需要做到实时分析，谁的速度更快，谁就有优势。

4)　价值密度低(value)

大数据能做一个预言家，一小时的视频，在不间断的监控过程中，可能有用的数据仅仅只有一两秒，大数据分析犹如"大海捞针"。大数据最大的价值在于通过从大量不相关的各种类型的数据中，挖掘出对未来趋势与模式预测分析有价值的数据，并通过机器学习方法、人工智能方法或数据挖掘方法深度进行分析。

5)　数据要求真实(veracity)

大数据的目的在于对决策的支持；数据的真实性和质量才是获得真知和思路最重要的因素，是制定成功决策最坚实的基础；所以必须确保数据的真实性，而真实性来源于对全部数据的准确处理与分析。

10.1.2　大数据的构成

大数据包括交易数据和交互数据集在内的所有数据集。

1. 海量交易数据

企业内部的经营交易信息主要包括联机交易数据和联机分析数据，是结构化的、通过关系数据库进行管理和访问的静态、历史数据。通过这些数据，我们能了解过去发生了什么。

2. 海量交互数据

源于 Facebook、Twitter、微博、微信及其他来源的社交媒体数据构成。它包括了呼叫详细记录、设备和传感器信息、GPS 和地理定位映射数据、通过管理文件传输协议传送的海量图像文件、Web 文本和点击流数据、科学信息、电子邮件，等等。通过这些数据，我们可以预知未来会发生什么。

3. 海量数据处理

大数据的涌现已经催生出了设计用于数据密集型处理的架构。例如，具有开放源码、在商品硬件群中运行的 Apache Hadoop 等。

10.1.3　大数据的处理方法

大数据的处理技术包括了数据的采集、数据的管理、数据的分析与挖掘及数据的存储和管理 4 个环节所要应用到的技术。

用 ETL、爬虫等工具进行数据的采集；用关系数据库、NoSQL、SQL 等实现数据存储；用分布式文件系统、云存储等方式进行基础架构支持,计算结果则展现为标签云和关系图等方式。

除了传统的分析技术之外，适用于大数据分析的技术还有：

1. 可视化分析

不管是对数据分析专家还是普通用户，数据可视化是数据分析工具最基本的要求。可视化可以直观地展示数据，让数据自己说话，让观众听到结果。

2. 数据挖掘算法

可视化是给人看的，数据挖掘则是给机器看的。集群、分割、孤立点分析等算法让我们深入数据内部，挖掘价值。这些算法不仅要处理大数据的量，也要处理大数据的速度。

3. 预测性分析能力

数据挖掘可以让分析员更好地理解数据，而预测性分析可以让分析员根据可视化分析和数据挖掘的结果做出一些预测性的判断。

4. 语义引擎

由于非结构化数据的多样性带来了数据分析的新的挑战，我们需要一系列的工具去解析，提取，分析数据。语义引擎需要被设计成能够从"文档"中智能提取信息。

5. 数据质量和数据管理

数据质量和数据管理是一些管理方面的最佳实践。通过标准化的流程和工具对数据进行处理可以保证一个预先定义好的高质量的分析结果。

10.1.4　大数据决策

1. 大数据决策的概念

大数据决策指的是以大数据为主要驱动的决策方式。随着大数据技术的发展，大数据逐渐成为人们获取对事物和问题更深层次认知的决策资源，特别是人工智能技术与大数据的深度融合，为复杂决策的建模和分析提供了强有力的工具。随着大数据应用越来越多地服务于人们的日常生活，基于大数据的决策方式将形成其固有的特性和潜在的趋势。在固有特性方面：大数据的实时产生及动态变化决定了大数据决策的动态性；大数据的多方位感知意味着通过多源数据的整合可以实现更加全面的决策；大数据潜在的不确定性也使得决策问题的求解过程呈现不确定性特征。在潜在趋势方面：相关分析或将代替因果分析，成为获取大数据隐含知识更有效的手段；用户的兴趣偏好在大数据时代将更受关注；更多的商业决策向满足个性化需求转变。

2. 大数据决策的特点

1) 大数据决策的公开性

用来进行研究的数据集，可能包含人口学、地理学、经济学、心理学等各个领域的数据，这些数据一般来说是公开的，可能是通过收集原始数据而来，也可能是通过关联而来，这样可以避免研究者将时间浪费在收集数据上，节约数据的获取成本。

2) 大数据决策的共享性

可以建立一个特定平台实现对大数据的管理和分析，企业、政府或者个人会将他们的数据、问题或者期望获得的数据支持共享在这样的平台上，而数据分析公司则可以据此提供一些数据服务，不同领域的研究人员能够在一个环境下观察到收据，这样人机界面专家、信息管理专家及各种各样其他领域的专家都可以结合在一起，共同完成数据处理。在大数据的处理过程中会采用很多种技术，我们不仅能看到技术的有效性，还能看到如果把不同技术结合在一起，会产生什么样的价值；大数据平台的共享大叔决策创造了一个共同协作的环境。

3）大数据决策的动态性

大数据决策的决策者在决策过程中的每一步行动都会影响事物的发展进程，这些可以全程由大数据反映，此时决策问题也可以跟随动态数据进行调整，进而反馈到决策执行当中；大数据决策的动态性决定了问题的求解过程是一个集描述、预测、引导为一体的动态的迭代过程。简而言之，大数据环境下的决策模式将更多地由相对静态的模式或多阶段模式转变为对决策问题动态描述的渐进性解决模式。

4）大数据决策的全局性

目前开发出的决策支持系统或者已有的决策方法，多数是面向具体领域中的单一生产环节或特定目标下的局部决策问题，无法较好地实现全局决策优化与多目标任务协同。大数据的跨视角、跨媒介、跨行业等特点创造了信息的交叉、互补与综合运用的条件，这促使了人们提升了问题求解的关联意识和全局意识。

大数据环境下的决策会更加注重数据的全局性、生产流程的系统性、业务各环节的交互性、多目标问题的协同性。基于大数据的决策系统和决策方法，对每个单一问题的决策，都将以优先考虑整体决策的优化作为前提，进而为决策者提供企业级、全局性的决策支持。

5）大数据决策的相关性

过往的数据分析和决策模型往往注重探索事物之间的因果关系，但在大数据环境下，数据的精确性难以保证，此时用于发现因果关系变得异常困难。从统计学角度看，变量之间的关系大体可以分两种类型：函数关系和相关关系，一般情况下，数据很难严格地满足函数关系，而相关关系的要求则较为宽松。现实中的一些案例证明了在大数据环境下相关对于决策的有效性，相关性分析技术为正确数据的选择提供了必要的判定与依据，可以满足人类众多决策需求。

10.2　大数据时代的决策支持

基于大数据的科学决策，是公共管理、工业生产、健康医疗、金融服务等众多行业领域未来发展的方向和目标。如何进行大数据的智能分析与科学决策，实现由数据优势向决策优势的转化，仍然是当前大数据应用研究中的关键问题。然而，对大数据的分析和处理在不同行业和领域均存在着巨大的挑战，大数据的"大"对传统的数据处理硬件设备和软件处理方法均构成前所未有的挑战。

10.2.1　大数据对决策的影响

用大数据服务管理决策，其将会在决策技术、决策参与者、决策组织过程等方面发生革命性的改变，从而大大提高管理者的决策能力。大数据对决策的影响主要体现在以下几个方面。

1. 决策技术

传统的数据处理技术难以处理大数据时代的海量信息数据。为了解决这一问题，企业必须不断引进先进技术，进行大数据的深入分析和研究，才能在一定程度上提高企业信息数据处理的能力，为企业决策铺路。

2. 决策参与者

使管理决策主体由"专家和精英"转变为"全部数据"。大数据处理技术逐渐普及，企业的决策方法也要随之改变，可以依托对数据信息的处理结果再根据自身的实际情况，做出科学的决策。大数据改变了传统决策以管理者自身经验为基础进行决策的方法，转为依托大数据。

3. 决策组织

决策组织由"经验决策"转变为"数据决策"。依据数据进行决策，让数据主导决策并从中获取价值。随着大数据分析和预测性分析对管理决策影响力的逐渐加大，依靠直觉做决定的状况将会被彻底改变。《时代》曾断言："依靠直觉与经验进行决策的优势急剧下降，在政治、商业、公共服务等领域，大数据决策的时代已经到来。"大数据使决策组织方式发生了根本的转变：凡事不问原因，只看数据呈现出的结果。通过对大数据的相关分析就可以得出结论，并直接做出判断和决策。管理者自身的经验只对企业决策起到一定的辅助，最主要的还是采用大数据这一技术提供帮助。

4. 决策数据

大数据时代，企业要充分发挥知识和技术的作用，就必须重视对数据的管理。这就要求企业不仅要具备提取数据的能力，还要具备数据分析处理的能力。传统的数据处理方法相对简单，难以适应大数据时代企业决策的需求，而大数据技术能够为企业提供行之有效的数据处理方法，对决策数据进行分析和研究，找出其中有价值的数据和信息，为决策提供支持。

5. 决策环境

企业在生产经营和发展的过程中，必须考虑市场信息并及时掌握市场的变化等决策环境，这样就会需要并产生大量与决策环境有关的大数据，企业必须充分掌握大数据处理技术，对企业日常经营活动中产生的数据进行分析和管理，并提供给企业进行决策，提高企业决策的准确性，从而使大数据为企业决策服务。

10.2.2　决策支持系统与大数据

决策支持系统及大数据对于决策支持的作用。

1. 决策支持系统

决策支持系统(decision support system，DSS)，是指以管理科学、运筹学、控制论和行为科学为基础，以计算机技术、仿真技术和信息技术为手段，应用决策科学及有关学科的理论与方法，辅助决策者通过数据、模型和知识，以人机交互方式进行半结构化或非结构化决策的计算机应用系统。

决策支持系统的产生，是决策科学与方法领域的一个创新，显示出强大的生命力，其应用已经深入政府管理、企业管理等很多领域。

1) 决策支持系统的产生与发展

(1) 1971 年 Keen 提出"管理决策系统"(management decision system，MDS)，1978 年 Keen 和 Scott Morton 首次提出了"决策支持系统"(decision support system，DSS)一词，标志着利用计算机与信息支持决策研究与应用进入了一个新的阶段。

(2) 1980 年 Sprague 提出了决策支持系统三部件结构，即对话部件、数据部件、模型部件。

(3) 问题处理系统(PPS)、知识系统(KS)。这时的决策支持系统主要是以模型库系统为主体，通过定量分析进行辅助决策。

(4) 20 世纪 80 年代末 90 年代初，人工神经网络及机器学习等技术的发展，决策支持系统开始与专家系统(expert system，ES)相结合，形成智能决策支持系统(intelligent decision support system，IDSS)。

(5) 20 世纪 90 年代中期出现了数据仓库(data warehouse，DW)、联机分析处理(on-line analysis processing，OLAP)和数据挖掘(data mining，DM)新技术，DW+OLAP+DM 逐渐形成新决策支持系统的概念，之前的专家系统被称为传统决策支持系统。

(6) 迄今为止，把数据仓库、联机分析处理、数据挖掘、模型库、数据库、知识库结合起来形成的决策支持系统，即将传统决策支持系统和新决策支持系统结合起来的决策支持系统是更高级形式的决策支持系统，成为综合决策支持系统(synthetic decision support system，SDSS)

2) 决策支持系统的基本模式

完整的决策支持系统模式可以表示为决策支持系统本身及它与"真实系统"、人和外部环境的关系。决策者处于核心位置，运用自己的知识，把自己和决策支持系统的响应输出结合起来，对其管理的"真实世界"进行决策，如图 10-1 所示。

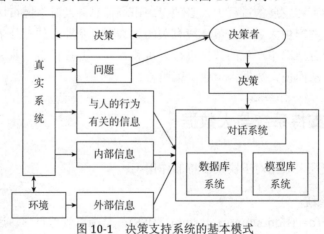

图 10-1　决策支持系统的基本模式

3) 决策支持资源平台

决策支持资源平台是指企业级数据与知识集成平台，采集和整合企业内外部的各类专业数据与专业知识资源，为企业管理决策提供信息资源的支持和保障，如图 10-2 所示。

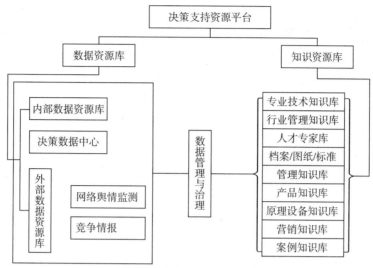

图 10-2　决策支持资源平台

由图 10-2 可见，数据在决策支持系统中的重要地位。

2. 大数据时代决策支持系统的发展目标

进入大数据时代，很多技术产品和应用都面临巨大挑战，原有的决策支持系统所依赖的数据分析方法已经不能满足决策者的需要。大数据技术的融入于决策支持系统而言是机遇也是挑战，更是大势所趋无法避免。大数据时代决策支持系统的发展目标如下。

1) 数据治理，消除原本存在的信息孤岛

信息孤岛是指决策支持系统子模块间在功能上不关联互助、信息不共享及信息与业务流程和应用相互脱节，导致了决策支持系统碎片化的状态。由于信息孤岛导致大量数据没有得到很好的应用，结合大数据技术的决策支持系统将解决这个问题，使数据发挥更大的价值。

2) 数据存储与分析能力将大大增强

受数据技术所限，传统的决策支持系统的存储能力和分析能力不强，大数据时代利用分布式并行计算进行决策求解和数据存储，这方面的限制将被解除。

3) 智能化和可视化不断提高

传统的决策支持系统可视化和智能化程度都低，相对于越来越高的智能化需求还是显得捉襟见肘。可视化是继智能化之后又一突出需求，决策者不仅追求于决策的结果，还需要关注决策的过程，决策过程的可视化是通过创建图片、图表或动画等方式，使大数据分析结果更易沟通与理解。

大数据技术致力于拥有更强大的分析能力，其将更能自如地从海量数据中挖掘出有利用价值和关联规则的信息，直接作用于决策中，使决策分析过程更加智能。同时，随着技术的发展，数据处理过程的可视化程度也将越来越高。

10.2.3 大数据时代的决策支持系统设想

设想的大数据时代的决策支持系统如图 10-3 所示。该框架包括了层，第一层为数据采集与存储层，功能是采集企业的业务、管理、市场等与企业经营有关的数据；第二层为数据预处理层，功能是数据挖掘、数据清洗、数据整理与数据储存；第三层为决策支持层，通过各种传统的方法及大数据技术，最终达到决策支持系统的决策方案自动生成的效果。

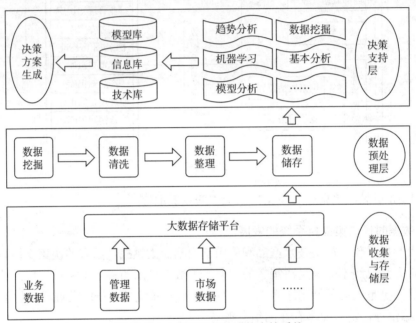

图 10-3　大数据时代的决策支持系统

10.2.4 大数据与贝叶斯决策

假设抛掷一枚硬币，正反面朝上的概率都是 50%，如果连续抛掷 99 次的结果都是正面朝上，那么第 100 次抛掷正面朝上的概率为多少？

这是《黑天鹅》一书中的一个问题。在该书中，受过正统教育的约翰博士给出了教科书里的标准回答，即正面朝上的概率仍然为 50%，因为下一次硬币朝向与之前抛掷的结果是相互独立的。而教育背景没有那么光鲜的胖托尼则认为下一次抛掷硬币正面朝上的概率为 99%。你的答案是什么？

我更倾向于和不是那么教条的胖托尼保持一致，而不再相信教科书的结果。

近年来"大数据"成为热词后，与"贝叶斯"有关的概念也随之在 IT 领域热起来。比如，贝叶斯是机器学习的核心方法之一。这背后的深刻原因在于，现实世界本身就是不确定的，人类的观察能力是有局限的，我们日常所观察到的只是事物表面上的结果，所以需要不断根据变化的情况进行调整。

大数据的核心问题在于通过建立模型进行预测。但是，与科学研究中以求真为目的的构建模型不同，大数据时代的模型构建将更加以务实为目的。大数据时代的很多模型都是为了服务于商业决策，而商业决策的目的是决策者利益最大化。这样，一个模型是否正确不是最重要的，重要的是决策者能否从这个模型中获利。所以，大数据时代中最为关键的应该是基于数据的模型能否说服决策者据此进行决策，并且帮助决策者改善决策赚取相应的利润。

贝叶斯理论允许每个人拥有有关世界的先验的信念，胖托尼也许最初认为硬币正面朝上的概率是 50%，而当他看到了连续 99 次的硬币正面朝上落地时，他不断利用数据修改其信念。

英国哲学家艾赛亚·柏林，把一句古希腊谚语"狐狸多技巧，刺猬仅一招"发挥成关于两种类型的思想之差异的深刻比喻：一类是追求一元论的思想家，他们力图找出唯一绝对的真理，并将它应用于万事万物，恰如刺猬遇到危险总是使用相同的招数竖起满身的刺；另一类则是承认多元论的思想家，他们体察世间万物之复杂微妙，没有不变应万变的宗旨，因此宁可自己思想矛盾，亦不强求圆融统一，恰如狐狸遇事之灵活、机智。很多研究表明，在处理现实问题时，狐狸的思想要优于刺猬。在大数据时代，人们能够接触越来越多的信息，这些信息能否修正决策者已有的观念，对决策者的决策产生影响，这是大数据能否发挥价值的关键所在。

利用新的数据、新的信息不断修正对世界的认知，是狐狸式的思维方式也是贝叶斯思维方式的基本理念，这也应当是大数据时代思维的基本理念。随着互联网及云计算的普及，在大数据时代，人们有机会从多个渠道、多个角度获得对事物的知识。贝叶斯定理的"看不见的手"利用这些知识逐步修订人们对事物的假设，而人们基于这些假设进行的决策，通过亚当·斯密的市场论的"看不见的手"被评估与选择，从而形成相应的社会秩序。无论人们最初关于事物的认识存在什么样的差异，在贝叶斯与亚当·斯密两重"看不见的手"的作用下，"随着越来越多证据的出现，人们的认识将趋于一致，并且趋于真相……即使我们最初拥有有误的甚至是错得离谱的先验认识，最终也将趋于真相。"

思考与练习题

1. 简述大数据的概念和特点。
2. 大数据的一般处理方法有哪些？
3. 大数据决策的概念，以及大数据时代决策支持系统的目标是什么？
4. 大数据时代决策支持系统的框架构成是什么？
5. 大数据与贝叶斯理论对决策的影响？

附录表

附表1 随机数表

92459	46807	00742	98068	05715	91914	30368	76830	01471	31879
01990	61688	21317	58136	81372	32479	89450	54188	15032	52447
56357	03811	04824	53455	88755	30122	02839	71763	49639	06246
36783	05002	71761	35852	40640	62630	26769	02587	44623	95577
88822	11796	28561	27091	93013	64939	94299	98240	57450	18672
03478	89017	30466	54463	32998	45826	92196	84866	90728	60701
15272	84614	27404	33686	51283	72980	53589	61318	78649	06703
29596	47534	89805	95170	89816	58314	03649	64285	14682	12486
71904	81693	94887	45573	76874	74548	36851	48630	77916	78922
05201	51312	78986	27330	63194	98096	93212	74891	55099	02678
16510	95406	39078	31468	43577	67990	11287	27068	37874	61734
83316	94852	73159	76123	05010	08393	62827	13728	34709	39578
19962	86326	99855	14146	28341	93570	34163	59623	14103	63367
66852	52392	32115	75977	80723	96562	19388	64446	73949	83823
84161	37020	79694	35717	73417	15617	93437	46981	94838	12418
58837	30960	84272	38937	27926	95403	61816	32202	11343	99925
12971	62671	87151	80924	08413	22879	51701	84303	65556	20152
21036	13175	77916	31978	78896	69869	22225	13043	49858	81615
34152	24555	54366	40704	33111	00490	53198	52317	77478	30052
50434	17800	99805	32819	71033	83674	84640	67470	60922	25920
74643	91686	64861	13547	47668	02710	11434	82867	40442	23126
30774	56770	07259	58864	02002	78870	29737	79078	03891	96198
52766	31005	71786	78399	41418	73730	44254	81034	81391	60870
30583	57645	02821	46759	21611	81875	75570	71403	95020	90567
11411	87731	95412	14734	68216	24237	64399	57190	62003	08072

附表 2 标准正态分布表

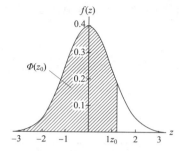

$$P(Z \leqslant z) = \Phi(z) = \int_{-\infty}^{z} \frac{1}{\sqrt{2\pi}} e^{-w^2/2} \mathrm{d}w$$

$$\Phi(-z) = 1 - \Phi(z)$$

z	0.00	0.01	0.02	0.03	0.04	0.05	0.06	0.07	0.08	0.09
0.0	0.5000	0.5040	0.5080	0.5120	0.5160	0.5199	0.5239	0.5279	0.5319	0.5359
0.1	0.5398	0.5438	0.5478	0.5517	0.5557	0.5596	0.5636	0.5675	0.5714	0.5753
0.2	0.5793	0.5832	0.5871	0.5910	0.5948	0.5987	0.6026	0.6064	0.6103	0.6141
0.3	0.6179	0.6217	0.6255	0.6293	0.6331	0.6368	0.6406	0.6443	0.6480	0.6517
0.4	0.6554	0.6591	0.6628	0.6664	0.6700	0.6736	0.6772	0.6808	0.6844	0.6879
0.5	0.6915	0.6950	0.6985	0.7019	0.7054	0.7088	0.7123	0.7157	0.7190	0.7224
0.6	0.7257	0.7291	0.7324	0.7357	0.7389	0.7422	0.7454	0.7486	0.7517	0.7549
0.7	0.7580	0.7611	0.7642	0.7673	0.7703	0.7734	0.7764	0.7794	0.7823	0.7852
0.8	0.7881	0.7910	0.7939	0.7967	0.7995	0.8023	0.8051	0.8078	0.8106	0.8133
0.9	0.8159	0.8186	0.8212	0.8238	0.8264	0.8289	0.8315	0.8340	0.8365	0.8389
1.0	0.8413	0.8438	0.8461	0.8485	0.8508	0.8531	0.8554	0.8577	0.8599	0.8621
1.1	0.8643	0.8665	0.8686	0.8708	0.8729	0.8749	0.8770	0.8790	0.8810	0.8830
1.2	0.8849	0.8869	0.8888	0.8907	0.8925	0.8944	0.8962	0.8980	0.8997	0.9015
1.3	0.9032	0.9049	0.9066	0.9082	0.9099	0.9115	0.9131	0.9147	0.9162	0.9177
1.4	0.9192	0.9207	0.9222	0.9236	0.9251	0.9265	0.9279	0.9292	0.9306	0.9319
1.5	0.9332	0.9545	0.9357	0.9370	0.9382	0.9394	0.9406	0.9418	0.9429	0.9441
1.6	0.9452	0.9463	0.9474	0.9484	0.9495	0.9505	0.9515	0.9525	0.9535	0.9545
1.7	0.9554	0.9564	0.9573	0.9582	0.9591	0.9599	0.9608	0.9616	0.9625	0.9633
1.8	0.9641	0.9649	0.9656	0.9664	0.9671	0.9678	0.9686	0.9693	0.9699	0.9706
1.9	0.9713	0.9719	0.9726	0.9732	0.9738	0.9744	0.9750	0.9756	0.9761	0.9767
2.0	0.9772	0.9778	0.9783	0.9788	0.9793	0.9798	0.9803	0.9808	0.9812	0.9817
2.1	0.9821	0.9826	0.9830	0.9834	0.9838	0.9842	0.9846	0.9850	0.9854	0.9857
2.2	0.9861	0.9864	0.9868	0.9871	0.9875	0.9878	0.9881	0.9884	0.9887	0.9890
2.3	0.9893	0.9896	0.9898	0.9901	0.9904	0.9906	0.9909	0.9911	0.9913	0.9916
2.4	0.9918	0.9920	0.9922	0.9925	0.9927	0.9929	0.9931	0.9932	0.9934	0.9936
2.5	0.9938	0.9940	0.9941	0.9943	0.9945	0.9946	0.9948	0.9949	0.9951	0.9952
2.6	0.9953	0.9955	0.9956	0.9957	0.9959	0.9960	0.9961	0.9962	0.9963	0.9964
2.7	0.9965	0.9966	0.9967	0.9968	0.9969	0.9970	0.9971	0.9972	0.9973	0.9974
2.8	0.9974	0.9975	0.9976	0.9977	0.9977	0.9978	0.9979	0.9979	0.9980	0.9981
2.9	0.9981	0.9982	0.9982	0.9983	0.9984	0.9984	0.9985	0.9985	0.9986	0.9986
3.0	0.9987	0.9987	0.9987	0.9988	0.9988	0.9989	0.9989	0.9989	0.9990	0.9990

α	0.400	0300	0.200	0.100	0.050	0.025	0.020	0.010	0.005	0.001
z_α	0.253	0.524	0.842	1.282	1.645	1.960	2.054	2.326	2.576	3.090
$z_{\alpha/2}$	0.842	1.036	1.282	1.645	1.960	2.240	2.326	2.576	2.807	3.291

附表 3   t 分布临界值表

查表时注意 V 是指自由度，并分单侧和双侧两种类型。

右侧的示意图是单侧检验的情形。

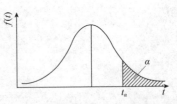

单侧	a=0.10	0.05	0.025	0.01	0.005
双侧	a=0.20	0.10	0.05	0.02	0.01
V=1	3.078	6.314	12.706	31.821	63.657
2	1.886	2.920	4.303	6.965	9.925
3	1.638	2.353	3.182	4.541	5.841
4	1.533	2.132	2.776	3.747	4.604
5	1.476	2.015	2.571	3.365	4.032
6	1.440	1.943	2.447	3.143	3.707
7	1.415	1.895	2.365	2.998	3.499
8	1.397	1.860	2.306	2.896	2.355
9	1.383	1.833	2.262	2.821	3.250
10	1.372	1.812	2.228	2.764	3.169
11	1.363	1.796	2.201	2.718	3.106
12	1.356	1.782	2.179	2.681	3.055
13	1.350	1.771	2.160	2.650	3.012
14	1.345	1.761	2.145	2.624	2.977
15	1.341	1.753	2.131	2.602	2.947
16	1.337	1.746	2.120	2.583	2.921
17	1333	1.740	2.110	2.567	2.898
18	1.330	1.734	2.101	2.552	2.878
19	1.328	1.729	2.093	2.539	2.861
20	1.325	1.725	2.086	2.528	2.845
21	1.323	1.721	2.080	2.518	2.831
22	1.321	1.717	2.074	2.508	2.819
23	1.319	1.714	2.069	2.500	2.807
24	1.318	1.711	2.064	2.492	2.797
25	1.316	1.708	2.060	2.485	2.787
26	1.315	1.706	2.056	2.479	2.779
27	1.314	1.703	2.052	2.473	2.771
28	1.313	1.701	2.048	2.467	2.763
29	1.311	1.699	2.045	2.462	2.756
30	1.310	1.697	2.042	2.457	2.750
40	1.303	1.684	2.021	2.423	2.704
50	1.299	1.676	2.009	2.403	2.678
60	1.296	1.671	2.000	2.390	2.660
70	1.294	1.667	1.994	2.381	2.648
80	1.292	1.664	1.990	2.374	2.639
90	1.291	1.662	1.987	2.368	2.632
100	1.290	1.660	1.984	2.364	2.626
125	1.288	1.657	1.979	2.357	2.616
150	1.287	1.655	1.976	2.351	2.609
200	1.286	1.653	1.972	2.345	2.601
∞	1.282	1.645	1.960	2.326	2.576

附表 4 χ^2 分布临界值表

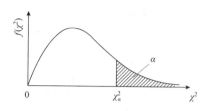

自由度	$\chi^2_{0.995}$	$\chi^2_{0.990}$	$\chi^2_{0.975}$	$\chi^2_{0.950}$	$\chi^2_{0.900}$
1	0.0000393	0.0001571	0.0009821	0.0039321	0.0157908
2	0.0100251	0.0201007	0.0506356	0.102587	0.210720
3	0.0717212	0.114832	0.215795	0.351846	0.584375
4	0.206990	0.297110	0.484419	0.710721	1.063623
5	0.411740	0.554300	0.831211	1.145476	1.61031
6	0.675727	0.872085	1.237347	1.63539	2.20413
7	0.989265	1.239043	1.68987	2.16735	2.83311
8	1.344419	1.646482	2.17973	2.73264	3.48954
9	1.734926	2.087912	2.70039	3.32511	4.16816
10	2.15585	2.55821	3.24697	3.94030	4.86518
11	2.60321	3.05347	3.81575	4.57481	5.57779
12	3.07382	3.57056	4.40379	5.22603	6.30380
13	3.56503	4.10691	5.00874	5.89186	7.04150
14	4.07468	4.66043	5.62872	6.57063	7.78953
15	4.60094	5.22935	6.26214	7.26094	8.54675
16	5.14224	5.81221	6.90766	7.96164	9.31223
17	5.69724	6.40776	7.56418	8.67176	10.0852
18	6.26481	7.01491	8.23075	9.39046	10.8649
19	6.84398	7.63273	8.90655	10.1170	11.6509
20	7.43386	8.26040	9.59083	10.8508	12.4426
21	8.03366	8.89720	10.28293	11.5913	13.2396
22	8.64272	9.54249	10.9823	12.3380	14.0415
23	9.26042	10.19567	11.6885	13.0905	14.8479
24	9.88623	10.8564	12.4011	13.8484	15.6587
25	10.5197	11.5240	13.1197	14.6114	16.4734
26	11.1603	12.1981	13.8439	15.3791	17.2919
27	11.8076	12.8786	14.5733	16.1513	18.1138
28	12.4613	13.5648	15.3079	16.9279	18.9392
29	13.1211	14.2565	16.0471	17.7083	19.7677
30	13.7867	14.9535	16.7908	18.4926	20.5992
40	20.7065	22.1643	24.4331	26.5093	29.0505
50	27.9907	29.7067	32.3574	34.7642	37.6886
60	35.5346	37.4848	40.4817	43.1879	46.4589
70	43.2752	45.4418	18.7576	51.7393	55.3290
80	51.1720	53.5400	57.1532	60.3915	64.2778
90	59.1963	61.7541	65.6466	69.1260	73.2912
100	67.3276	70.0648	74.2219	77.9295	82.3581
150	109.142	112.668	117.985	122.692	128.275
200	152.241	156.432	162.728	168.279	174.835
300	240.663	245.972	253.912	260.878	269.068
400	330.903	337.155	346.482	354.641	364.207
500	422.303	429.388	439.936	449.147	459.926

自由度	$\chi^2_{0.100}$	$\chi^2_{0.050}$	$\chi^2_{0.025}$	$\chi^2_{0.010}$	$\chi^2_{0.005}$
1	2.70554	3.84146	5.02389	6.63490	7.87944
2	4.60517	5.99147	7.37776	9.21034	10.5966
3	6.25139	7.81473	9.34840	11.3449	12.8381
4	7.77944	9.48773	11.1433	13.2767	14.8602
5	9.23635	11.0705	12.8325	15.0863	16.7496
6	10.6446	12.5916	14.4494	16.8119	18.5476
7	12.0170	14.0671	16.0128	18.4753	20.2777
8	13.3616	15.5073	17.5346	20.0902	21.9550
9	14.6837	16.9190	19.0228	21.6660	23.5893
10	15.9871	18.3070	20.4831	23.2093	25.1882
11	17.2750	19.6751	21.9200	24.7250	26.7569
12	18.5494	21.0261	23.3367	26.2170	28.2995
13	19.8119	22.3621	24.7356	27.6883	29.8194
14	21.0642	23.6848	26.1190	29.1413	31.3193
15	22.3072	24.9958	27.4884	30.5779	32.8013
16	23.5418	26.2962	28.8454	31.9999	34.2672
17	24.7690	27.5871	30.1910	33.4087	35.7185
18	25.9894	28.8693	31.5264	34.8053	37.1564
19	27.2036	30.1435	35.8523	36.1908	38.5822
20	28.4120	31.4104	34.1696	37.5662	39.9968
21	29.6151	32.6705	35.4789	38.9321	41.4010
22	30.8133	33.9244	36.7807	40.2894	42.7956
23	32.0069	35.1725	38.0757	41.6384	44.1813
24	33.1963	36.4151	39.3641	42.9798	45.5585
25	34.3816	37.6525	40.6465	44.3141	46.9278
26	36.5631	38.8852	41.9232	45.6417	48.2899
27	36.7412	40.1133	43.1944	46.9630	49.6449
28	37.9159	41.3372	44.4607	48.2782	50.9933
29	39.0875	42.5569	45.7222	49.5879	52.3356
30	40.2560	43.7729	46.9792	50.8922	53.6720
40	51.8050	55.7585	59.3417	63.6907	66.7659
50	63.1671	67.5048	71.4202	76.1539	79.4900
60	74.3970	79.0819	83.2976	88.3794	91.9517
70	85.5271	90.5312	95.0231	100.425	104.215
80	96.5782	101.879	106.629	112.329	116.321
90	107.565	113.145	118.136	124.116	128.299
100	118.498	124.342	129.561	135.807	140.169
150	172.581	179.581	185.800	193.208	198.360
200	226.021	233.994	241.058	249.445	255.264
300	331.789	341.395	349.874	359.906	366.844
400	436.649	447.632	457.306	468.724	479.606
500	540.930	553.127	563.852	576.493	585.207

附表 5　F 分布临界值表

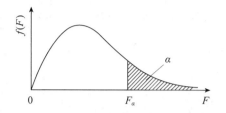

$\alpha=0.05$

	1	2	3	4	5	6	8	10	15
1	161.4	199.5	215.7	224.6	230.2	234.0	238.9	241.9	245.9
2	18.51	19.00	19.16	19.25	19.30	19.33	19.37	19.40	19.43
3	10.13	9.55	9.28	9.12	9.01	8.94	8.85	8.79	8.70
4	7.71	6.94	6.59	6.39	6.26	6.16	6.04	5.96	5.86
5	6.61	5.79	5.41	5.19	5.05	4.95	4.82	4.74	4.62
6	5.99	5.14	4.76	4.53	4.39	4.28	4.15	4.06	3.94
7	5.59	4.74	4.35	4.12	3.97	3.87	3.73	3.64	3.51
8	5.32	4.46	4.07	3.84	3.69	3.58	3.44	3.35	3.22
9	5.12	4.26	3.86	3.63	3.48	3.37	3.23	3.14	3.01
10	4.96	4.10	3.71	3.48	3.33	3.22	3.07	2.98	2.85
11	4.84	3.98	3.59	3.36	3.20	3.09	2.95	2.85	2.72
12	4.75	3.89	3.49	3.26	3.11	3.00	2.85	2.75	2.62
13	4.67	3.81	3.41	3.18	3.03	2.92	2.77	2.67	2.53
14	4.60	3.74	3.34	3.11	2.96	2.85	2.70	2.60	2.46
15	4.54	3.68	3.29	3.06	2.90	2.79	2.64	2.54	2.40
16	4.49	3.63	3.24	3.01	2.85	2.74	2.59	2.49	2.35
17	4.45	3.59	3.20	2.96	2.81	2.70	2.55	2.45	2.31
18	4.41	3.55	3.16	2.93	2.77	2.66	2.51	2.41	2.27
19	4.38	3.52	3.13	2.90	2.74	2.63	2.48	2.38	2.23
20	4.35	3.49	3.10	2.87	2.71	2.60	2.45	2.35	2.20
21	4.32	3.47	3.07	2.84	2.68	2.57	2.42	2.32	2.18
22	4.30	3.44	3.05	2.82	2.66	2.55	2.40	2.30	2.15
23	4.28	3.42	3.03	2.80	2.64	2.53	2.37	2.27	2.13
24	4.26	3.40	3.01	2.78	2.62	2.51	2.36	2.25	2.11
25	4.24	3.39	2.99	2.76	2.60	2.49	2.34	2.24	2.09
26	4.23	3.37	2.98	2.74	2.59	2.47	2.32	2.22	2.07
27	4.21	3.35	2.96	2.73	2.57	2.46	2.31	2.20	2.06
28	4.20	3.34	2.95	2.71	2.56	2.45	2.29	2.19	2.04
29	4.18	3.33	2.93	2.70	2.55	2.43	2.28	2.18	2.03
30	4.17	3.32	2.92	2.69	2.53	2.42	2.27	2.16	2.01
40	4.08	3.23	2.84	2.61	2.45	2.34	2.18	2.08	1.92
50	4.03	3.18	2.79	2.56	2.40	2.29	2.13	2.03	1.87
60	4.00	3.15	2.76	2.53	2.37	2.25	2.10	1.99	1.84
70	3.98	3.13	2.74	2.50	2.35	2.23	2.07	1.97	1.81
80	3.96	3.11	2.72	2.49	2.33	2.21	2.06	1.95	1.79
90	3.95	3.10	2.71	2.47	2.32	2.20	2.04	1.94	1.78
100	3.94	3.09	2.70	2.46	2.31	2.19	2.03	1.93	1.77
125	3.92	3.07	2.68	2.44	2.29	2.17	2.01	1.91	1.75
150	3.90	3.06	2.66	2.43	2.27	2.16	2.00	1.89	1.73
200	3.89	3.04	2.65	2.42	2.26	2.14	1.98	1.88	1.72
	3.84	3.00	2.60	2.37	2.21	2.10	1.94	1.83	1.67

$\alpha=0.01$ 续表

	1	2	3	4	5	6	8	10	15
1	4052	4999	5403	5625	5764	5859	5981	6065	6157
2	98.50	99.00	99.17	99.25	99.30	99.33	99.37	99.40	99.43
3	34.12	30.82	29.46	28.71	28.24	27.91	27.49	27.23	26.87
4	21.20	18.00	16.69	15.98	15.52	15.21	14.80	14.55	14.20
5	16.26	13.27	12.06	11.39	10.97	10.67	10.29	10.05	9.72
6	13.75	10.92	9.78	9.15	8.75	8.47	8.10	7.87	7.56
7	12.25	9.55	8.45	7.85	7.46	7.19	6.84	6.62	6.31
8	11.26	8.65	7.59	7.01	6.63	6.37	6.03	5.81	5.52
9	10.56	8.02	6.99	6.42	6.06	5.80	5.47	5.26	4.96
10	10.04	7.56	6.55	5.99	5.64	5.39	5.06	4.85	4.56
11	9.65	7.21	6.22	5.67	5.32	5.07	4.74	4.54	4.25
12	9.33	6.93	5.95	5.41	5.06	4.82	4.50	4.30	4.01
13	9.07	6.70	5.74	5.21	4.86	4.62	4.30	4.10	3.82
14	8.86	6.51	5.56	5.04	4.69	4.46	4.14	3.94	3.66
15	8.86	6.36	5.42	4.89	4.56	4.32	4.00	3.80	3.52
16	8.53	6.23	5.29	4.77	4.44	4.20	3.89	3.69	3.41
17	8.40	6.11	5.19	4.67	4.34	4.10	3.79	3.59	3.31
18	8.29	6.01	5.09	4.58	4.25	4.01	3.71	3.51	3.23
19	8.18	5.93	5.01	4.50	4.17	3.94	3.63	3.43	3.15
20	8.10	5.85	4.94	4.43	4.10	3.87	3.56	3.37	3.09
21	8.02	5.78	4.87	4.37	4.04	3.81	3.51	3.31	3.03
22	7.95	5.72	4.82	4.31	3.99	3.76	3.45	3.26	2.98
23	7.88	5.66	4.76	4.26	3.94	3.71	3.41	3.21	2.93
24	7.82	5.61	4.72	4.22	3.90	3.67	3.36	3.17	2.89
25	7.77	5.57	4.68	4.18	3.85	3.63	3.32	3.13	2.85
26	7.72	5.53	4.64	1.14	3.82	3.59	3.29	3.09	2.81
27	7.68	5.49	4.60	4.11	3.78	3.56	3.26	3.06	2.78
28	7.64	5.45	4.57	4.07	3.75	3.53	3.23	3.03	2.75
29	7.60	5.42	4.54	4.04	3.73	3.50	3.20	3.00	2.73
30	7.56	5.39	4.51	4.02	3.70	3.47	3.17	2.98	2.70
40	7.31	5.18	4.31	3.83	3.51	3.29	2.99	2.80	2.52
50	7.17	5.06	4.20	3.72	3.41	3.19	2.89	2.70	2.42
60	7.08	4.98	4.13	3.65	3.34	3.12	2.82	2.63	2.35
70	7.01	4.92	4.07	3.60	3.29	3.07	2.78	2.59	2.31
80	6.96	4.88	4.04	3.56	3.26	3.04	2.74	2.55	2.27
90	6.93	4.85	4.01	3.53	3.23	3.01	2.72	2.52	2.42
100	6.90	4.82	3.98	3.51	3.21	2.99	2.69	2.50	2.22
125	6.84	4.78	3.94	3.47	3.17	2.95	2.66	2.47	2.19
150	6.81	4.75	3.91	3.45	3.14	2.92	2.63	2.44	2.16
200	6.76	4.71	3.88	3.41	3.11	2.89	2.60	2.41	2.13
	6.63	4.61	3.78	3.32	3.02	2.80	2.51	2.23	2.04

附表6 相关系数临界值表

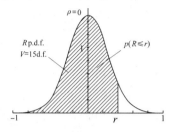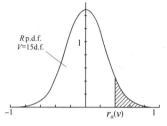

$$P(R \leq r) = \int_{-1}^{r} \frac{\Gamma[(n-1)/2]}{\Gamma(1/2)\Gamma[(n-2)/2]} \left(1 - w^2\right)^{(n-4)/2} \mathrm{d}w$$

$v=n-2$ degrees of freedom	$P(R \leq r)$			
	0.95	0.975	0.99	0.995
	$r_{0.05}(v)$	$r_{0.025}(v)$	$r_{0.01}(v)$	$r_{0.005}(v)$
1	0.9877	0.9969	0.9995	0.9999
2	0.9000	0.9500	0.9800	0.9900
3	0.8053	0.8783	0.9343	0.9587
4	0.7292	0.8113	0.8822	0.9172
5	0.6694	0.7544	0.8329	0.8745
6	0.6215	0.7067	0.7887	0.8343
7	0.5822	0.6664	0.7497	0.7977
8	0.5493	0.6319	0.7154	0.7646
9	0.5214	0.6020	0.6850	0.7348
10	0.4972	0.5759	0.6581	0.7079
11	0.4761	0.5529	0.6338	0.6835
12	0.4575	0.5323	0.6120	0.6613
13	0.4408	0.5139	0.5922	0.6411
14	0.4258	0.4973	0.5742	0.6226
15	0.4123	0.4821	0.5577	0.6054
16	0.4000	0.4683	0.5425	0.5897
17	0.3887	0.4555	0.5285	0.5750
18	0.3783	0.4437	0.5154	0.5614
19	0.3687	0.4328	0.5033	0.5487
20	0.3597	0.4226	0.4920	0.5367
25	0.3232	0.3808	0.4450	0.4869
30	0.2959	0.3494	0.4092	0.4487
35	0.2746	0.3246	0.3809	0.4182
40	0.2572	0.3044	0.3578	0.3931
45	0.2428	0.2875	0.3383	0.3721
50	0.2306	0.2732	0.3218	0.3541
60	0.2108	0.2500	0.2948	0.3248
70	0.1954	0.2318	0.2736	0.3017
80	0.1829	0.2172	0.2565	0.2829
90	0.1725	0.2049	0.2422	0.2673
100	0.1638	0.1946	0.2300	0.2540

附表 7 Spearman 等级相关系数临界值表

$$P(r_S \geqslant c_\alpha) = \alpha$$

$\alpha(2)$	0.20	0.10	0.05	$\alpha(2)$	0.20	0.10	0.05
$\alpha(1)$	0.10	0.05	0.025	$\alpha(1)$	0.10	0.05	0.025
n				n			
4	1.000	1.000		29	0.245	0.312	0.368
5	0.800	0.900	1.000	30	0.240	0.306	0.362
6	0.657	0.829	0.886	31	0.236	0.301	0.356
7	0.571	0.714	0.786	32	0.232	0.296	0.350
8	0.524	0.643	0.738	33	0.229	0.291	0.345
9	0.483	0.600	0.700	34	0.225	0.287	0.340
10	0.455	0.564	0.648	35	0.222	0.283	0.335
11	0.427	0.536	0.618	36	0.219	0.279	0.330
12	0.406	0.503	0.587	37	0.216	0.275	0.325
13	0.385	0.484	0.560	38	0.212	0.271	0.321
14	0.367	0.464	0.538	39	0.210	0.267	0.317
15	0.354	0.446	0.521	40	0.207	0.264	0.313
16	0.341	0.429	0.503	41	0.204	0.261	0.309
17	0.328	0.414	0.485	42	0.202	0.257	0.305
18	0.317	0.401	0.472	43	0.199	0.254	0.301
19	0.309	0.391	0.460	44	0.197	0.251	0.298
20	0.299	0.380	0.447	45	0.194	0.248	0.294
21	0.292	0.370	0.435	46	0.192	0.246	0.291
22	0.284	0.361	0.425	47	0.190	0.243	0.288
23	0.278	0.353	0.415	48	0.188	0.240	0.285
24	0.271	0.344	0.406	49	0.186	0.238	0.282
25	0.265	0.337	0.398	50	0.184	0.235	0.279
26	0.259	0.331	0.390	51	0.182	0.233	0.276
27	0.255	0.324	0.382	52	0.180	0.231	0.274
28	0.250	0.317	0.375	53	0.179	0.228	0.271

附表 8 Kendall τ 等级相关系数临界值表

$$P(K \geqslant c_\alpha) \leqslant \alpha$$

n	α		
	0.025	0.05	0.10
5	1.000	.800	.800
6	.867	.733	.600
7	.714	.619	.524
8	.643	.571	.429
9	.556	.500	.389
10	.511	.467	.378
11	.491	.418	.345
12	.455	.394	.303
13	.436	.359	.308
14	.407	.363	.275
15	.390	.333	.276
16	.383	.317	.250
17	.368	.309	.250
18	.346	.294	.242
19	.333	.287	.228
20	.326	.274	.221
21	.314	.267	.210
22	.307	.264	.203
23	.296	.257	.202
24	.290	.246	.196
25	.287	.240	.193
26	.280	.237	.188
27	.271	.231	.179
28	.265	.228	.180
29	.261	.222	.172
30	.255	.218	.172
31	.252	.213	.166
32	.246	.210	.165
33	.242	.205	.163
34	.237	.201	.159
35	.234	.197	.156
36	.232	.194	.152
37	.228	.192	.150
28	.223	.189	.149
39	.220	.188	.147
40	.218	.185	.144

参考文献

[1] 张静，司颖华，王春宁，等. 统计决策与贝叶斯分析[M]. 北京：中国统计出版社，2016：156-189.

[2] 张绪胜，朱文兴. 西部大开发——经济·统计·决策[M]. 北京：经济管理出版社，2001：123-139.

[3] 宁正元，王李进. 统计与决策常用算法及其实现[M]. 北京：清华大学出版社，2009：302-342.

[4] 杨曾武. 统计决策原理[M]. 上海：上海人民出版社，1990：100-153.

[5] 严武，程振源，李海东. 风险统计与决策分析[M]. 北京：经济管理出版社，1999：221-253.

[6] 林叔荣. 实用统计决策与 Bayes 分析[M]. 厦门：厦门大学出版社，1991：214-225.

[7] 徐国祥. 统计预测和决策[M]. 5 版. 上海：上海财经大学出版社，2016：224-252.

[8] 魏艳华，王丙参，郝淑双. 统计预测与决策[M]. 成都：西南交通大学出版社，2014：134-163.

[9] 李瑛. 决策统计分析[M]. 天津：天津大学出版社，2005：98-148.

[10] 于洪彦，刘金星，张洪利. Excel 统计分析与决策[M]. 北京：高等教育出版社，2009：303-314.

[11] 涂葆林. 统计与管理决策[M]. 武汉：中国地质大学出版社，1989：147-172.

[12] 谢雨德. 统计参与决策 100 例[M]. 北京：中国商业出版社，1991：132-159.

[13] 周雄鹏. 统计预测和决策[M]. 立信会计出版社. 1989：164-198.

[14] 黎子良. 统计推断与决策[M]. 天津：南开大学出版社，1988：10-69.

[15] 戴维·M. 莱文. 以 Excel 为决策工具的商务统计[M]. 5 版. 北京：机械工业出版社，2009：438-456.

[16] 岳巍. 决策统计论——决策科学化与统计信息利用[M]. 北京：中国统计出版社，2001：113-119.

[17] 马富泉. 固定资产投资经济效果和决策统计[M]. 北京：中国统计出版社，1988：68-100.

[18] 肯·布莱克，戴维·L. 埃尔德雷奇. 以 Excel 为决策工具的商务与经济统计[M]. 张久琴，译. 北京：机械工业出版社，2003：73-102.

[19] 方再根，杨述贤. 现代经营管理决策统计学[M]. 中国发明创造者基金会，1985：81-103.

[20] 刘兰娟. 经济管理中的计算机应用——Excel 数据分析、统计预测和决策模拟习题集与模拟试卷[M]. 北京：清华大学出版社. 2009：99-110.

[21] 姜晓兵. 数据、模型与决策[M]. 西安：西安电子科技大学出版社，2017：213-226.

[22] 郭鹏. 数据、模型与决策[M]. 西安：西北工业大学出版社，2016：109-152.

[23] 韦来生. 贝叶斯统计[M]. 北京：高等教育出版社，2016：123-145.

[24] 张燕，孙燕，徐慧亮，等. 创新创业经营决策模拟实训教程[M]. 南京：东南大学出版社，2016：39-46.

[25] 芮廷先. 管理决策分析[M]. 北京：清华大学出版社，2016：199-234.

[26] 恒盛杰资讯. Excel 数据分析与决策[M]. 北京：机械工业出版社，2016：111-127.

[27] 梁彪. 推理与决策[M]. 广州：广东人民出版社，2002：193-248.

[28] 朱建平. 经济预测与决策[M]. 厦门：厦门大学出版社，2007：192-203.

[29] 严炜炜. 商务管理决策模型与技术实验教程[M]. 武汉：武汉大学出版社，2016：28-40.

[30] 张文宇，薛惠锋，薛昱，等. 知识发现与智能决策[M]. 北京：科学出版社，2015：275-331.

[31] 格尔德·吉仁泽. 风险与好的决策[M]. 王晋，译. 北京：中信出版社，2015：306-323.

[32] 刘艳，梁云. 管理决策实验教程[M]. 北京：中国人民大学出版社，2014：105-142.

[33] 简明，胡玉立. 市场预测与管理决策[M]. 北京：中国人民大学出版社，2014：314-338.

[34] 西蒙·弗兰奇，约翰·莫尔，纳蒂娅·帕米歇尔. 决策分析[M]. 李华旸，译. 北京：清华大学出版社，2012：42-66.

[35] 陈春晖，聂亚菲. 经济预测与决策实验[M]. 北京：中国统计出版社，2011：191-213.

[36] 练岚香，高利，胡春松. 中国汽车召回的管理决策分析[M]. 北京：北京理工大学出版社，2014：81-112.

[37] 刘丽珍. 战略决策过程与机制[M]. 上海：上海人民出版社，2010：36-94.

[38] 饶艳超. 财务决策支持系统[M]. 上海：上海财经大学出版社，2010：131-172.

[39] 兰迪·巴特利特. 大数据决策——商业分析新常态[M]. 北京：人民邮电出版社，2015：53-71.

[40] 车菲. 税收负担、融资决策与企业价值研究[M]. 北京：经济科学出版社，2015：23-49.

[41] 温素彬. 管理会计——基于 Excel 的决策建模[M]. 北京：电子工业出版社，2015：29-53.

[42] 康拉德·卡尔伯格. 决策分析——以 Excel 为分析工具[M]. 姚军，译. 北京：机械工业出版社，2015：142-153.

[43] 刘满凤. 数据、模型与决策——基于 Excel 的应用与求解[M]. 北京：清华大学出版社，2015：77-118.

[44] 杨建梅. 数据模型与决策[M]. 广州：华南理工大学出版社，2008：261-267.

[45] 贾怀勤. 数据、模型与决策[M]. 2 版. 北京：对外经济贸易大学出版社，2007：241-323.

[46] 王静龙，梁小筠，王黎明. 数据、模型与决策简明教程[M]. 上海：复旦大学出版社，2012：316-343.

[47] 丘创，蔡剑. 资本运营和战略财务决策——管理者终身学习[M]. 2版. 北京：中国人民大学出版社，2016：21-64.

[48] 肖新平，毛树华. 灰预测与决策方法[M]. 北京：科学出版社，2013：95-125.

[49] 韩明编. 贝叶斯统计学及其应用[M]. 上海：同济大学出版社，2015：23-49.

[50] 周柏翔，王其文. 企业管理决策模拟[M]. 北京：化学工业出版社，2012：102-146.

[51] 陆泉，陈静. 决策支持系统实验教程[M]. 武汉：武汉大学出版社，2008：84-96.

[52] 冯文权. 经济预测与决策技术 [M]. 5版. 武汉：武汉大学出版社，2008：341-355.

[53] 吴仁群. 经济预测与决策[M]. 北京：中国人民大学出版社，2011：161-187.

[54] 任晓明，陈晓平. 决策、博弈与认知归纳逻辑的理论与应用[M]. 北京：北京师范大学出版社，2014：214-262.

[55] 格雷戈里·P. 普拉斯塔克斯. 管理决策理论与实践[M]. 北京：清华大学出版社，2011：97-116.

[56] 詹姆斯·R. 埃文斯. 数据、模型与决策[M]. 杜本峰，译. 北京：中国人民大学出版社，2011：321-339.

[57] 刘伟. 数据、模型与决策分析[M]. 武汉：武汉大学出版社，2004：314-339.

[58] 孙宏才. 决策科学理论与实践[M]. 北京：海洋出版社，2003：87-127.

[59] 郭文旌. 最优保险投资决策与风险控制[M]. 北京：北京理工大学出版社，2013：14-34.

[60] 武小悦. 决策分析理论[M]. 北京：科学出版社，2010：23-52.

[61] 比尔·弗兰克斯. 数据分析变革——大数据时代精准决策之道[M]. 张建辉，车皓阳，刘静如，等，译. 北京：人民邮电出版社，2015：53-73.

[62] 邓苏，张维明，黄宏斌，等. 决策支持系统[M]. 北京：电子工业出版社，2009：49-90.

[63] 赖明勇，林正龙，孙枫林. 国际市场预测与决策[M]. 成都：电子科技大学出版社，1994：252-297.

[64] 马尚才，李爱军，石洪波. 决策支持与知识发现[M]. 北京：中国科学技术出版社，2005：68-99.

[65] 王兴德. 管理决策模型55例[M]. 上海：上海交通大学出版社，2000：101-172.

[66] 唐葆君. 金融管理决策系统[M]. 北京：中国金融出版社，2004：512-530.

[67] 茆诗松. 贝叶斯统计[M]. 北京：中国统计出版社，1999：162-228.

[68] 约翰·K. 克鲁斯克. 贝叶斯统计方法 R 和 BUGS 软件数据分析示例[M]. 北京：机械工业出版社，2015：56-118.

[69] Samuel Kotz，吴喜之. 现代贝叶斯统计学[M]. 北京：中国统计出版社，2000：180-219.

[70] 艾伦·唐尼. 贝叶斯思维——统计建模的 Python 学习法[M]. 北京：人民邮电出版社，2015：49-59.

[71] 罗党，王洁方. 灰色决策理论与方法[M]. 北京：科学出版社，2012：27-67.

[72] 党耀国，刘思峰，王正新，等. 灰色预测与决策模型研究[M]. 北京：科学出版社，2009：136-174.

[73] 邓聚龙. 灰色预测与决策[M]. 武汉：华中理工大学出版社，1986：191-251.

[74] 王学萌，罗建军. 灰色系统预测决策建模程序集[M]. 北京：科学普及出版社，1986：96-120.

[75] 刘思峰，杨英杰，吴利丰，等. 灰色系统理论及其应用[M]. 7 版. 北京：科学出版社，2014：255-269.

[76] 尤天慧，张尧，樊治平，等. 信息不完全确定的多指标决策理论与方法[M]. 北京：科学出版社，2010：18-34.

[77] 杨自厚，李宝泽. 多指标决策理论与方法[M]. 沈阳：东北工学院出版社，1989：252-278.

[78] 胡毓达. 多目标决策——实用模型和选优方法[M]. 上海：上海科学技术出版社，2010：101-119.

[79] 朱·弗登博格，让·梯若尔. 博弈论[M]. 黄涛，郭凯，王一鸣，等，译. 北京：中国人民大学出版社，2015：61-189.

[80] 乔根·W. 威布尔. 演化博弈论[M]. 王永钦，译. 上海：上海人民出版社，2015：1-23.

[81] 谈之奕，林凌. 组合优化与博弈论[M]. 杭州：浙江大学出版社，2015：235-257.

[82] 王国成，刘培杰，王忠玉，等. 博弈论精粹[M]. 哈尔滨：哈尔滨工业大学出版社，2015：45-86.

[83] 郎艳怀. 博弈论及其应用[M]. 上海：上海财经大学出版社，2015：17-33.

[84] 汪贤裕，肖玉明. 博弈论及其应用[M]. 北京：科学出版社，2016：55-123.

[85] L. Le Cam. Asymptotic methods in statistical decision theory:影印本[M]. 世界图书出版公司北京公司，2017：108-136.

[87] Peter Kenny. Better business decisions from data: statistical analysis for professional success[M]. Apress，2014：112-165.

[88] James O. Berger. Statistical decision theory and Bayesian analysis:影印版[M]. 北京：世界图书出版公司，2012：109-162.

[89] Robert A. Stine，Dean P. Foster. Statistics for business:decision making and analysis. 英文版[M]. 北京：机械工业出版社，2011：192-232.

[90] Peter D. Hoff. A first course in Bayesian statistical methods [M]. Springer，2009：98-132.

[91] Douglas A. Lind，William G. Marchal，Samuel A. Wathen. Statistical techniques in business & economics[M]. McGraw-Hill Irwin，2005：186-212.

[92] James R. Evans，David L. Olson. Statistics，data analysis，and decision modeling[M]. Prentice Hall，2000：112-145.

[93] S. K. Neogy，A. K. Das，R. B. Bapat. Modeling，computation，and optimization[M].

World Scientific，2009：101-157.

[94] Giulio D'Agostini. Bayesian reasoning in data analysis: a critical introduction[M]. World Scientific，2003. 116-163.

[95] Jeffrey Jarrett，Kraft Arthur. Statistical analysis for decision making[M]. Allyn and Bacon. 1989：102-142.

[96] Morris Hamburg. Statistical analysis for decision making[M]. HBJ，1983：86-99.

[97] F. Koneony，J. Mogyorodi，W. Wertz. Probability and statistical decision theory : proceedings of the ... ;v. A [M]. Reidel，1985：117-156.

[98] Howard Raiffa，Robert Schlaifer. Applied statistical decision theory[M]. The M. I. T. Press，1961：101-112.